江西理工大学清江学术文库

耦合振子系统的振荡猝灭动力学

Oscillation Quenching
Dynamics of Coupled Oscillator System

刘维清　著

科学出版社

北　京

内 容 简 介

本书回顾了各种耦合作用下耦合振子系统中振荡猝灭现象的研究概况，论述了频率失配和频率空间分布对非全同耦合振子系统振荡猝灭动力学的影响机制，分析了耦合振子系统耦合作用通道的特性对耦合系统振荡猝灭动力学特性的影响，深入探讨了正负反馈耦合、交叉变量耦合、时变耦合、动态耦合、双通道耦合、梯度耦合、平均场耦合等各种耦合方式下，振荡猝灭动力学现象的产生条件和主要特征。最后阐述了不同的耦合作用网络结构下，耦合振子系统产生振荡死亡、爆发式死亡和死亡奇异态的基本机制。

本书中采用的耦合系统振荡猝灭动力学分析基础理论、电路实验和数值分析方法，可为从事非线性动力学研究的研究生提供理论指导。耦合振子振荡猝灭理论可为工程中如桥梁减振等方面提供理论支持，也可为理解自然界中许多集群和自组织临界现象、生物医学系统的许多功能的产生机制提供理论指导。

图书在版编目(CIP)数据

耦合振子系统的振荡猝灭动力学/刘维清著. —北京：科学出版社，2019.12
ISBN 978-7-03-062832-9

Ⅰ.①耦… Ⅱ.①刘… Ⅲ.①谐振子-耦合系统-动力学分析 Ⅳ.①O413

中国版本图书馆 CIP 数据核字(2019) 第 240059 号

责任编辑：陈艳峰　钱　俊 / 责任校对：杨　然
责任印制：吴兆东 / 封面设计：无极书装

科学出版社 出版
北京东黄城根北街 16 号
邮政编码：100717
http://www.sciencep.com

北京虎彩文化传播有限公司 印刷
科学出版社发行　各地新华书店经销

*

2019 年 12 月第 一 版　开本：720×1000 B5
2019 年 12 月第一次印刷　印张：13 3/4
字数：274 000
定价：98.00 元
(如有印装质量问题，我社负责调换)

作者简介

刘维清，1977年4月生，江西理工大学教授。北京邮电大学物理电子学博士，中国科学院武汉物理与数学研究所博士后，江西省百千万人才人选，江西省中青年学科带头人，江西省青年科学家培养对象，江西省物理学会理事。曾获江西省自然科学二等奖，北京市优秀博士论文。主持国家自然科学基金项目3项，江西省科技项目6项。发表SCI收录论文36篇，申请国家发明专利2项，其中获得授权1项。主要从事混沌动力学、时空混沌、混沌同步和反同步控制、统计物理基本问题等方面的研究。

前　　言

本书主要内容是著者从攻读博士期间到目前为止在耦合振子系统减振控制领域所取得的创新性成果的总结。著者通过南方冶金学院 (现江西理工大学) 定向培养，怀着对复杂系统动力学研究的憧憬进入北京邮电大学理学院攻读物理电子学专业博士学位。五年时间里，导师肖井华教授和课题组老师的精心指导，让著者走进了理论物理的科学殿堂，并全身心地投入到复杂系统动力学方向的研究。博士毕业后，著者在新加坡国立大学 Choy Heng Lai 课题组的访学经历，中国科学院武汉物理与数学研究所占萌教授课题组的博士后经历，以及国家留学基金委资助下在美国加州大学洛杉矶分校医学院屈支林教授课题组的访学经历，使丰富了科研阅历，开拓了视野，磨炼了意志。

自然界中，许多系统集群行为的内在机制和许多系统的功能实现均与耦合振子系统的同步和振荡猝灭两种动力学行为密切相关。如何理解耦合振子系统，特别是混沌系统的同步和振荡猝灭现象一直是非线性动力学研究的热点。经过许多学者的不懈努力，已经建立了分析耦合振子系统同步和振荡猝灭稳定性的基本理论和实用方法。这些方法为本书的研究奠定了扎实的基础，并提供了良好的思路。然而，与耦合振子系统振荡猝灭稳定性相关的研究仍不完善，尚有不少有待进一步探究的课题。如少量振子之间相互作用下耦合振子的稳定性理论已很明确，然而大量耦合振子系统中，考虑具体的相互作用方式、相互作用的网络结构、振子频率失配的空间分布、耦合通道的性质等因素对耦合振子系统振荡猝灭的影响时，还有许多问题需要解决。

本书共 8 章。第 1 章简要介绍了耦合振子振荡猝灭的研究进展；第 2 章介绍了耦合非线性振子系统的相关基础知识；第 3 章对耦合非全同振子系统中频率失配对耦合振子的振荡猝灭的影响进行了讨论，重点分析了固定频率失配、频率的空间分布、耦合系统的边界条件对耦合振子系统产生振荡猝灭现象的影响；第 4 章主要研究了不同的耦合通道特性 (幅度受限通道、时间延迟、滤波器作用) 对耦合振子系统振荡猝灭动力学特性的影响；第 5 章详细分析了各种耦合方式，包括正、负反馈耦合，交叉变量耦合，时变耦合，动态耦合，双通道耦合，梯度耦合，平均场耦合等对耦合振子系统振荡死亡的影响；第 6 章分析了相互作用的网络结构对耦合振子系统走向振荡死亡的影响，包括规则网络、小世界网络、无标度网络等结构下的振幅死亡动力学行为；第 7 章讨论了耦合振子系统的爆发式死亡态和奇异死亡态的动力学特性；第 8 章对本书的内容做总结。

本书的成果凝聚了导师肖井华教授和课题组相关指导老师的心血，以及合作者的许多辛勤劳动。著者指导的硕士研究生陈江南、雷晓琪参与了相关研究工作，雷晓琪还参与了书稿整理和校对工作，在此感谢他们的付出。相关研究得到了国家自然科学基金委项目"耦合振子的振幅死亡动力学的研究"(编号：10947117)、"频率空间重排下耦合系统的优化减振机制研究"(编号：11262006)和"吸引与排斥作用竞争下耦合系统的自组织动力学研究"(编号：11765008)的资助。本书的出版得到了江西理工大学清江人才项目和理学院的资助。

由于本人知识水平有限，书中难免存在不足之处，敬请读者批评指正。

刘维清

2019 年 8 月于赣江之源

目 录

前言
- **第1章 绪论** ··· 1
  - 1.1 引言 ·· 1
  - 1.2 振荡猝灭现象研究进展 ··· 2
- **第2章 耦合振子系统动力学基础** ····································· 6
  - 2.1 动力学系统简介 ·· 6
  - 2.2 动力学系统的解及其稳定性 ····································· 7
    - 2.2.1 线性系统的解及稳定性分析 ······························· 7
    - 2.2.2 非线性系统的解及稳定性分析 ····························· 8
  - 2.3 动力学系统的分岔类型 ··· 11
    - 2.3.1 固定点的分岔 ·· 12
    - 2.3.2 同宿、异宿分岔 ·· 15
  - 2.4 几种常见动力学系统 ··· 16
    - 2.4.1 线性动力系统 ·· 16
    - 2.4.2 非线性动力系统 ·· 17
- **第3章 耦合非全同振子的振幅死亡** ··································· 20
  - 3.1 固定频率失配的耦合振子振幅死亡 ······························ 20
    - 3.1.1 频率失配耦合振子模型 ·································· 20
    - 3.1.2 两个耦合振子振幅死亡理论分析 ·························· 21
    - 3.1.3 三个耦合振子振幅死亡理论分析 ·························· 22
    - 3.1.4 四个耦合振子振幅死亡理论分析 ·························· 22
  - 3.2 频率失配的空间分布对振幅死亡区域的影响 ······················· 23
    - 3.2.1 理论分析 ·· 23
    - 3.2.2 随机初始频率失配下空间分布对振幅死亡区域的影响 ········· 26
  - 3.3 频率失配的空间分布对振幅死亡边界的影响 ······················· 27
  - 3.4 频率空间排列粗糙度对临界耦合强度的影响 ······················· 29
  - 3.5 最大(小)临界耦合强度下的频率空间排列 ························· 30
  - 3.6 频率空间排列周期对振幅死亡的影响 ····························· 31
    - 3.6.1 尺寸效应 ·· 33

3.6.2 初始频率失配涨落的影响 ·· 34
3.6.3 频率空间排列周期对振幅死亡的影响机制 ···················· 35
3.7 边界条件对频率空间排列下振幅死亡的影响 ······················· 37
3.7.1 不同边界下的模型 ·· 37
3.7.2 不同边界下振幅死亡区间解析解 ································ 37
3.7.3 不同边界下振幅死亡区间数值结果 ····························· 39
3.7.4 不同边界下的尺寸效应 ··· 40
3.7.5 不同边界下的临界耦合强度受空间排列的影响 ··············· 41

第 4 章 耦合通道特性对振荡死亡的影响 ······························· 44
4.1 幅度受限通道下的振荡死亡 ·· 44
4.1.1 幅度受限通道耦合振子模型 ······································ 44
4.1.2 幅度受限通道耦合振子振荡死亡理论分析 ····················· 45
4.1.3 幅度受限通道耦合振子振荡死亡现象 ··························· 46
4.1.4 幅度受限通道耦合振子振荡死亡电路实现 ····················· 51
4.2 时间延迟下的振幅死亡 ··· 53
4.2.1 时延耦合周期振子的振幅死亡 ··································· 53
4.2.2 时延耦合混沌振子的振幅死亡 ··································· 55
4.2.3 复杂网络中的时延耦合振子振幅死亡 ··························· 56
4.3 滤波器作用下的振荡死亡 ·· 59
4.3.1 低通滤波器对时延耦合振子振荡死亡的影响 ·················· 59
4.3.2 低通滤波器对平均场耦合振子振幅死亡的影响 ··············· 61
4.3.3 有源低通滤波器对耦合振子振幅死亡的影响 ·················· 64
4.4 滤波器对幅度奇异态的压制 ··· 73

第 5 章 各种耦合作用下的振荡死亡 ···································· 77
5.1 线性反馈耦合下的振荡死亡 ··· 77
5.1.1 负反馈耦合下的振荡死亡 ·· 77
5.1.2 正反馈耦合下的振荡死亡 ·· 82
5.1.3 正负反馈耦合竞争下的振荡死亡 ································ 84
5.2 交叉变量耦合下的振荡死亡 ··· 89
5.2.1 耦合周期振子系统 ·· 89
5.2.2 交叉变量耦合混沌振子系统 ····································· 91
5.3 时变耦合下的振荡死亡 ··· 100
5.3.1 开关耦合下的振荡死亡 ··· 100

5.3.2　周期耦合下的振荡死亡 ··· 105
　5.4　动态耦合下的振荡死亡 ··· 113
　　　5.4.1　耦合周期振子 ··· 114
　　　5.4.2　耦合混沌振子 ··· 115
　　　5.4.3　全局耦合振子 ··· 116
　5.5　双通道耦合下的振荡死亡 ··· 119
　　　5.5.1　同变量反馈耦合周期系统 ··· 119
　　　5.5.2　交叉变量反馈耦合周期系统 ··· 124
　　　5.5.3　交叉变量反馈耦合混沌系统 ··· 128
　5.6　梯度耦合下的振荡死亡 ··· 129
　　　5.6.1　无流边界条件 ··· 129
　　　5.6.2　周期边界条件 ··· 133
　5.7　平均场耦合作用下的振荡死亡 ··· 137
　　　5.7.1　耦合周期振子系统 ··· 138
　　　5.7.2　耦合混沌振子系统 ··· 141

第6章　网络结构对振幅死亡的影响 ··· 143
　6.1　复杂网络基础知识 ··· 143
　　　6.1.1　W-S 小世界网络模型 ··· 143
　　　6.1.2　BA 无标度网络模型 ··· 144
　6.2　规则网络中的振幅死亡 ··· 145
　　　6.2.1　近邻耦合振子中的振幅死亡 ··· 146
　　　6.2.2　频率分布对振幅死亡影响 ··· 150
　　　6.2.3　全局耦合振子中的振幅死亡 ··· 152
　6.3　小世界网络中的振幅死亡 ··· 154
　6.4　无标度网络中的振幅死亡 ··· 156

第7章　耦合振子的爆发式死亡态和奇异死亡态 ····························· 162
　7.1　耦合振子的爆发式振荡死亡态 ··· 162
　　　7.1.1　耦合周期振子的爆发式振荡死亡态 ····························· 162
　　　7.1.2　平均场耦合振子的爆发式死亡态 ································· 166
　7.2　幅度奇异态与死亡奇异态 ··· 168
　　　7.2.1　幅度奇异态 ··· 169
　　　7.2.2　死亡奇异态 ··· 170
　　　7.2.3　稳定幅度奇异态 ··· 171

    7.2.4 排斥耦合实现稳定幅度奇异态 · 175

第 8 章 总结 · 186

参考文献 · 189

附录 A 微分方程数值求解 · 200

附录 B 李雅普诺夫指数计算程序 · 203

附录 C XPPAUT 软件使用简介 · 208

第 1 章 绪　　论

1.1 引　　言

自然界中，各种尺度下的系统通常由不同的非线性振子单元构成。这些单元之间各种形式的相互作用使耦合非线性系统表现出多种多样的合作行为，其中各种形式的同步振荡和振荡猝灭是其最基本的现象。许多系统合作行为的内在机制都与同步振荡和振荡猝灭有着密不可分的关联。整个系统的功能实现也与同步振荡和振荡猝灭动力学行为密切相关。由于其基本性，对这一问题的探讨涵盖了自然科学、工程等许多领域，甚至于社会科学中。许多具体系统如：摆钟、乐器、电子器件、激光、生物生态系统 (如鸟群和鱼群) [1]、神经 [2,3]、心脏 [4,5] 等都有着丰富的同步振荡和振荡死亡等自组织现象。如鸟群、鱼群等由大量个体组成的群体，虽然每个个体具有差异，但它们可以通过相互作用而自发地形成有序的整体，从而更好地抵御天敌。例如，在西班牙的布拉瓦海岸人们观察到一群惊鸟一起飞翔，它们总是编成一个协调的团队，并形成一个统一的大型鸟类的轮廓，整体向前飞行。同样地，海洋中的沙丁鱼等鱼群也会自发地形成大型鱼类的轮廓，整体向前游动。在碰到大型鱼类袭击时，还能自发地变换队形，以躲避攻击，如图 1.1 所示。形成这一奇观的内在机制是由于耦合振子系统中具有差异的个体在相互作用下能达到同步或部分同步而形成自组织现象。自然界中类似的现象还有很多，如夏日夜晚聚集在树上的萤火虫的同步闪烁，音乐厅里人们自发地以相同的节奏进行鼓掌，神经元的同步放电激发，心脏窦房结起博细胞的同步振动，超导体中上万亿个电子的同步前进等。

然而，自然界中的各系统的组成单元之间必然或多或少地存在个体差异，这些差异会影响甚至抵制它们之间因相互耦合作用而产生的有序。当个体差异较小时，耦合作用总是可以使各个体趋于步调一致，而形成各种形式的同步。但当个体之间的差异较大时，耦合振子单元之间的参数失配占主导地位，耦合相互作用将无法使各振子单元实现趋同并形成有序结构，耦合系统会最终产生同步失稳而形成丰富的动力学行为，如部分同步和非同步态等，进而形成各种形式的去同步斑图结构。此外，这种参数失配与耦合产生的有序之间的竞争也会使耦合系统产生另一种自组织现象，即振荡猝灭。此时，耦合振子系统会因相互作用最终走向各种形式的稳定固定点。振荡猝灭现象对耦合振子系统的整体功能或结构产生显著的影响。即使在耦合全同振子系统中，由于相互作用过程中信号的传输需要时间，振子之间的相互作用存在时间延迟。这种时间延迟的存在会使原先步调一致的协同作用变得不协调，从而产生振荡猝灭现象。此外，不同的相互作用方式和相互作用信号通道的幅频特性 (或相频特性) 均会对耦合振子系统的动力学行为产生显著的影响。从耦合系统中单元之间的作用范围来看，单元之间相互作用的网络结构也对耦合振子的振荡猝灭动力学行为产生不可忽略的影响。有研究表明，振荡猝灭现象与阿尔茨海默病和帕金森病这两种常见的神经退行性疾病的产生密切相关[6]，可以通过压制某些不需要的振荡态对这些疾病进行控制治疗[7,8]。对振荡猝灭动力学的研究也为工程中有效控制系统中的不规则振荡，提高控制效率提供理论指导意义。因此，本书将详细介绍耦合振子系统中各种形式的振荡猝灭动力学以及它们的特点和形成机制以及产生条件。

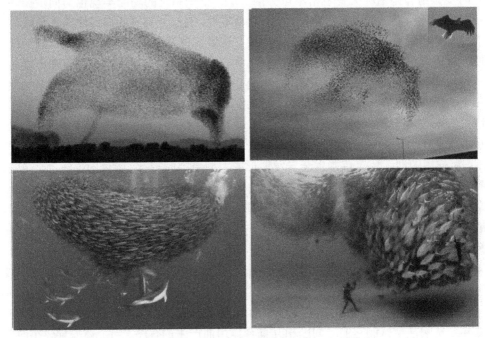

图 1.1　自然界中的鸟群和鱼群

1.2　振荡猝灭现象研究进展

耦合振子系统的振荡猝灭现象是指耦合动力学系统 (如混沌、周期或可激发系统) 通过相互作用或在外界环境影响下，稳定到各种类型的固定点上而停止振荡的动力学行为[9]。由于这些动力学系统大量存在于工程应用 (如汽车或机床的强烈振动、桥梁由风致或车桥耦合引起的振动) 和生物系统 (如神经元、心肌细胞、耳蜗)

中，耦合振子的振荡死亡对桥梁、建筑的结构稳定性，机械系统的功能，以及器官的生物学功能均有很大的影响。同时在混沌控制中也起着重要的作用。例如，英国的步行"千年桥"首次开放时，就因人桥耦合出现剧烈摇晃而被迫关闭；美国的塔科马大桥则因风振致毁。青蛙的耦合外毛细胞在处于振荡死亡时可以增强对外界信号刺激产生的信噪比而提高听觉的敏感性[10,11]。因此研究耦合振子振荡死亡产生的机制以及影响耦合振子振荡死亡的因素，对防止或促进耦合振子系统的振荡死亡的控制具有非常重要的意义，并已成为一个研究热点。它在力学、物理学、化学、生物学、生命科学、建筑学等不同的学科领域中均得到广泛的研究和应用。

振荡猝灭这一现象最早由瑞利勋爵[12]发现于相邻管风琴中的管子会因为相互作用而出现消音现象。接着分别在耦合化学振子[13,14]、耦合激光系统[15]、非线性电路[16]实验、耦合神经元振子[9,17-19]中被观察到。根据其表现形式，耦合振子系统的振荡猝灭态可分为振幅死亡和振荡死亡两种形态。其中，振幅死亡指耦合相互作用的两个振子系统均被压缩到相同的稳定固定点。通常该固定点为系统在没有耦合作用时子单元原有的不稳定固定点。耦合作用可以使该不稳定固定点转化为稳定固定点，从而使耦合系统最终趋于该稳定固定点；而振荡死亡是指耦合相互作用的两个振子单元分别压缩到不同的稳定固定点。该固定点是因耦合作用而产生的新固定点，两个耦合振子所处的固定点可能是一正一负并关于原点对称的固定点，称为对称振荡死亡现象。而如果固定点不是关于原点对称的，则称为非对称的振荡死亡现象。最近，在动态耦合振子系统中，两个耦合振子会因为相互作用走向两个相等且与耦合作用强度相关的固定点，称为非普通振幅死亡现象。

耦合振子系统的振幅死亡的研究主要应用于减振控制和激光控制等领域，其产生的主要机制有：(1) 两个相互作用的振子之间存在频率失配[17,20,21]；(2) 相互作用时，信号传输所产生的时间延迟[22-26]；(3) 通过改变耦合振子系统的多种耦合作用形式，如引入非线性耦合[27]、动态耦合[28]、交叉变量耦合[29]、线性耦合[30,31]、直流信号驱动[32]、平均场耦合[33-35]、间接耦合[36,37]，多时间尺度耦合作用[38]。与之相比，因耦合振子系统的振荡死亡与细胞分裂[17,39,40]、基因合成[18,41,42]和神经疾病[43,44]的内在机制密切相关，而在生命科学领域显得尤为重要。耦合振子系统中产生振荡死亡的主要耦合形式有排斥耦合[45,46]、幅度受限耦合[47]、环境耦合[48]、循环耦合[49]等。

耦合振子的振幅死亡和振荡死亡可以在一定条件相互转化。研究表明[6]处于振幅死亡的固定点会随着频率失配的增加而出现超临界叉型分岔，并产生一对新的稳定固定点。即随着频率失配的增加，耦合振子系统会由振幅死亡态转换为振荡死亡态。邹为等[50]通过在耦合全同振子系统中引入时间延迟耦合作用，观察到耦合系统会从振幅死亡态走向振荡死亡态。此后，人们发现振幅死亡向振荡死亡的过渡过程可以在许多形式的耦合作用下产生，如交叉变量耦合[51]、循环耦合[49]、平均场耦合[34,52]、排斥耦合[45,53]、低通滤波器耦合[54]等。因振幅死亡向振荡死亡的过渡对工程中的动力学控制起着重要作用而倍受人们关注。同时，振幅死亡向振荡死亡过渡过程中，常常可以看到振幅死亡与振荡死亡共存[51]或振荡死亡与振荡态共存[55,56]。这些多态共存现象可以为理解许多生物过程的多样性提供参考。

  耦合振子系统的振荡死亡和振幅死亡不仅可以在规则耦合作用网络结构中产生，如近邻耦合[21]或全局耦合网络[57]，也可以在随机网络结构中产生。Ermentrout等[57]通过对近邻耦合的神经元振子的动力学行为进行分析，发现随着耦合作用强度的增加，耦合振子系统会由相同步态最终走向振荡死亡态。Atay[20]发现，逐渐增加的耦合强度会使近邻耦合的振子系统由部分出现振子死亡过渡到全部振子走向振荡死亡。而杨俊忠[21]则进一步指出在具有频率失配的近邻耦合振子中，耦合系统从部分振荡死亡走向全部振子振荡死亡要经历三个不同的阶段。这三个阶段体现了耦合振子间频率失配造成的不均性和耦合作用使系统达到均匀态之间的竞争机制，从而帮助人们更好地理解耦合振子走向振荡死亡的内在机制。耦合振子的振幅死亡现象与相互作用的网络结构参数密切相关。侯中怀等[58]分析了复杂网络中非全同耦合振子系统走向振荡死亡的过程和主要影响因素。发现规则网络通过随机加边变成随机网络后，原来的振幅死亡会变成振荡态。我们发现[59]无标度网络中耦合振子系统走向振幅死亡的过程经历三个不同的阶段。开始时，除小量同步的振子因同步而处于大振幅外，度大的点的振幅先变小而出现分层振幅死亡现象。当所有振子振幅小到一定程度时，振幅随着耦合强度的增加急剧下降而实现全部振子振幅死亡。管曙光等在频率分布为洛伦兹分布的耦合振子系统中观察到耦合振子系统产生爆发式同步[179]。与耦合振子系统分层走向振幅死亡不同的是，耦合振子系统会在耦合强度大于某一临界值时突然整体走向振幅死亡现象。后来Verma等[174,180]在耦合全同振子系统中，通过平均场作用观察到了爆发式振幅死亡现象。

  从控制的角度来看，邹为等先后通过引入非对称耦合(梯度耦合)，以显著地减小时延耦合[60]或频率失配耦合系统[61]中达到振荡死亡所需的耦合作用强度。通过引入相互排斥耦合，也可以把耦合周期或混沌振子控制到振荡死亡态。文献[62]指出，通过在具有线性递增的频率空间排列的耦合振子上，引入小的频率失配微扰，可以在一定程度上消除或促进耦合振子的振荡死亡。我们在此基础上拓展分析了频率空间排列对无流边界条件下耦合振子产生振荡死亡的影响的普适规律[63]。不同边界(周期边界、无流边界、固定边界)条件下耦合混沌振子的频率空间分布对耦合系统振荡死亡所需耦合强度有显著的影响[64]。

  有些系统中，如生物钟，心脏系统必须时刻保持一定频率的振荡，才能维持其功能。在某些病变条件下，振荡可能会消失而影响其正常功能。因此，如何使处于振荡猝灭的系统恢复振荡，也是一个重要的研究课题。它是耦合振子产生振荡猝灭

1.2 振荡猝灭现象研究进展

的过程的逆过程。邹为[54]等在考虑系统信息处理引起的时间延迟的影响条件下，发现适当的处理时间延迟可以使系统的振幅死亡区域被压缩，从而可以使处于振幅死亡的振子系统恢复振荡。Ghosh[66]等则通过引入平均场耦合作用，使耦合振子系统从振荡猝灭态恢复到振荡态。此后，Senthilkumar[65]通过电子电路实验验证信号处理时间延迟可以使耦合振子系统从振幅死亡态恢复到振荡态。在同时存在直接耦合与非直接耦合两种耦合方式竞争时[68]，耦合振子的振荡猝灭也可以被有效地救活。当复杂网络中同时存在处于振荡的振子和非振荡的振子时[69]，通过在振荡振子与非振荡振子中引入非对称耦合作用，可以加强网络的振荡态的稳定性。同时通过引入外部的反馈作用[70]，可以有效地使处于振荡猝灭的复杂网络恢复到振荡态。

第 2 章 耦合振子系统动力学基础

自然界中许多系统的动力学行为均可以用动力学方程来描述，为了更好地理解和分析耦合振子系统在相互作用下的振荡猝灭现象。本章我们有必要对动力学系统的基本概念做简要介绍。重点介绍研究耦合振子振荡猝灭现象所涉及的相关概念和方法。

2.1 动力学系统简介

自然界中的许多系统如流体运动、物种绵续等均随时间演化。它们可以用所有可能发生的各种状态构成的集合随时间动态变化的规律来描述。即可以用一个简单有效的数学模型来描述现实存在的复杂系统，我们称该模型为系统的动力学方程。动力学方程可以为研究者更好地理解和描述复杂系统的动力学行为。复杂系统的各种状态随时间的演化可以用一组常微分方程来进行描述。设 N 维状态量的集合为 $X(t) = \{x_1(t), x_2(t), \cdots, x_N(t)\}$，其随时间演化的方程可写成

$$\begin{cases} \dot{x}_1(t) = f_1(x_1, x_2, \cdots, x_n, \mu_1), \\ \quad\quad \cdots\cdots \\ \dot{x}_n(t) = f_n(x_1, x_2, \cdots, x_n, \mu_n), \end{cases} \tag{2.1}$$

其中，$f_1, f_2, \cdots, f_n$ 可以是线性或非线性函数，具体表达形式决定了系统的动力学性质；$\mu = \{\mu_1, \mu_2, \cdots, \mu_m\}$ 是系统的参数集合。对于给定的系统函数形式，参数 μ 和系统初始状态 $X(t_0)$，则任意时刻的系统状态 $X(t)$ 可以完全由方程 (2.1) 确定。通常，若动力学系统只是在一系列不连续的时间点考察系统的状态，则这个系统为离散系统；若时间连续，则称该系统为连续系统；若时间和状态量均为离散量，则称系统为元胞自动机。当 f 为线性函数时，该系统为线性系统；当 f 为非线性函数，该系统为非线性系统。根据函数表达式中是否显含时间，可将系统分成非自治系统 (不显含时间) 和自治系统 (显含时间)。根据系统最终状态的特征不同又可分为周期系统、混沌系统和可激发系统。下面我们分别列举几种常见的动力学系统的动力学方程。常见的带阻尼的小角度单摆方程可以描述成

$$\begin{cases} \dot{x}_1(t) = x_2, \\ \dot{x}_2(t) = \dfrac{\gamma}{m} x_2 - \dfrac{g}{l} x_1, \end{cases} \tag{2.2}$$

其中参数 γ 为阻尼系数, m 为物体的质量, l 为单摆的摆长, g 为重力加速度常数, x_1 对应于单摆的摆角, 而 x_2 对应于单摆的角速度。由于方程的右端所有变量 x_i 的幂均为一次, 函数 f_i 在相空间中是一条直线, 此系统为线性系统。当单摆的摆角较大时, 方程的右端存在高次项, 如 $\dot{x}_2(t) = \dfrac{\gamma}{m}x_2 - \dfrac{g}{l}\left(x_1 - \dfrac{x_1^3}{3}\right)$, 此方程称为非线性方程。显然, 方程 (2.2) 右边不显含时间, 该系统称为自治系统。当单摆受到周期性外驱动力作用时, 方程 (2.2) 可以写成

$$\begin{cases} \dot{x}_1(t) = x_2, \\ \dot{x}_2(t) = \dfrac{\gamma}{m}x_2 - \dfrac{g}{l}x_1 + A_0\cos(\omega t), \end{cases} \tag{2.3}$$

此时, 方程右边显含时间 t, 该系统称为非自治系统。通过变量代换 $x_3 = \omega t$ 使系统的维度增加 1, 非自治系统可转化成自治系统,

$$\begin{cases} \dot{x}_1(t) = x_2, \\ \dot{x}_2(t) = \dfrac{\gamma}{m}x_2 - \dfrac{g}{l}x_1 + A_0\cos(x_3), \\ \dot{x}_3(t) = \omega. \end{cases} \tag{2.4}$$

2.2 动力学系统的解及其稳定性

对于动力学系统, 系统的状态变量完全由其解的形式来确定。因此, 对动力学方程的求解显得尤为重要。对于线性系统, 我们可以通过线性变换使其对角化, 或变成约当形式, 从而较容易地得出系统的解析解形式。而对于非线性系统, 要获得其解的表达形式常常较难。特别是对于维数较大的系统, 现代数学还没有发展出普适有效的方法获得解析解。分析非线性系统的动力学行为通常要利用数值计算方法, 或通过略去一些动力学细节, 研究系统的定性性质和渐近行为。

2.2.1 线性系统的解及稳定性分析

下面以二维线性系统为例, 给出线性系统的解及其稳定性条件,

$$\begin{cases} \dot{x}_1(t) = ax_1 + bx_2, \\ \dot{x}_2(t) = cx_1 + dx_2, \end{cases} \tag{2.5}$$

其中 a, b, c, d 是系统的参数。线性系统的解可以通过令 $\dot{x}_1(t) = 0, \dot{x}_2(t) = 0$, 可得系统的不动点为 $(0, 0)$。如果不考虑简并的情况, 方程的解的形式可以写成

$$\begin{aligned} x_1(t) &= c_1 e^{\lambda_1 t} + c_2 e^{\lambda_2 t}, \\ x_2(t) &= c_3 e^{\lambda_1 t} + c_4 e^{\lambda_2 t}, \end{aligned} \tag{2.6}$$

其中，系数 c_1, c_2, c_3, c_4 由系统的初始条件确定。而 $\lambda_{1,2}$ 为线性矩阵 $A = \begin{pmatrix} a & b \\ c & d \end{pmatrix}$ 的特征值，有

$$\lambda_{1,2} = \frac{\text{Tr} \pm \sqrt{\text{Tr}^2 - 4\Delta}}{2}, \tag{2.7}$$

其中，$\text{Tr} = a + d, \Delta = ad - bc$。特征值的取值由线性矩阵的迹和其对应行列式的值确定，对于不同的特征值，可得到不动点解的类型。(1) 当两个特征值均为实数时有：a) 若 $\lambda_1 < \lambda_2 < 0$，则随着时间增加，系统趋于不动点，该不动点称为稳定结点，如图 2.1(b) 所示；b) 若 $\lambda_1 > \lambda_2 > 0$，则随着时间增加，系统远离不动点，该不动点称为不稳定结点，如图 2.1(c) 所示；c) 若 $\lambda_1 < 0 < \lambda_2$，则随着时间增加，系统在一个方向上靠近不动点，而在另一个方向上远离不动点，则该不动点称为鞍点，如图 2.1(d) 所示。(2) 当两个特征值为一对共轭的复数时有：a) 若特征值的实部 $\text{Re}(\lambda_{1,2}) < 0$，则系统会以 $\text{Im}(\lambda_{1,2})$ 为角频率旋转并趋于不动点，则该不动点称为稳定焦点，如图 2.1(e) 所示；b) 若特征值的实部 $\text{Re}(\lambda_{1,2}) > 0$，则系统会以 $\text{Im}(\lambda_{1,2})$ 为角频率旋转并远离不动点，则该不动点称为不稳定焦点，如图 2.1(f) 所示；c) 当特征值的实部 $\text{Re}(\lambda_{1,2}) = 0$ 时，系统会以 $\text{Im}(\lambda_{1,2})$ 为角频率旋转形成闭合环，则该不动点称为中心点，如图 2.1(g) 所示。在参数空间 Tr-Δ 平面，对应于不同的不动点类型，如图 2.1(a) 所示。

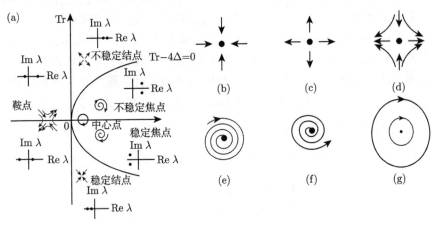

图 2.1 (a) 参数空间 Tr-Δ 平面，对应于不同的不动点类型；(b) 稳定结点；(c) 不稳定结点；(d) 鞍点；(e) 稳定焦点；(f) 不稳定焦点；(g) 中心点

2.2.2 非线性系统的解及稳定性分析

对于非线性方程，

2.2 动力学系统的解及其稳定性

$$\begin{cases} \dot{x}_1(t) = f_1(x_1, x_2, \cdots, x_n), \\ \dot{x}_2(t) = f_2(x_1, x_2, \cdots, x_n), \\ \cdots\cdots \\ \dot{x}_n(t) = f_n(x_1, x_2, \cdots, x_n), \end{cases} \quad (2.8)$$

设其有固定点 $X^* = (x_1^*, x_2^*, \cdots, x_n^*)$,则有 $F(X^*) = 0, F \to (f_1, f_2, \cdots, f_n)$,要确定该固定点的稳定性,可以在固定点上加小扰动,有 $X(t) = X^* + \xi(t)$,代入到方程可得

$$\dot{\xi}(t) = F(X^* + \xi(t)) = F(X^*) + DF(X^*)\xi(t) + O(\xi(t))^2, \quad (2.9)$$

其中,

$$DF(X^*) = \begin{pmatrix} \dfrac{\partial f_1}{\partial x_1} & \dfrac{\partial f_1}{\partial x_2} & \cdots & \dfrac{\partial f_1}{\partial x_n} \\ \dfrac{\partial f_2}{\partial x_1} & \dfrac{\partial f_2}{\partial x_2} & \cdots & \dfrac{\partial f_2}{\partial x_n} \\ \vdots & \vdots & & \vdots \\ \dfrac{\partial f_n}{\partial x_1} & \dfrac{\partial f_n}{\partial x_2} & \cdots & \dfrac{\partial f_n}{\partial x_n} \end{pmatrix}, \quad (2.10)$$

则方程 (2.8) 转化成了线性方程组,固定点的类型确定与线性方程中固定点的确定方法一样。其微扰的解可写成 $\xi(t) = \sum_{k=1}^{N} A_k e^{\lambda_k t}$,其中 λ_k 为矩阵 $DF(X^*)$ 的特征值。当所有的 λ_k 的实部为负时,系统的微扰趋于零,即系统的固定点是渐近稳定的。若所有的 λ_k 的实部为零时,固定点解的稳定由更高阶的泰勒级数确定。以三阶系统为例,

$$\begin{cases} \dot{x}_1(t) = f(x_1, x_2, x_3), \\ \dot{x}_2(t) = g(x_1, x_2, x_3), \\ \dot{x}_3(t) = h(x_1, x_2, x_3), \end{cases}$$

则其固定点的雅可比矩阵特征值可写成方程 $\lambda^3 + a\lambda^2 + b\lambda + c = 0$。

如果 $\Delta = a^2b^2 + 4b^3 + 4a^3c - 18abc + 27c^2 < 0$,则三个特征值为实数,固定点可能为 (如图 2.2(a)~2.2(d)):

(1) 不稳定结点 $(ab - c < 0, c < 0, b > 0)$;

(2) 稳定结点 $(ab - c > 0, c > 0, b > 0)$;

(3) 鞍点 $(ab - c < 0, c > 0, b > 0,$ 或 $ab - c > 0, c < 0)$。

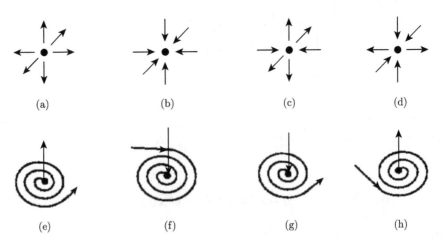

图 2.2 (a) 不稳定结点；(b) 稳定结点；(c) 鞍点；(d) 鞍点；(e) 不稳定焦点；(f) 稳定焦点；(g) 鞍焦点；(h) 鞍焦点

如果 $\Delta > 0$，则三个特征值中有一个为实数，另两个为共轭的复数，固定点的类型为 (如图 2.2(e)~2.2(h) 所示)：

(1) 不稳定焦点 $(ab-c<0, c<0, b>0)$；

(2) 稳定焦点 $(ab-c>0, c>0, b>0)$；

(3) 鞍焦点 $(ab-c<0, c>0,$ 或 $ab-c>0, c<0)$。

以上定态的轨迹只是某一个固定点的局域性质，通常一个动力系统广域上可能会存在多个固定点，多个固定点及相应的周围轨迹相互关联构成动力系统的整体流场斑图。这些轨道可分为同宿轨道和异宿轨道。所谓同宿轨道指 $t \to \pm\infty$ 时趋于同一状态的轨道，如图 2.3(a) 和 2.3(b) 所示。所谓异宿轨道则是指 $t \to +\infty$ 和 $t \to -\infty$ 时趋于不同的定态的轨道，如图 2.3(c) 和 2.3(d) 所示。

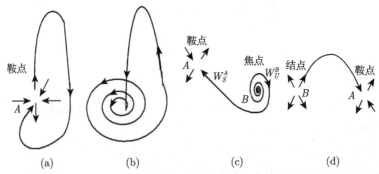

图 2.3 (a) 鞍点同宿轨道；(b) 焦点同宿轨道；(c) 鞍焦点异宿轨道；(d) 鞍结点异宿轨道

考查 Lorenz 系统[75]，

$$\begin{cases} \dot{x}(t) = \sigma(y-x), \\ \dot{y}(t) = \rho x - y - xz, \\ \dot{z}(t) = xy - \beta z, \end{cases} \tag{2.11}$$

系统有三个固定点 $O(0,0,0), C_{1,2}(\pm\sqrt{\beta(\rho\sigma-1)}, \pm\sqrt{\beta(\rho\sigma-1)}, \rho-1)$，当取参数 $\beta = 8/3, \sigma = 10$ 时，系统的固定点类型随着参数 ρ 变化，可以分为以下几种情况。

(1) 当 $\rho \in [0,1)$ 时，固定点 $O(0,0,0)$ 是稳定结点，而 $C_{1,2}$ 不存在，如图 2.4(a) 所示。

(2) 当 $\rho \in (1, 1.346)$ 时，固定点 $O(0,0,0)$ 变成鞍点，而 $C_{1,2}$ 变成稳定结点，O 与 C_1 和 O 与 C_2 之间形成鞍结点异宿轨道，如图 2.4(b) 所示。

(3) 当 $\rho \in (1.346, 13.926)$ 时，固定点 $C_{1,2}$ 变成稳定焦点，O 与 C_1 和 O 与 C_2 之间形成鞍焦异宿轨道，如图 2.4(c) 所示。

(4) 当 $\rho \in (13.926, 24.74)$ 时，固定点 $C_{1,2}$ 变成不稳定的极限环，O 与 C_1 和 O 与 C_2 之间形成异宿轨道，如图 2.4(d) 所示。

(5) 当 $\rho \in [24.74, \infty)$ 时，固定点 $C_{1,2}$ 变成鞍焦点，O 与 C_1 和 O 与 C_2 之间形成同宿轨道，空间轨道出现伸长与折叠，出现混沌，如图 2.4(e) 所示。

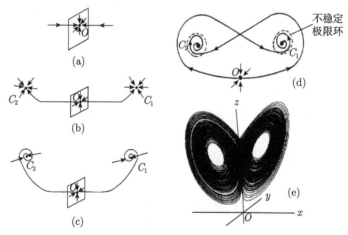

图 2.4 (a) 鞍点同宿轨道；(b) 焦点同宿轨道；(c) 鞍焦点异宿轨道；(d) 鞍结点异宿轨道；(e) 混沌吸引子

2.3 动力学系统的分岔类型

动力系统的状态会随参数的变化而相应地发生变化。当参数发生变化时，如果系统的定性状态发生突然变化，称为分岔。它是非线性系统中常见的重要非线性现象之一，并广泛应用于力学、物理学、生物学、化学、生态学、医学、工程控制等领域。以弹性压杆的分岔为例，一根受力的弹性压杆当压力超过压杆的临界负荷时，会出现弯曲，如图 2.5(a) 所示。在 P-s 平面上，当 $P < P_c$ 时，杆的唯一平衡状态是保持直线；当 $P > P_c$ 时有三种平衡状态：保持直线 (OC 方向)、偏向 $+s$ 或 $-s$ 方向、不同平衡状态的分岔点为 P_c。这时保持直线是不稳定的，稍有扰动平衡状态便会偏向 $+s$ 或 $-s$。两种偏向 $+s$ 或 $-s$ 状态是稳定的。分岔过程如图 2.5(b) 所示。对于动力系统，随着参数的变化，系统可以在不同的参数值处发生多次分岔，我们把发生分岔的参数值称为分岔值。并可以在状态量和参数空间画出该系统的极限集随参数的变化图形，称为分岔图。一般而言，要完整地进行分岔分析比较困难，一般只考虑在固定点附近动力系统的拓扑结构变化，即研究固定点邻域内局部向量场的分岔。因此，我们重点介绍向量场的分岔。

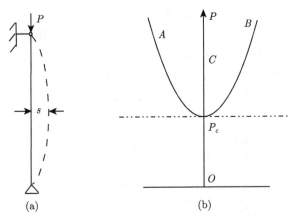

图 2.5 (a) 受力弹性杆示意图；(b) 受力杆分岔过程

2.3.1 固定点的分岔

1. 切分岔

当系统参数变化时，系统的稳定结点与鞍点逐渐靠近并相碰的分岔过程称为切分岔，也称为鞍结点分岔。以下面的方程为例，

$$\dot{x}(t) = -x^2 + \mu, \tag{2.12}$$

令 $\dot{x} = 0$，得固定点 $x_0 = \pm\sqrt{\mu}$，(1) 当 $\mu < 0$ 时，x_0 为虚数，因此不存在奇点；(2) 当 $\mu > 0$ 时出现两个奇点，$x_0 = \pm\sqrt{\mu}$。下面求解两个固定点的稳定性。在固定点上加扰动 $x = x_0 + \xi$，则扰动随时间变化的方程，

$$\dot{\xi}(t) = -2x_0 \xi, \tag{2.13}$$

其解为

$$\xi(t) = \xi_0 e^{-2x_0 t}, \tag{2.14}$$

对于 $x_0 = +\sqrt{\mu}$，当 $t \to \infty$ 时有 $\xi(t) \to 0$，说明此解是稳定的结点；对于 $x_0 = -\sqrt{\mu}$，当 $t \to \infty$ 时有 $\xi(t) \to \infty$，说明此解是不稳定的鞍点；解随参数变化时的向量变化和分岔图如图 2.6 所示。当参数 μ 趋于 0 时，稳定的结点 $+\sqrt{\mu}$ 和不稳定的鞍点 $-\sqrt{\mu}$ 逐渐靠近，最后在 $\mu = 0$ 处发生碰撞，解的存在性最后在 $\mu < 0$ 时消失。

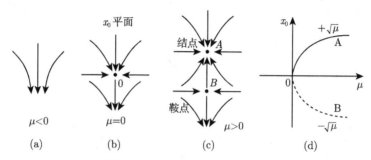

图 2.6 系统的相流图。(a) $\mu < 0$；(b) $\mu = 0$；(c) $\mu > 0$；(d) 分岔图

2. 叉型分岔

下面讨论叉型分岔的情形，以方程

$$\dot{x}(t) = \mu x + P x^3, \tag{2.15}$$

对应的非线性系统为例，若 $P < 0$，当 $\mu \leq 0$ 时有稳定结点 $O(x_0 = 0)$，当 $\mu > 0$ 时，$O(x_0 = 0)$ 变成鞍点，同时新产生两个稳定的结点，$A(x_0 = +\sqrt{\mu})$，$B(x_0 = -\sqrt{\mu})$，如图 2.7(c) 所示。这种形式的分岔类型称为超临界叉型分岔。当 $P > 0$ 时，$O(x_0 = 0)$，$A(x_0 = +\sqrt{\mu})$，$B(x_0 = -\sqrt{\mu})$ 三者的稳定性与 $P < 0$ 时的刚好相反，如图 2.7 (d) 所示，这种分岔类型称为亚临界叉型分岔。

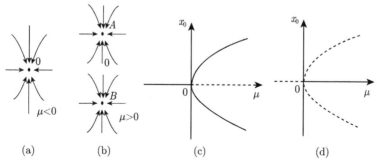

图 2.7 系统的相流图。(a) $P < 0, \mu < 0$；(b) $P < 0, \mu > 0$；(c) $P < 0$ 时的分岔图；(d) $P > 0$ 时的分岔图

3. 跨临界分岔

对于形如

$$\dot{x}(t) = \mu x - x^2 \tag{2.16}$$

的系统 (图 2.8), 当 $\mu < 0$ 时, 有稳定结点 $O(x_0 = 0)$ 和鞍点 $A(x_0 = \mu)$, 而在 $\mu > 0$ 时, 原来的稳定结点 $O(x_0 = 0)$ 变成鞍点, 而原来的鞍点 $A(x_0 = \mu)$ 变成稳定结点。在 $\mu = 0$ 处, $O(x_0 = 0)$ 和 $A(x_0 = \mu)$ 的稳定性相互交换, 而称为跨临界分岔。

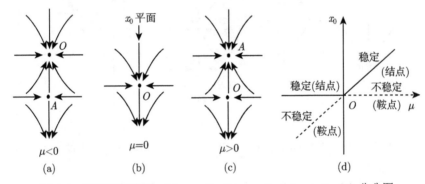

图 2.8 系统的相流图。(a) $\mu < 0$; (b) $\mu = 0$; (c) $\mu > 0$; (d) 分岔图

4. 霍普夫分岔

对于形如

$$\begin{cases} \dot{x}(t) = -y + x(\mu - (x^2 + y^2)) \\ \dot{y}(t) = x + y(\mu - (x^2 + y^2)) \end{cases} \tag{2.17}$$

的方程, 引入极坐标后可将方程变成

$$\begin{cases} \dot{\rho}(t) = \rho(\mu - \rho^2), \\ \dot{\theta}(t) = 1, \end{cases} \tag{2.18}$$

方程的解为

$$\begin{cases} \rho(t) = \sqrt{1/(2t + C)}, & \mu < 0, \\ \rho(t) = \sqrt{\mu/(1 + Ce^{-2\mu t})}, & \mu > 0, \\ \theta(t) = t - t_0, \end{cases} \tag{2.19}$$

当 $\mu \leqslant 0$ 时, $t \to \infty$ 时有 $\rho \to 0$, 固定点为稳定焦点。当 $\mu > 0$ 时, $t \to \infty$ 时有 $\rho \to \sqrt{\mu}$, 形成闭合的极限环, 从而产生霍普夫分岔 (图 2.9)。

2.3 动力学系统的分岔类型

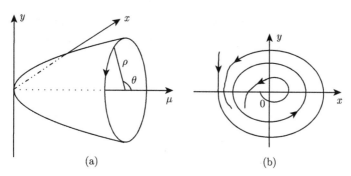

图 2.9 系统的相流图。(a) 系统分岔图；(b) 霍普夫分岔相流图

2.3.2 同宿、异宿分岔

以非线性系统

$$\begin{aligned} \dot{x}(t) &= y, \\ \dot{y}(t) &= x + x^2 - xy + \mu y \end{aligned} \quad (2.20)$$

为例，系统具有两个固定点，鞍点 $O(0,0)$ 和焦点 (或结点)$A(-1,0)$，如图 2.10(a) 所示。随着参数 μ 的增加，当 $\mu \geqslant -1$ 时，点 A 由稳定的焦点变成不稳定焦点，且出现超临界霍普夫分岔，从而产生稳定极限环，如图 2.10(b) 所示。当参数 μ 继续增加到 $\mu = -0.85$ 时，稳定极限环与鞍点 $O(0,0)$ 相碰，并成为鞍点分界线，即产生同宿轨道，如图 2.10(c) 所示。而当 $\mu > -0.85$ 时，同宿轨道消失，如图 2.10(d) 所示。如果从 $\mu = -0.85$ 减少时，同宿轨道也消失而产生稳定极限环。因此，在 $\mu = -0.85$ 处会产生同宿分岔。而当考虑系统时，

$$\begin{aligned} \dot{x}(t) &= x^2 - y^2 - 1, \\ \dot{y}(t) &= \mu + y^2 - xy, \end{aligned} \quad (2.21)$$

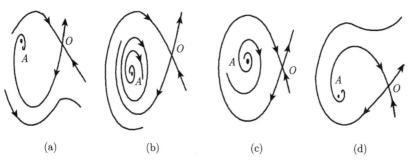

图 2.10 系统的相流图。(a) $\mu \leqslant -1$；(b) $-1 \leqslant \mu < -0.85$；(c) $\mu = -0.85$；(d) $\mu > -0.85$

在 $\mu = 0$ 时存在两个鞍点 $A(1,0)$ 和 $B(-1,0)$，A 和 B 之间存在异宿轨道，如图 2.11(a) 所示。而当 $\mu \neq 0$ 时，异宿轨道消失，如图 2.11(b) 和 2.11(c) 所示。因此我们称系统在 $\mu = 0$ 处会发现异宿分岔。

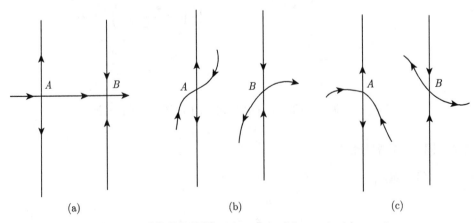

图 2.11　系统的相流图。(a) $\mu = 0$；(b) $\mu < 0$；(c) $\mu > 0$

2.4　几种常见动力学系统

2.4.1　线性动力系统

我们以简单的电路为例，如图 2.12(a) 所示，电阻 R 和电容 C 与直流电压为常数 V_0 的电池组串联。在 $t = 0$ 时刻闭合开关，并设初始电容所带电荷量为零。$Q(t)$ 表示在 t 时刻电容的充电量。则电路可用线性方程来描述，由基尔霍夫电压定律可得

$$-V_0 + RI + Q(t)/C = 0, \tag{2.22}$$

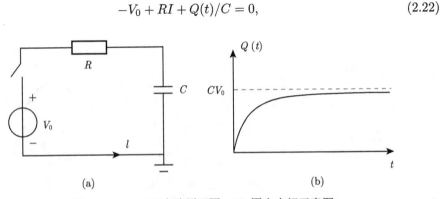

图 2.12　(a) RC 电路原理图；(b) 固定点解示意图

2.4 几种常见动力学系统

其中流过电容的电流 $I = \mathrm{d}Q(t)/\mathrm{d}t$，代入方程 (2.22) 可得

$$\mathrm{d}Q(t)/\mathrm{d}t = \frac{V_0}{R} - \frac{Q(t)}{RC}, \tag{2.23}$$

对于此线性系统，有稳定的解 $Q^* = CV_0$。当时间 $t \to \infty$ 时，电容上所充电量将趋于一常数 CV_0，如图 2.12(b) 所示。

2.4.2 非线性动力系统

1. 周期动力系统

考虑金兹堡–朗道方程，它是一个描述超导现象的唯象数学模型[71]，从宏观上描述了第一类超导体。后来苏联物理学家阿列克谢基于此提出了第二类超导体的概念[72]。之后金兹堡和朗道在朗道的二级相变理论的基础上推断超导态可以通过一个复序参量 $\psi(r)$ 表征，其表示超导体在低于超导转变温度 T_c 时的超导有序度。在自由能取极小值时可导出金兹堡–朗道方程，

$$\alpha\psi + \beta|\psi|^2\psi + \frac{1}{2m^*}\left(\frac{\hbar}{i}\nabla - \frac{e^*}{c}A\right)^2\psi = 0, \tag{2.24}$$

其可以写成偏微分方程的形式[74]，

$$\frac{\partial u}{\partial t} - a\frac{\partial^2 u}{\partial x^2} - bu + c|u|^2 u = 0, \tag{2.25}$$

后来人们利用非线性薛定谔方程导出光在光纤中传输的方程形式为

$$i\frac{\partial \psi}{\partial t} + \beta\frac{\partial^2 u}{\partial x^2} - \alpha|\psi|^2\psi = 0, \tag{2.26}$$

其中，$\psi = u(x - v_0 t)e^{i(kx - \omega t)}$，可导出其受孤子波脉冲调制的解，$u(x - v_0 t) = \pm\sqrt{\frac{\alpha}{2\gamma}}\mathrm{sech}\sqrt{\frac{\gamma}{\beta}}\xi$。在分岔点附近引入微扰后，则微扰的方程应满足：

$$\frac{\mathrm{d}A}{\mathrm{d}t} = \sigma A - \beta A|A|^2, \tag{2.27}$$

其中 $A = \rho(t)e^{i\phi(t)}$，$\sigma = \sigma_r + i\sigma_i$，$\beta = \beta_r + i\beta_i$，代入方程 (2.27) 可得

$$\begin{aligned}\dot\rho(t) &= \sigma_r\rho - \beta_r\rho^3, \\ \dot\theta(t) &= \sigma_i - \beta_i\rho^2, \quad \rho \neq 0,\end{aligned} \tag{2.28}$$

(1) 当 σ, β 为实数时，有

$$\begin{aligned}\dot\rho(t) &= \sigma_r\rho - \beta_r\rho^3, \\ \dot\theta(t) &= 0,\end{aligned} \tag{2.29}$$

此方程的形式与方程 (2.15) 一致，当 $\beta_r > 0$ 时为超临界叉型分岔，当 $\beta_r < 0$ 时为亚临界分岔。(2) 当 $\sigma_i \neq 0$，$\beta \neq 0$ 时，系统可能会产生霍普夫分岔。$\sigma_r < 0, \beta_r > 0$ 时，系统有稳定焦点 (图 2.13(a))；在 $\sigma_r > 0, \beta_r > 0$ 时，系统有不稳定焦点和稳定极限环 (图 2.13(b))；$\sigma_r > 0, \beta_r < 0$ 时，系统为不稳定焦点 (图 2.13(c))；$\sigma_r < 0, \beta_r < 0$ 时，系统为稳定焦点和不稳定极限环 (图 2.13(d))。

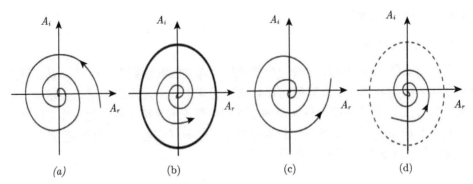

图 2.13　系统状态图。(a) $\sigma_r < 0, \beta_r > 0$；(b) $\sigma_r > 0, \beta_r > 0$；(c) $\sigma_r > 0, \beta_r < 0$；(d) $\sigma_r < 0, \beta_r < 0$

2. 混沌动力系统

许多具有非线性项的振子系统均具有混沌特征，即系统表现出初始敏感性，类似于随机性和自相似性。常见的混沌振子系统有 Lorenz 系统[75]、Rossler 系统[76]、Chua 电路[77]、Saito 电路[78]、Pikovsky 电路[79]、达芬振子[80]、神经元中的 Hindmarsh-Rose 模型[81]、Hodgkin-Huxley 模型[82]、FitzHugh-Nagumo 模型[83]等。以 Rossler 振子模型为例，该系统是由德国物理学家 Rossler 基于 Lorenz 系统构造出来的[76]，其方程如下：

$$\begin{cases} \dot{x}(t) = -\omega y - z, \\ \dot{y}(t) = \omega x + ay, \\ \dot{z}(t) = b + z(x - c), \end{cases} \quad (2.30)$$

其中参数 ω 确定系统的振荡主频率，随着参数变化，这个系统中可以看到倍周期分岔到混沌、切分岔到混沌现象。如图 2.14 给出了 $\omega = 1, a = 0.2, b = 0.2$ 时系统随参数 c 的分岔图。分岔图是通过取每个参数 c 对应的时序 $x(t)$ 的局域最大值点构成的。由图可知，随着参数 c 增加，系统从周期一倍周期分岔到周期二再到混沌，并存在切分岔和周期三窗口。

2.4 几种常见动力学系统

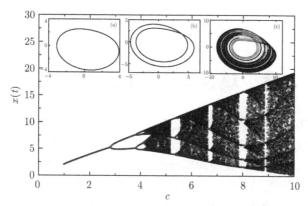

图 2.14 Rossler 系统关于参数 c 的分岔图。不同 c 对应的相图，(a) $c = 2$; (b) $c = 4$; (c) $c = 5$

第 3 章 耦合非全同振子的振幅死亡

系统中，相互作用的个体之间总会存在或多或少的参数失配，当参数失配较小时，可以把个体近似看成全同振子，当耦合作用大到一定值时，所有振子会在相互作用下走向同步，最后整体表现同步行为。然而，当系统中的个体的参数失配大到一定值时，耦合作用无法使它们达到同步。当作用强度大到一定值时，具有参数失配的振子在强作用下会产生振幅死亡现象。这一现象体现了相互作用的个体之间的差异和相互作用强度相互竞争的结果。为了更好地理解这些丰富的动力学行为，本章主要致力于讨论耦合振子单元之间存在参数失配时，相互作用对耦合系统走向振荡猝灭过程的机制。

3.1 固定频率失配的耦合振子振幅死亡

3.1.1 频率失配耦合振子模型

简单起见，我们先讨论具有固定频率失配的耦合振子在近邻耦合作用下的振荡猝灭现象，考虑 N 个耦合振子系统，它们相邻振子之间的频率失配均相同，即有：$\Delta\omega = \omega_{i+1} - \omega_i$ [84]。

$$\dot{X}_i(t) = f(X_i, \omega_i) + \epsilon \Gamma(X_{i+1} + X_{i-1} - 2X_i), \quad i = 1, 2, \cdots, N. \tag{3.1}$$

其中，X_i 是 m 维向量，$X_i \to \{x_1, x_2, \cdots, x_m\}$，$f(X)$ 是非线性函数，ϵ 是耦合作用强度，Γ 是耦合矩阵，其确定耦合作用是通过系统的哪个变量来实现的，ω_i 是每个振子的自然频率。先考虑周期边界条件 $X_{N+1} = X_1, X_0 = X_N$，即耦合振子环。考察耦合朗道振子，

$$\dot{z}_i(t) = (1 + j\omega_i - |z_i(t)|^2)z_i(t), \quad i = 1, 2, \cdots, N, \tag{3.2}$$

复变量 $z_i(t) = x_i(t) + jy_i(t)$，单个振子具有不稳定固定点 $O(0,0)$，并以频率 ω_i 做周期振荡。耦合矩阵取 $\Gamma = \begin{pmatrix} 1 & 0 \\ 0 & 1 \end{pmatrix}$，每个振子的频率取简单的形式：

$$\omega_i = \omega_0 + \frac{i}{N}\Delta\omega. \tag{3.3}$$

简单起见，取 $\omega_0 = 0.0$。此耦合振子系统的振幅死亡是通过耦合作用将原来不稳定的固定点 O 变成稳定固定点来实现的。其稳定参数区间可以通过分析固定点 O 的

3.1 固定频率失配的耦合振子振幅死亡

稳定性获得。通过在固定点上加上小的扰动 $\eta(t) = \{\eta_1(t), \eta_2(t), \cdots, \eta_n(t)\}$，则扰动随时间的演化完全由方程 $\dot{\eta}(t) = J\eta(t)$ 确定，其中雅可比矩阵可写成

$$J = \begin{pmatrix} 1-2\epsilon+\mathrm{j}\omega_1 & \epsilon & 0 & \epsilon \\ \epsilon & 1-2\epsilon+\mathrm{j}\omega_2 & \epsilon & 0 \\ 0 & \cdots & \cdots & \cdots \\ \epsilon & 0 & \epsilon & 1-2\epsilon+\mathrm{j}\omega_N \end{pmatrix}, \quad (3.4)$$

则固定点的稳定性完全由雅可比矩阵 J 的特征值的实部 $\mathrm{Re}(\lambda)$ 是否小于 0 来确定。

3.1.2 两个耦合振子振幅死亡理论分析

当 $N=2$ 时，J 的特征值可以表示为

$$\lambda_{1,2} = 1 - \epsilon \pm \frac{\sqrt{16\epsilon^2 - \Delta\omega^2}}{4} + \mathrm{j}\frac{3\Delta\omega}{4}, \quad (3.5)$$

由特征值实部小于等于零可以得到耦合振子系统振幅死亡稳定区间由区域 I 和区域 II 组成，其中区域 I 为

$$1 < \epsilon < \frac{\Delta\omega}{4}, \quad (3.6)$$

而区域 II 为

$$\begin{aligned} \epsilon &> 1, \\ 4\sqrt{2\epsilon-1} &\leqslant \Delta\omega \leqslant 4\epsilon, \end{aligned} \quad (3.7)$$

两个区域合并形成 V 形振幅死亡参数区间，如图 3.1 所示。

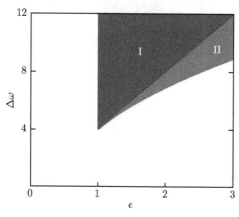

图 3.1 $N=2$，式 (3.6) 和式 (3.7) 确定的振幅死亡区域 I 和 II

3.1.3 三个耦合振子振幅死亡理论分析

当考虑 $N=3$ 个振子耦合时，确定固定点的稳定性的雅可比矩阵

$$J = \begin{pmatrix} 1-2\epsilon+j\omega_1 & \epsilon & \epsilon \\ \epsilon & 1-\epsilon+j\omega_2 & \epsilon \\ \epsilon & \epsilon & 1-2\epsilon+j\omega_N \end{pmatrix} \tag{3.8}$$

其特征值为

$$\begin{aligned} \lambda_1 &= 1-2\epsilon+T_1+\frac{\epsilon^2-\Delta\omega^2/27}{T_1}+j\frac{2\Delta\omega}{3}, \\ \lambda_{2,3} &= 1-2\epsilon-\frac{T_1^2+\epsilon^2-\Delta\omega^2/27}{2T_1}+j\left(\frac{2\Delta\omega}{3}\pm\frac{\sqrt{3}(\epsilon^2-\Delta\omega^2/27-T_1^2)}{2T_1}\right), \end{aligned} \tag{3.9}$$

其中，$T_1 = \sqrt[3]{\epsilon^3+\sqrt{\epsilon^6+(\Delta\omega^2/27-\epsilon)^3}}$。根据所有特征值的实部小于零，可得到振幅死亡区域为

$$\begin{aligned} \epsilon &> 0.5, \\ T_1 &< \sqrt{\Delta\omega^2/27-\epsilon+1/4}+\epsilon+1/2, \end{aligned} \tag{3.10}$$

该区域也是 V 形的，如图 3.2 所示。

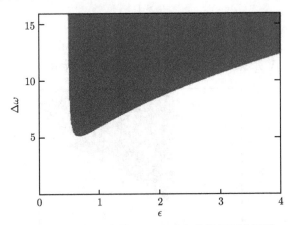

图 3.2 $N=3$，由式 (3.10) 确定的振幅死亡区域

3.1.4 四个耦合振子振幅死亡理论分析

当 $N=4$ 时，J 的特征值为

3.2 频率失配的空间分布对振幅死亡区域的影响

$$\begin{aligned}
\lambda_{1,2} &= 1 - 2\epsilon \pm \sqrt{2\epsilon^2 - (3\Delta\omega/8)^2} + j\frac{5\Delta\omega}{8}, \\
\lambda_3 &= 1 - 2\epsilon + j\left(\frac{3\Delta\omega}{4}\right), \\
\lambda_4 &= 1 - 2\epsilon + j\left(\frac{\Delta\omega}{2}\right).
\end{aligned} \quad (3.11)$$

由此，同样地可得到振幅死亡的区间由 I 和 II 两部分构成。

(1) 区域 I:

$$0.5 < \epsilon < \frac{3\Delta\omega}{16}, \quad (3.12)$$

(2) 区域 II:

$$\begin{aligned}
&\epsilon > 0.5, \\
&\frac{3\Delta\omega}{16} < \epsilon < \frac{9\Delta\omega^2}{256} + 1/4.
\end{aligned} \quad (3.13)$$

两区域构成 V 形区间，如图 3.3 所示。

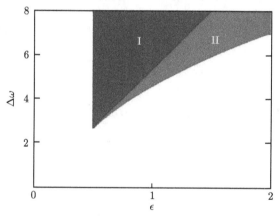

图 3.3 $N = 4$，由式 (3.12) 和式 (3.13) 确定的振幅死亡区域 I 和 II

3.2 频率失配的空间分布对振幅死亡区域的影响

3.2.1 理论分析

实际系统中相邻振子之间的频率失配并不是固定的，为了考察频率的空间分布对振幅死亡区间的影响，我们在固定频率失配的基础上，随机交换振子的位置，并考察其对振幅死亡区间的影响[85]。研究表明，当耦合振子的频率空间分布不同时，耦合振子达到同步所需的耦合的强度不同，同时会出现多参数区域同步现象[86]。同样地,当频率失配较大时,频率的空间分布会对耦合振子的振幅死亡区域有显著的影响[85]。在式 (3.1) 和式 (3.2) 的系统中,先以 $N = 4$ 为例,在式 (3.3) 所给定的初始频率基础上,交换振子的空间位置,周期边界条件下共有三种可能的不同排列:$P_1 = \{1,2,3,4\}$, $P_2 = \{1,2,4,3\}$, $P_3 = \{1,3,2,4\}$。下面分别讨论这几种排列下的振幅死亡区间。排列 P_1 的振幅死亡区间在上一节已经给出,为 V 形区域。对于排列 P_2,式 (3.4) 中的雅可比矩阵可以写成

$$J = \begin{pmatrix} 1 - 2\epsilon + j\Delta\omega/4 & \epsilon & 0 & \epsilon \\ \epsilon & 1 - 2\epsilon + j2\Delta\omega/4 & \epsilon & 0 \\ 0 & \epsilon & 1 - 2\epsilon + j4\Delta\omega/4 & \epsilon \\ \epsilon & 0 & \epsilon & 1 - 2\epsilon + j3\Delta\omega/4 \end{pmatrix}, \tag{3.14}$$

其特征值的表达式为

$$\lambda_{1,2,3,4} = 1 - 2\epsilon \pm \frac{1}{8}\sqrt{128\epsilon^2 - 5\Delta\omega^2 \pm 4\sqrt{T_2}} + j\frac{5\Delta\omega}{8}, \tag{3.15}$$

其中,$T_2 = \sqrt{1024\epsilon^4 - 80\epsilon^2\Delta\omega^2 + \Delta\omega^4}$。由该特征值实部小于零可得振幅死亡区间由三个区域构成,

(1) 区域 I:

$$0.5 < \epsilon < \Delta\omega/8, \tag{3.16}$$

(2) 区域 II:

$$\begin{aligned} &0.5 < \epsilon < \Delta\omega/8, \\ &\Delta\omega/8 < \epsilon < \Delta\omega/4, \\ &\Delta\omega > \sqrt{-192\epsilon^2 + 256\epsilon - 64}, \end{aligned} \tag{3.17}$$

(3) 区域 III:

$$\begin{aligned} &\epsilon > \Delta\omega/4, \\ &\epsilon > 0.5, \\ &2\epsilon^2 + \frac{5\Delta\omega^2}{64} - 4\epsilon + 1 > 0, \\ &-256\epsilon^3 + 320\epsilon^2 - 128\epsilon + 10\Delta\omega(\epsilon - 0.5)^2 + 16 + \frac{\sqrt{3}\Delta\omega^4}{4} > 0, \end{aligned} \tag{3.18}$$

此三个区域组合成 W 形,如图 3.4 所示。对于排列 P_3,其雅可比矩阵可以写成

3.2 频率失配的空间分布对振幅死亡区域的影响

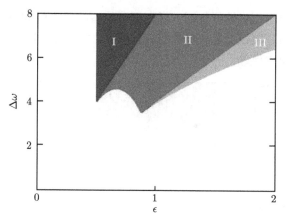

图 3.4 排列 P_2 中,式 (3.16)、式 (3.17) 和式 (3.18) 确定的振幅死亡区域 I, II 和 III

$$J = \begin{pmatrix} 1-2\epsilon+j\Delta\omega/4 & \epsilon & 0 & \epsilon \\ \epsilon & 1-2\epsilon+j3\Delta\omega/4 & \epsilon & 0 \\ 0 & \epsilon & 1-2\epsilon+j2\Delta\omega/4 & \epsilon \\ \epsilon & 0 & \epsilon & 1-2\epsilon+j4\Delta\omega/4 \end{pmatrix}. \tag{3.19}$$

其特征值为

$$\lambda_{1,2,3,4} = 1 - 2\epsilon \pm (\sqrt{128\epsilon^2 - 5\Delta\omega^2 \pm 4\sqrt{T_3}})/8 + j\frac{5\Delta\omega}{8}, \tag{3.20}$$

其中,$T_3 = \sqrt{1024\epsilon^4 - 16\epsilon^2\Delta\omega^2 + \omega^4}$。由特征值实部小于零得到其振幅死亡区域由两个区域构成,

(1) 区域 I:

$$0.5 < \epsilon < \frac{3\Delta\omega}{32}, \tag{3.21}$$

(2) 区域 II:

$$\begin{aligned} &\epsilon > \frac{3\Delta\omega}{32}, \\ &\epsilon > 0.5, \\ &-256\epsilon^3 + 320\epsilon^2 - 128\epsilon + 6\Delta\omega^2\epsilon^2 - 10\Delta\omega^2\epsilon + 2.5\Delta\omega^2 + 16 + \frac{\sqrt{3}\Delta\omega^4}{4} > 0, \end{aligned} \tag{3.22}$$

得到 V 形振幅死亡区间如图 3.5 所示。总之,频率的空间排列会改变耦合非全同振子的振幅死亡区间。当相邻振子的频率失配固定不变时,如果振子的自然频率随着

空间位置序号增加而相应地增加时，耦合振子的振幅死亡区间保持为 V 字形，而当自然频率的空间分布改变后，有些空间排列下，振幅死亡区间会出现 W 形，从而产生分块振幅死亡现象。

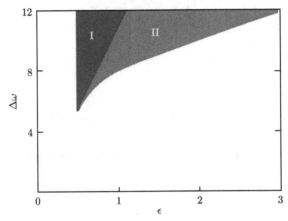

图 3.5 排列 P_3 中，式 (3.21) 和式 (3.22) 确定的振幅死亡区域 I 和 II

3.2.2 随机初始频率失配下空间分布对振幅死亡区域的影响

上节讨论的是相邻耦合振子的初始自然频率失配相等时的情形。考虑一般性，当相邻耦合振子的初始自然频率失配不相等时，改变空间位置对振幅死亡区间的影响是什么尚不清楚。为了弄清这一点，耦合振子的初始频率在式 (3.3) 的基础上取 $\omega_0 = 0$，使 $\Delta\omega_i$ 在一定范围内随机取值。简单起见，以 $N = 4$ 为例，设置频率 $\omega_1 = 1.1$，$\omega_2 = 2.2$，而让 ω_3，ω_4 的值在 $[3,5]$ 内任意取值。对任意给定某一耦合强度，发现振幅死亡区间如图 3.6(a) 所示。当 $\omega_3 < \omega_4$ 时，振幅死亡的区域只有一个区域，呈现出 V 形，此时与顺序排列 P_1 的情形相似。当初始频率满足 $\omega_3 - \omega_4 > 1$ 时，振幅死亡区域有时会出现两个区间，如图 3.6(b) 中区域 I 中的蓝色部分区域，此振幅死亡区域与排列 P_2 的振幅死亡区域相似。当初始频率 $0 < \omega_3 - \omega_4 < 1$ 时，振幅死亡区域如图 3.6(b) 中区域 II 的部分。为更好地观察初始频率失配对振幅死亡区间的影响，将死亡区间投影到平面，如图 3.6(c) 所示。区域 III 为 $\omega_4 > \omega_3$ 的振幅死亡区域投影，区域 II 为 $\omega_3 - \omega_4 \in (0,1)$ 时的振幅死亡区域投影，区域 I 为 $\omega_3 - \omega_4 > 1$ 时振幅死亡区域的投影。因此，在频率失配随机取值的情况下，经过频率的空间重新排列后，振幅死亡区域可能出现多个区域。总之，在耦合振子环上，非全同振子的自然频率的空间分布对振幅死亡区域的大小及形状均有一定的影响。在频率失配和耦合强度的参数平面上，当相邻振子的初始频率失配值均相等，且频率随空间位置增加而线性增加时，耦合振子环的振幅死亡区域为 V 形。而当频率在空间随机重新排列后，某些空间排列下耦合振子的振幅死亡区域会变成 W 形，

3.3 频率失配的空间分布对振幅死亡边界的影响

从而产生分块振幅死亡现象,且这一现象并不需要相邻振子的初始频率失配值一定相等,随机取值的初始频率,通过频率空间重排后,也可能产生多区域振幅死亡现象。

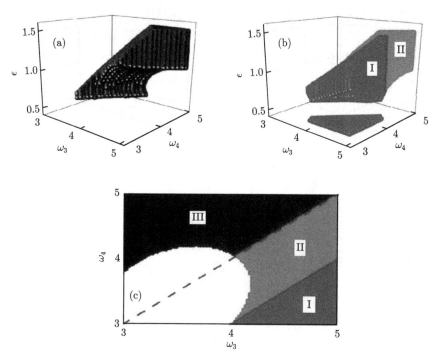

图 3.6 在 $\omega_3, \omega_4, \epsilon$ 参数空间中的振幅死亡区域。(a) $\omega_3 < \omega_4$;(b) $\omega_3 - \omega_4 > 1$;(c) 图 (b) 投影到 $\omega_3 \sim \omega_4$ 平面后的振幅死亡区域 (扫描封底二维码可看彩图)

3.3 频率失配的空间分布对振幅死亡边界的影响

耦合振子环上,频率的空间分布不仅对耦合振子振幅死亡的区域形状有影响[63],还对振幅死亡区域的边界值有影响。振幅死亡的边界值确定耦合振子系统需要多大的耦合强度才能实现振幅死亡,以及需要多大的值才能让处于振幅死亡的系统离开振幅死亡区域。这对耦合振子系统的减振或振子救活具有现实意义。本节我们将讨论耦合振子环上振子的频率空间分布对振幅死亡临界值的影响。耦合振子的初始频率依然按式 (3.23),

$$\omega_i = \omega_0 + (i-1)\Delta\omega, \quad i = 1, 2, \cdots, N, \tag{3.23}$$

简单起见,取 $\omega_0 = 1$,则耦合振子系统的固定点的稳定性可由式 (3.4) 中的雅可比矩阵 J 确定。当 $N = 2$ 时,J 的特征值由式 (3.5) 确定,耦合振子振幅死亡区域形状与图 3.1 相似。当 $\Delta\omega$ 较小时，耦合振子系统没有振幅死亡区间，当 $\Delta\omega$ 大于某一临界值时，耦合振子振幅死亡区间有左右两个边界 ϵ_{c1} 和 ϵ_{c2}。当耦合强度大于左边的临界耦合强度 ϵ_{c1} 时，耦合振子系统进入振幅死亡状态；而当耦合强度大于右边的临界耦合强度 ϵ_{c2} 时，耦合振子系统离开振幅死亡走向同步振荡态。增加耦合振子数 N 时，左边的临界耦合强度 ϵ_{c1} 基本不随振子数 N 变化，而右边的临界耦合强度 ϵ_{c2} 随着 N 按幂律增长如式 (3.24)，如图 3.7 所示。

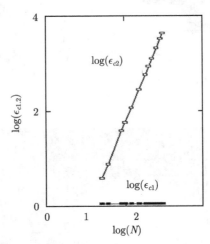

图 3.7　振幅死亡的两临界耦合强度 $\epsilon_{c1}, \epsilon_{c2}$ 的对数随振子数对数的变化关系

$$\log(\epsilon_{c2}) = a_p \log(N) + b_p, \tag{3.24}$$

其中，$a_p = 3.93, b_p = -2.16$。下面我们讨论耦合振子的频率空间分布对耦合振子振幅死亡的左右临界耦合强度的影响。对于给定的 N 个具有不同频率的耦合振子，所有可能的空间排列数量为 $N!/2$。考虑 $N = 9$ 时，对所有可能的频率空间排列，利用雅可比矩阵的特征值等于零可得到相对应的临界耦合强度。结果表明，所有频率空间排列的左临界耦合强度 ϵ_{c1} 服从幂律分布，

$$P(\epsilon_{c1}) = d_p \epsilon_{c1}^{\gamma_p}, \tag{3.25}$$

其中，$d_p = e^{-0.3}, \gamma_p = -2.17$，如图 3.8(a) 所示。所有可能的频率空间排列对应的右边界临界耦合强度 ϵ_{c2} 服从双对数正态分布，

$$P(\epsilon_{c2}) = \frac{1}{\sqrt{2\pi}\beta\epsilon_{c2}} \exp\left(-\frac{(\ln(\epsilon_{c2}) - \lambda_p)^2}{2\beta_p^2}\right), \tag{3.26}$$

$\lambda_p = 0.7, \beta_p = 1.47$，如图 3.8(b) 所示。

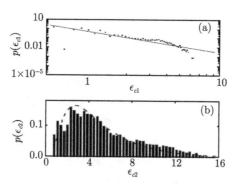

图 3.8 所有可能的频率空间排列下，(a) 左临界耦合强度 ϵ_{c1} 服从的分布；(b) 右临界耦合强度 ϵ_{c2} 服从的分布

3.4 频率空间排列粗糙度对临界耦合强度的影响

为了进一步弄清什么样的频率分布有利于振幅死亡的实现，我们定义参量频率空间分布的粗糙度 R 来反映频率分布的空间不均匀性，

$$R = \frac{1}{N}\sum_{i=1}^{N}|\omega_{i+1} - \omega_i|, \qquad (3.27)$$

以参数 $N = 60$，$\Delta\omega = 0.5$ 为例，对所有可能的不同频率空间排列，计算其相应的粗糙度 R，同时计算相应的达到振幅死亡所需的左、右临界耦合强 ϵ_{c1} 和 ϵ_{c2}。由于不同的频率空间排列可能有相同的粗糙度 R，对所有具有相同 R 的频率空间排列下对应的 ϵ_{c1} 和 ϵ_{c2} 分别求平均值。可分别得到 $\bar{\epsilon}_{c1}$ 和 $\bar{\epsilon}_{c2}$ 随 R 变化的关系图，如图 3.9(a) 和图 3.9(b) 所示。结果表明，振幅死亡的左右临界耦合强度均随着粗糙度的增加而相应地减少。

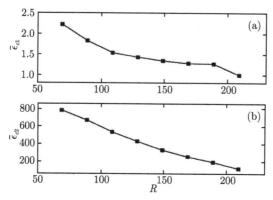

图 3.9 (a) 具有最小左临界耦合强度 ϵ_{c1} 的频率空间排列；(b) 具有最大左临界耦合强度 ϵ_{c1} 的频率空间排列

3.5 最大 (小) 临界耦合强度下的频率空间排列

耦合振子的频率空间排列对左、右临界耦合强度有影响，所以有必要确定什么样的频率空间排列下有最小或最大的左右临界耦合强度。从而确定什么频率空间排列有利于耦合振子振幅死亡或有利于耦合振子产生同步振荡。以小振子数为例，如 $N=9$，通过计算所有可能的频率空间排列对应的临界耦合强度 ϵ_{c1} 和 ϵ_{c2}，发现当耦合振子的频率随空间线性增长时，具有最小的左临界耦合强度 ϵ_{c1}，如图 3.10(a) 所示；而当一端的相邻振子间的频率差大，而另一端的相邻振子频率差小时具有最大的左临界耦合强度 ϵ_{c1}，如图 3.10(b) 所示。当靠近边界的相邻振子间频率差较大，而中心的相邻振子频率差较小时，耦合振子具有最小的右临界耦合强度 ϵ_{c2}，如图 3.11(a) 所示；而当一端的相邻振子间的频率差大，而另一端的相邻振子频率差小时具有最大的右临界耦合强度 ϵ_{c2}，如图 3.11(a) 所示。

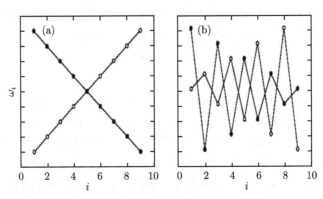

图 3.10 (a) 具有最小左临界耦合强度 ϵ_{c1} 的频率空间排列；(b) 具有最大左临界耦合强度 ϵ_{c1} 的频率空间排列

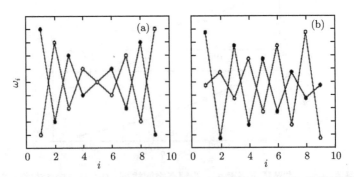

图 3.11 (a) 具有最小右临界耦合强度 ϵ_{c2} 的频率空间排列；(b) 具有最大右临界耦合强度 ϵ_{c2} 的频率空间排列

3.6 频率空间排列周期对振幅死亡的影响

当考虑耦合振子的频率空间排列具有一定的空间周期时，空间周期的大小会对耦合振子振幅死亡所需的临界耦合强度有影响[93]。假设耦合振子的初始频率由式 (3.23) 给定，其中 $\omega_0 = 1$。对于周期边界条件，耦合振子系统 (式 (3.1)) 的频率空间分布周期 $m = 1$。此时耦合振子系统的振幅死亡区间为 V 形，当频率失配大于某一值后，耦合振子的振幅死亡区间存在左右两个临界耦合强度 ϵ_{c1} 和 ϵ_{c2}。当改变频率空间排列周期 m 时，耦合振子振幅死亡的左右两个临界耦合强度将发生变化。改变耦合振子频率空间排列的方法如下：对于给定的振子数 N，选择能整除 N 的空间周期数 m，把 N 个振子按空间顺序分成 $\frac{N}{m}$ 组，每组均有 m 个振子，重新编号记为 $i = 1, 2, \cdots, m$。把每组中编号 i 相同的振子重新编在同一组，从而得到 m 组振子集团，每个振子集团有 $\frac{N}{m}$ 个振子数。以 $N = 18$ 为例，图 3.12(a) 给出了周期数 $m = 1$ 和 $m = 2$ 的频率空间排列，图 3.12(b) 给出了 $m = 1$ 和 $m = 3$ 的频率空间排列示意图。首先，考察空间周期数为 1 时，耦合振子的振幅死亡区间随相邻振子初始频率失配的关系。由式 (3.4) 所给出的雅可比矩阵可计算出不同频率失配 $\Delta\omega = 0.1, 0.2, 0.3, 0.4$ 下矩阵特征值实部随耦合强度变化的关系，如图 3.13(a) 所示。当频率失配很小时，如 $\Delta\omega = 0.1$，随着耦合强度的变化，没有振幅死亡区间；随着频率失配增加，矩阵特征值实部整体下移，振幅死亡区间扩大。图 3.13(b) 和 3.13(c) 分别给出了振幅死亡的左临界耦合强度 ϵ_{c1} 和右临界耦合强度 ϵ_{c2} 随频率失配 $\Delta\omega$ 变化的关系图。振幅死亡的左临界耦合强度 ϵ_{c1} 与频率失配 $\Delta\omega$ 满足幂律关系，

$$\epsilon_{c1} = C_1 \Delta\omega^{\gamma_1}, \tag{3.28}$$

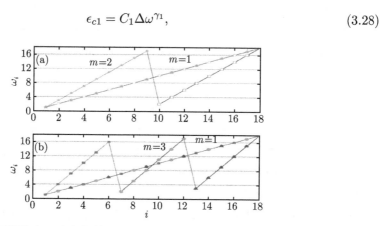

图 3.12 (a) 空间周期数为 1 和周期数为 2 时的频率空间分布示意图；(b) 空间周期数为 1 和周期数为 3 的频率空间分布示意图 (扫描封底二维码可看彩图)

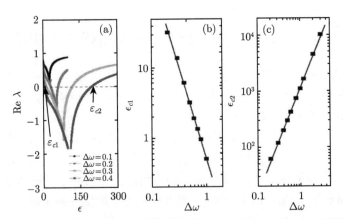

图 3.13 $N = 30$, (a) 不同频率失配下, 矩阵特征值实部随耦合强度的变化关系; (b) 振幅死亡的左临界耦合强度随频率失配的变化关系图; (c) 振幅死亡的右临界耦合强度随频率失配的变化关系图 (扫描封底二维码可看彩图)

其中, $C_1 = 0.75, \gamma_1 = -2.5$。振幅死亡的右临界耦合强度 ϵ_{c2} 与频率失配 $\Delta\omega$ 满足幂律关系,

$$\epsilon_{c2} = C_2 \Delta\omega^{\gamma_2}, \tag{3.29}$$

其中, $C_2 = 20, \gamma_2 = 2$。下面我们考察频率空间分布周期对振幅死亡临界耦合强度的影响。简单起见, 以 $N = 16$ 为例, 分别计算 $m = 1, 4$ 时, 矩阵特征值实部与耦合强度的关系图, 如图 3.14 所示。由图表明, 频率空间分布频率对耦合振子振幅死亡的右临界耦合强度有显著影响, 而对振幅死亡的左边界的影响较小。为详细探讨频率分布空间周期对振幅死亡的左临界耦合强度的影响, 取 $N = 360$, 并计算不同频率失配下, 振幅死亡的左临界耦合强度 ϵ_{c1} 随频率空间分布周期 m 的变化关系, 如图 3.15(a) 所示。结果表明, 振幅死亡的左临界耦合强度与频率空间分布周期呈幂律关系, 如当 $\Delta\omega = 0.05$ 时, 其满足式 (3.30), 随着频率空间分布周期变大, 振幅死亡的左临界耦合强度变小直到减小到 0.5。

$$\epsilon_{c1} = Q_1 m^{\gamma_1}, \tag{3.30}$$

其中, $Q_1 = 400, \gamma = -2$, 当 $\Delta\omega$ 减少时对幂指数 γ 没有影响, 而只影响 Q_1, 具体的影响参考式 (3.28)。为详细探讨频率分布空间周期对振幅死亡的左临界耦合强度的影响, 取 $N = 240$, 并计算不同频率失配下, 振幅死亡的右临界耦合强度 ϵ_{c2} 随频率空间分布周期 m 的变化关系, 如图 3.15(b) 所示。结果表明, 振幅死亡的右临界耦合强度随频率空间分布周期先减少后增加, 存在一最优的频率空间分布周期 m_0, 此时右临界耦合强度有最小值。同样地, 频率失配值 $\Delta\omega$ 的大小对振幅死亡右临界耦合强度的值有影响, 但并不影响频率空间分布与右临界耦合强度变化趋势。

3.6 频率空间排列周期对振幅死亡的影响

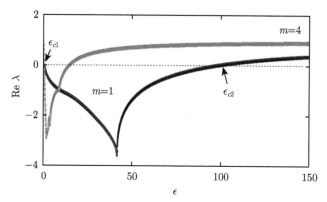

图 3.14 $N = 16$, $m = 1$, $m = 4$ 时，矩阵特征值实部随耦合强度变化关系图

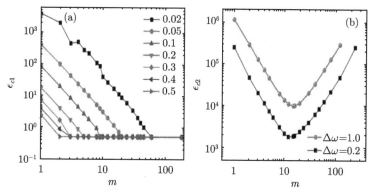

图 3.15 (a) $N = 360$，频率失配 $\Delta\omega = 0.02, 0.05, 0.1, 0.2, 0.3, 0.4, 0.5$ 时，耦合振子振幅死亡的左临界耦合强度 ϵ_{c1} 随频率分布周期变化的关系图；(b) $N = 240$, $\Delta\omega = 1.0, 0.2$ 时，振幅死亡的右临界耦合强度随频率空间分布周期变化的关系图 (扫描封底二维码可看彩图)

3.6.1 尺寸效应

接下来讨论耦合振子系统的尺寸 N 对耦合振子在频率空间排列下的影响。图 3.16(a) 给出了振子数 $N = 30, 60, 90, 240$ 时，耦合振子的振幅死亡的右临界耦合强度随频率空间周期变化曲线随着 N 的增加整体往上平移。最优频率空间排列周期 m_0 随着 N 的增加而往右移动。图 3.16(b) 结果表明，$m_0 \approx \sqrt{N}$。对频率排列空间周期做归一化处理得 $m' = \dfrac{m}{\sqrt{N}}$，对振幅死亡右临界耦合强度做归一化处理得 $\epsilon'_{c2} = \dfrac{\epsilon_{c2}}{N^3}$，可以得到 ϵ'_{c2} 和 m' 的关系图，如图 3.17 所示。所有不同的 N 对应的归一化曲线全部重合在一条线上，并存在最优频率空间排列周期 $m_0 = \sqrt{N}$(即 $m' = 1$)。

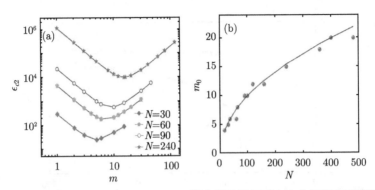

图 3.16 (a) 不同振子数 $N = 30, 60, 90, 240$，耦合振子振幅死亡右临界耦合强度随频率排列空间周期 m 的关系图；(b) 最优频率空间排列周期 m_0 随耦合振子数 N 变化关系图

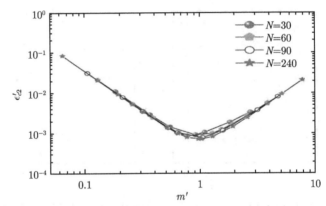

图 3.17 归一化振幅死亡右临界耦合强度 ϵ'_{c2} 和归一化频率空间排列周期 m' 的关系图 (扫描封底二维码可看彩图)

3.6.2 初始频率失配涨落的影响

以上结果是基于初始频率失配 $\Delta\omega$ 为固定值的情形下，耦合振子系统在频率空间重排时，频率空间周期的影响。考虑初始频率失配 $\Delta\omega$ 有涨落的情况下，频率空间排列周期对耦合振子振幅死亡的影响。耦合振子的初始频率值设为

$$\omega_j = \omega_0 + (i-1)\Delta\omega + \xi, \quad j = 1, 2, \cdots, N, \tag{3.31}$$

其中，$\xi \in [-\Delta\omega/2, \Delta\omega/2]$ 为随机噪声，以 $N = 36$ 为例，对于每个频率空间周期 m，对 200 组随机噪声情形下的结果进行分析，如图 3.18 所示。结果表明，随机噪声对每个给定频率空间排列周期下的右临界耦合强度值有影响，但对最优频率空间排列周期 m_0 没有影响。

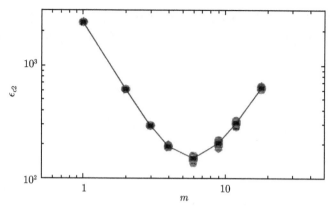

图 3.18　归一化振幅死亡右临界耦合强度 ϵ_{c2} 和归一化频率空间排列周期 m 的关系图

3.6.3　频率空间排列周期对振幅死亡的影响机制

为了更好地理解频率空间排列周期对耦合振子系统振幅死亡临界耦合强度的影响，我们通过具体的耦合振子系统的动力学行为去分析其内在机制。考虑到非全同耦合振子在耦合作用下，随着耦合强度增加，系统可能会走向同步态，从而使耦合振子系统的振幅死亡态失稳。因此振幅死亡态失稳的右临界耦合强度应该与耦合非全同振子系统达到同步所需的临界耦合强度有关。为了验证此假设，以 $N=16$ 个耦合朗道振子为例，取 $\Delta\omega=0.1$。当频率空间排列周期分别为 $m=1,2,4,8$ 时，分别计算各振子的平均频率随耦合强度变化的关系，耦合系统达到同步所对应的临界耦合强度分别为 $\epsilon_{c2}=4.25, 1.60, 1.10, 1.90$，其在 $m=4$ 时有最小值，如图 3.19 所示。详细观察耦合系统走向同步的过程中各振子的平均频率随耦合强度的变化情况，可知当 $m=1$ 时，耦合振子系统先形成 4 个具有不同频率的同步子集团，各子集团的频率值从左往右逐渐增加形成四个平台，如图 3.20(a)。因此耦合系统要达到同步则必须使四个同步子集团变成三个同步子集团再合并到两个子集团，最后形成一个同步大集团，要使四个频率平台最后变成一个频率平台，需要较大的耦合强度才能实现。而当 $m=2$ 时，耦合振子系统初始也形成四个同步子集团，但它们具有高低交替出现的两个频率平台，如图 3.20(b)，因此达到同步所需耦合强度小于 $m=1$ 的情形。而当 $m=4$ 时，耦合振子开始形成 8 个同步子集团，且每个子集团的平均频率高低交替出现，且每个同步子集团数量较小，因此随着耦合强度的增加，很容易合并形成两个大的同步子集团，且两个同步子集团的平均频率差远小于 $m=1$ 时形成的两个同步子集团的情形。因此，需要较小的耦合强度就能使两个同步子集团最后合并形成大的同步集团。对于 $m=8$ 的情形，耦合振子相邻振子的频率大小交替，开始较容易形成两个大的同步子集团。但两同步子集团的频率差远大于 $m=4$ 的情形，因此需要较大的耦合强度使耦合振子系统形成一个更大的同步子集团。从结果可知，耦合振子系统的确是在 $m=4$(也就是 $\sqrt{N}, N=16$)时具有最小的临界耦合强度使系统达到同步，因此使耦合振子系统的振幅死亡因同步形成而失稳。

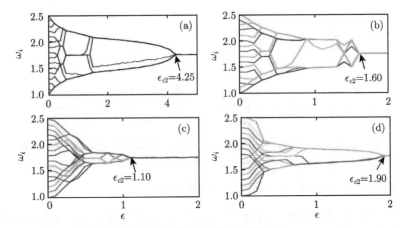

图 3.19　耦合振子的平均频率随耦合强度的变化关系图。(a) $m=1$; (b) $m=2$; (c) $m=4$; (d) $m=8$ (扫描封底二维码可看彩图)

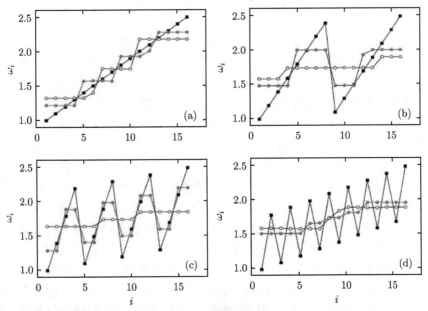

图 3.20　不同耦合强度下，耦合振子的平均频率的空间分布。(a) $m=1$; (b) $m=2$; (c) $m=4$; (d) $m=8$

3.7 边界条件对频率空间排列下振幅死亡的影响

3.7.1 不同边界下的模型

耦合振子的边界条件对振幅死亡具有显著影响[65],耦合振子系统常见的边界条件有周期边界条件,固定边界条件和无流边界条件。对于如式 (3.1) 所确定的耦合系统,其中周期边界条件下,耦合振子首尾相接构成一个耦合振子环,即 $X_{N+1} = X_1, X_0 = X_N$;固定边界条件是指左右边界上的振子为一固定零值,即 $X_{N+1} = 0, X_0 = 0$;无流边界条件是指左右边界上的振子具有反射对称性,即 $X_{N+1} = X_N, X_0 = X_1$,如图 3.21(a)~3.21(c) 所示。当耦合振子的频率分布为式 (3.23) 时,对于不同边界下耦合系统振幅死亡的稳定性可由方程式 $\dot{\eta}(t) = J\eta(t)$ 确定,其中

$$J = \begin{pmatrix} 1 - m\epsilon + j\omega_1 & \epsilon & 0 & & b\epsilon \\ \epsilon & 1 - 2\epsilon + j\omega_2 & \epsilon & & 0 \\ 0 & \cdots & \cdots & & \cdots \\ 0 & \epsilon & 1 - 2\epsilon + j\omega_{N-1} & & \epsilon \\ b\epsilon & 0 & \epsilon & & 1 - m\epsilon + j\omega_N \end{pmatrix}. \quad (3.32)$$

周期边界条件下有 $m = 2, b = 1$,固定边界条件下有 $m = 2, b = 0$,无流边界条件下 $m = 1, b = 0$。

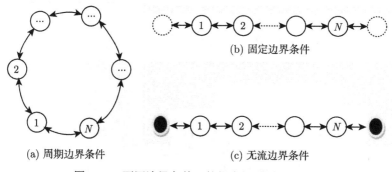

(a) 周期边界条件 (b) 固定边界条件 (c) 无流边界条件

图 3.21 不同边界条件下的耦合振子系统示意图

3.7.2 不同边界下振幅死亡区间解析解

当振子比较小,如 $N = 4$ 时,可从理论上得出振幅死亡的稳定区间。例如,在固定边界条件下,式 (3.30) 的特征值可表示为

$$\lambda_{1,2} = 1 - 2\epsilon \pm 0.5\sqrt{Q_1} + j(\omega_0 + 3\Delta\omega/2),$$
$$\lambda_{3,4} = 1 - 2\epsilon \pm 0.5\sqrt{Q_2} + j(\omega_0 + 3\Delta\omega/2), \tag{3.33}$$

其中 $Q_{1,2} = 6\epsilon^2 - 5\Delta\omega^2 \pm 2\sqrt{(\epsilon^2 - 2\Delta\omega^2)(\epsilon^2 - 0.4\Delta\omega^2)}$ 对应的振幅死亡区间由三个区域构成，

(1) 区域 I，
$$\epsilon > 0.5,$$
$$\Delta\omega > \epsilon/\sqrt{0.4}, \tag{3.34}$$

(2) 区域 II，
$$\epsilon > 0.5,$$
$$\Delta\omega \leqslant \epsilon/\sqrt{2},$$
$$\Delta\omega > \sqrt{13}\sqrt{2T_3 + 80\epsilon - 74\epsilon^2 - 20}, \tag{3.35}$$

其中，$T_3 = \sqrt{64 - 512\epsilon + 1584\epsilon^2 - 2240\epsilon^3 + 1189\epsilon^4}$。

(3) 区域 III，
$$\epsilon > 0.5,$$
$$\epsilon/\sqrt{2} < \Delta\omega < \epsilon/\sqrt{0.4},$$
$$\Delta\omega > \sqrt{12}\sqrt{2T_4 + 40\epsilon - 34\epsilon^2 - 10}, \tag{3.36}$$

其中，$T_4 = \sqrt{9 - 72\epsilon + 210\epsilon^2 - 264\epsilon^3 + 124\epsilon^4}$。三个区域组成的振幅死亡区域如图 3.22 所示。对于周期边界条件，式 (3.32) 的特征值可表示为

$$\lambda_{1,2} = 1 - 2\epsilon \pm 0.5\sqrt{Q_3} + j(\omega_0 + 3\Delta\omega/2),$$
$$\lambda_{3,4} = 1 - 2\epsilon \pm 0.5\sqrt{Q_4} + j(\omega_0 + 3\Delta\omega/2), \tag{3.37}$$

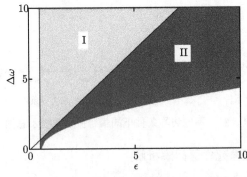

图 3.22　$N = 4$，固定边界条件下振幅死亡区域

3.7 边界条件对频率空间排列下振幅死亡的影响

其中，$Q_{3,4} = 8\epsilon^2 - 5\Delta\omega^2 \pm 4\sqrt{(\Delta\omega^2 - 2\epsilon^2)^2}$，则振幅死亡区间可以由特征值实部小于零确定，即有 (1) 当 $Q_{3,4} < 0$ 时，得到区域 I，

$$\begin{aligned} &\epsilon > 0.5, \\ &\Delta\omega > \frac{4\epsilon}{3}. \end{aligned} \tag{3.38}$$

(2) 当 $Q_{3,4} > 0$ 时，得到区域 II，

$$\begin{aligned} &\Delta\omega < \frac{4\epsilon}{3}, \\ &\Delta\omega > \sqrt{(-36\epsilon^2 + 40\epsilon - 10 + 4T_6)/3}, \end{aligned} \tag{3.39}$$

其中，$T_6 = \sqrt{81\epsilon^4 - 144\epsilon^3 + 100\epsilon^2 - 32\epsilon + 4}$，以上两个振幅死亡区域如图 3.23 所示。

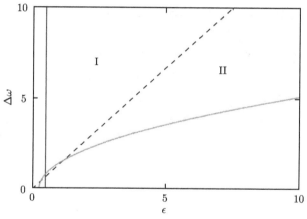

图 3.23 $N = 4$，周期边界条件下振幅死亡区域

3.7.3 不同边界下振幅死亡区间数值结果

当 N 较大时，无法得到振幅死亡稳定区间的解析解，我们可以利用数值计算得到振幅死亡的稳定区间，如当 $N = 9$ 时，固定边界、周期边界、无流边界条件下的振幅死亡区间如图 3.24(a)、3.24(b)、3.24(c) 所示。由图可知边界条件对振幅死亡区间具有显著的影响。固定边界条件下，对于给定的频率失配，振幅死亡区间只有左临界耦合强度 (频率失配较小时为 ϵ'_{c1}，频率失配较大时为 ϵ_{c1})；周期边界和无流边界条件下，频率失配大于某一值时，振幅死亡区域均有左右两个临界耦合强度，且对于相同的频率失配，无流边界条件下的振幅死亡区域右临界耦合强度要大于周期边界条件下的振幅死亡区域右临界耦合强度。

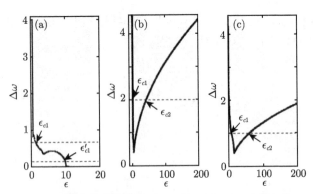

图 3.24 $N=9$, 不同边界条件下的振幅死亡区域。(a) 固定边界条件；(b) 周期边界条件；(c) 无流边界条件

3.7.4 不同边界下的尺寸效应

当耦合振子的频率按空间线性增加排列时，耦合振子系统振幅死亡的左、右临界耦合强度大小会受耦合振子的数量的影响。不同边界条件下，其影响不同。图 3.25 给出了固定边界、周期边界、无流边界条件下左、右临界耦合强度随振子数量变化的关系图。由图 3.25 可知，周期边界和无流边界下，耦合振子的振幅死亡的左临界耦合强度不受振子数的影响，而右临界耦合强度与振子数成幂律关系如式 (3.24) 和式 (3.40)。固定边界下，频率失配较大时的左临界耦合强度不受振子数的影响，而频率失配较小时的左临界耦合强度与振子数成幂律关系如式 (3.41)。

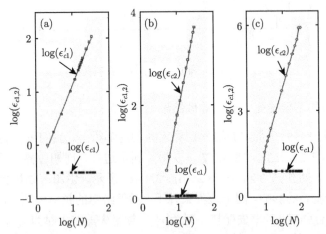

图 3.25 振幅死亡的两临界耦合强度 $\epsilon_{c1}, \epsilon_{c2}$ 的对数随振子数对数的变化关系。(a) 固定边界；(b) 周期边界；(c) 无流边界

3.7 边界条件对频率空间排列下振幅死亡的影响

$$\log(\epsilon_{c1}) = k_n \log(N) + b_n, \tag{3.40}$$

$$\log(\epsilon'_{c1}) = k_f \log(N) + b_f, \tag{3.41}$$

对于周期边界条件 $k_p = 3.93, b_p = -2.16$,无流边界条件 $k_n = 4.47, b_n = -2.9$,固定边界条件 $k_f = 1.67, b_f = -0.55$。

3.7.5 不同边界下的临界耦合强度受空间排列的影响

不同边界条件下,频率的空间排列对耦合振子系统振幅死亡的左、右临界耦合强度有不同的影响。以 $N = 9$ 为例,所有边界条件下,振幅死亡的左临界耦合强度在不同频率空间排列下值均服从幂律分布如式 (3.25)。不同的是不同边界条件下,概率密度函数的系数不同,固定边界条件下 $d_f = \mathrm{e}^{-0.25}, \gamma_f = -2.08$,无流边界条件下 $d_n = \mathrm{e}^{1.32}, \gamma_n = -3.1$,周期边界条件下 $d_p = \mathrm{e}^{-0.3}, \gamma = -2.17$。所有可能频率排列下,耦合振子振幅死亡的左临界耦合强度的概率密度函数如图 3.26(a)、3.26(c)、3.26(e) 所示。无流边界和周期边界条件下,振幅死亡的右临界耦合强度在不同频率空间排列下值均服从双对数正态分布如式 (3.26),其中无流边界条件下参数 $\lambda_n = 3.441, \beta_n = 0.162$,周期边界条件下的参数 $\lambda_p = 0.7, \beta_p = 1.47$。固定边界条件下,频率失配较小时的左临界耦合强度 ϵ_{c1} 在所有不同频率空间排列下的值也服从双对数正态分布。为了更好计算其概率密度函数,对左临界耦合强度做变量代换 $\epsilon_c = \epsilon_m - \epsilon'_{c1}$,其中 ϵ_m 为所有可能的频率空间排列中最大的临界耦合强度值。当 $\Delta\omega = 0.2$ 时,ϵ_c 的概率密度函数为

$$P(\epsilon_c) = \frac{1}{\sqrt{2\pi}\beta\epsilon_c} \exp\left(-\frac{(\ln(\epsilon_c) - \lambda)^2}{2\beta^2}\right), \tag{3.42}$$

其参数 $\epsilon_m = 10.86, \lambda_f = -1.547, \beta = -0.62$。所有可能频率排列下,耦合振子振幅死亡的右临界耦合强度的概率密度函数如图 3.26 所示。固定边界条件下,小频率失配时的所有可能频率排列下的左临界耦合强度的概率密度函数如图 3.26(f) 所示。以上是以 $N = 9$ 时,所有可能的频率空间排列下,耦合振子系统振幅死亡所需临界耦合强度的分布的情形。对于不同的振子数 N,是否对振幅死亡所需临界耦合强度的分布有影响?为了讨论这一问题,我们以固定边界条件下振幅死亡的左边界为例讨论耦合振子的尺寸对振幅死亡临界耦合强度的概率密度的影响。在固定边界条件下,只要存在频率失配,就一定存在振幅死亡区间。

选取相邻振子的频率失配较小的情形 $\left(\Delta\omega = \dfrac{2}{N}\right)$,分别计算 $N = 7, 10, 30, 100$ 时,所有 $\epsilon_c = \epsilon_m - \epsilon'_{c1}$ 的概率密度函数,如图 3.27 所示。结果表明,对于不同的振子数 $N = 7, 10, 30, 100$,ϵ_c 均服从双对数正态分布,此时所有频率排列下的振幅死亡左临界耦合强度的最大值 ϵ_m 分别为 $6.52, 10.18, 973.6, 1039$。图 3.28(a)、3.28(b)

分别给出了 ϵ_m 和 λ, β 随着耦合振子数 N 变化的关系。由图可知，随着振子数 N 增加，所有频率空间排列下对应的振幅死亡临界耦合强度所服从的分布不会改变，但概率密度函数的参数会随着振子数 N 变化。即 ϵ_m 随着 N 按幂律增加，而 λ 随着 N 线性增加，β 则基本保持不变。

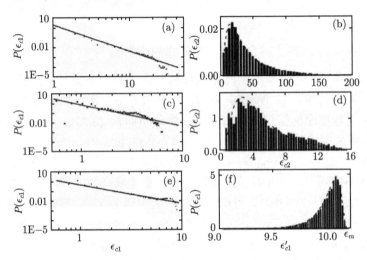

图 3.26　$N=9$，所有频率空间排列下 $(\Delta\omega=1)$，振幅死亡临界耦合强度的概率密度函数。(a) 无流边界条件，左临界耦合强度；(b) 无流边界条件，右临界耦合强度；(c) 周期边界条件，左临界耦合强度；(d) 周期边界条件，右临界耦合强度；(e) 固定边界条件，在大频率失配 ($\Delta\omega=1$) 时的左临界耦合强度；(f) 固定边界条件，在小频率失配 ($\Delta\omega=0.2$) 时的左临界耦合强度

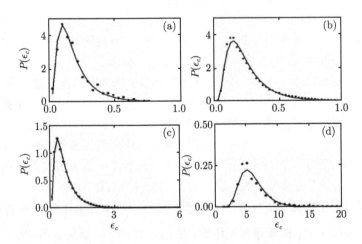

图 3.27　固定边界下，不同耦合振子数下，所有频率空间排列的振幅死亡的左临界耦合强度的概率密度函数。(a) $N=7$；(b) $N=10$；(c) $N=30$；(d) $N=100$

3.7 边界条件对频率空间排列下振幅死亡的影响

总之，在相互作用下，具有频率失配的耦合振子中总是存在耦合产生的有序和频率失配造成的差异的相互竞争。这种竞争作用下，如果频率失配占主导，在耦合作用足够强时，耦合振子的振荡会被压制。而当频率失配较小时，耦合作用总会使这些小的频率失配被削弱，最终所有振子总体走向完全同步。而当频率失配与耦合作用势均力敌时，在大量相互作用的耦合振子中会形成部分振荡死亡等空间斑图结构。而频率的空间排列相当于可以改变整个耦合振子系统的等效频率失配。某些频率空间分布下，耦合振子的等效频率失配较小，则系统很容易从振幅死亡走向完全同步，因而有最小的振幅死亡右临界耦合强度。本章中主要讨论的是规则网络结构下的耦合振子的频率空间排列对耦合振子振幅死亡动力学行为的影响，在复杂网络结构中，不同的频率分布形式，对耦合振子的动力学行为有显著的影响。如文献 [87] 中发现，全局耦合振子网络中频率分布为双峰洛伦兹分布时，耦合振子系统会产生爆发式同步和玻璃态，即耦合振子系统在频率失配和耦合竞争下会有同步集团与不同步集团在空间竞争共存的现象。后来文献 [88] 进一步在单峰洛伦兹分布时也可以观察到爆发式同步和玻璃态。这些结果进一步印证了频率失配和耦合作用竞争机制对耦合振子动力学行为的影响。

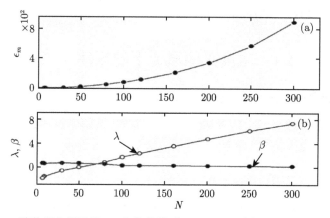

图 3.28 (a) ϵ_m 随着耦合振子数 N 变化的关系；(b) λ, β 随着耦合振子数 N 变化的关系

第4章 耦合通道特性对振荡死亡的影响

从信号的角度考虑，系统中各子单元的相互作用是通过耦合通道传输的，耦合相互作用对系统子单元的影响必然跟耦合通道的特性有关。而耦合通道的特性可由其传输函数的形式决定。对于给定传输函数，我们需要考虑其幅频特性和相频特性。如在运算放大电路中，信号输入到放大器后，从放大器输出的经放大以后的信号电压值受放大器工作压的限制而使信号允许放大的倍数受限。当输入信号经放大后产生的输出电压超过放大器工作电压时，超过部分会被限制通过而产生削峰失真。在调频广播进行解调前，也需要利用限幅器对接收到的信号进行限幅，以消除噪声对信号解调的影响。此外，信号在信道中传输总是或多或少地产生时间延迟。而当信号通过滤波电路时，不仅会使某些频率成分的信号被滤除掉，还可能使信号幅度被放大或缩小。本章中，我们将讨论耦合通道的传输特性对耦合振子系统的振荡死亡动力学行为的影响。

4.1 幅度受限通道下的振荡死亡

4.1.1 幅度受限通道耦合振子模型

如果两个振子通过一个幅度受限的通道耦合，则耦合振子的动力学行为将会受到通道的幅度受限特性的影响 [47]。采用如下耦合振子系统模型，

$$\begin{aligned}\dot{X}_1(t) &= f(X_1(t)) + \epsilon_2 U_1(t),\\ \dot{X}_2(t) &= f(X_2(t)) + \epsilon_2 U_2(t), \quad U_2(t) = -U_1(t),\end{aligned} \quad (4.1)$$

其中，$X_{1,2} \in R^n$，$f: R^n \to R^n$ 表示非线性函数，ϵ_2 为耦合强度，$U_{1,2}(t)$ 是通过幅度受限通道后的输出信号，其特性可以表示为

$$U_1(t) = \begin{cases} \Gamma U_c, & \epsilon_1 \Gamma(X_2(t) - X_1(t)) \geqslant U_c, \\ \epsilon_1 \Gamma(X_2(t) - X_1(t)), & \epsilon_1 \Gamma |X_2(t) - X_1(t)| \leqslant U_c, \\ -\Gamma U_c, & \epsilon_1 \Gamma(X_2(t) - X_1(t)) \leqslant -U_c, \end{cases} \quad (4.2)$$

其中，ϵ_1 为通道的增益因子，Γ 为两个耦合子系统之间的耦合矩阵，决定两个子系统之间的相互作用方式。$U_c(U_c \geqslant 0)$ 为通道内允许通过信号的幅度上限。考虑此幅度受限通道的特性，如图 4.1 所示，输入信号 $X_2(t) - X_1(t)$ 通过耦合通道后，在通

道增益 ϵ_1 作用下，如果输出信号的幅度超过通道允许通过的最大值 U_c，则输出信号会被限幅而出现削顶，即超过部分的信号幅度被限制在 $\pm U_c$。这种幅度受限的特性对动力学系统影响的研究，最早由 Zhang Xu 等[100] 提出，基于相空间压缩的方法可有效控制时空混沌到空间均匀态，高继华等[101] 将相空间压缩的思想用到耦合金兹堡朗道方程中，并有效地把时空混沌态控制到空间均匀态，且振子系统由原来的振荡态压缩到固定点态。因此，我们拟探索耦合通道受限的耦合系统中，通道的幅度受限特性是否可以实现振荡死亡现象。

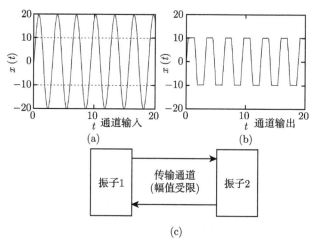

图 4.1 (a) 输入幅值受限的信号示意图；(b) 输出幅值受限通道的信号；(c) 幅值受限通道耦合振子示意图

4.1.2 幅度受限通道耦合振子振荡死亡理论分析

为了探索幅度受限通道如何影响耦合振子系统的振荡死亡，我们先对固定点的存在性和稳定性做理论分析，令 $\dot{X}_{1,2} = 0$，则可以得到耦合振子系统的固定点应该满足方程

$$\begin{aligned}
&f(X_1^*) + \epsilon_2 U_1(t) = 0, \\
&f(X_2^*) + \epsilon_2 U_2(t) = 0, \\
&U_2(t) = -U_1(t),
\end{aligned} \qquad (4.3)$$

当且仅当非线性函数 f 为奇函数 (即 $f(-x) = -f(x)$) 时，可得到 $X_2^* = -X_1^*$。其中，X_1^* 的取值受 U_c 值的影响。如果通道的幅度限制值 U_c 较大，满足 $|2\epsilon_1 \Gamma X_1^*| < U_c$，则通道的幅度限制效应不起作用。耦合系统可看成是耦合通道非幅度受限的系统，此系统在排斥耦合 (正反馈耦合) 作用下可以出现振荡死亡现象，详见第 5.1.2 节的介绍。反之，如果通道的幅度限制值 U_c 较大，满足 $|2\epsilon_1 \Gamma X_1^*| > U_c$，则通道的

幅度限制效应起作用。此时，固定点可由方程 (4.4) 确定，

$$f(X_1^*) + \epsilon_2 \Gamma U_c = 0, \tag{4.4}$$

获得固定点后，我们接下来可以分析固定点稳定的条件。基于线性稳定分析理论，在固定点的基础上加上小扰动 η_i，则所加扰动随时间的演化方程可写成

$$\begin{pmatrix} \dot{\eta}_1 \\ \dot{\eta}_2 \end{pmatrix} = \begin{pmatrix} Df(X_1^*) & 0 \\ 0 & Df(-X_1^*) \end{pmatrix} \begin{pmatrix} \eta_1 \\ \eta_2 \end{pmatrix}, \tag{4.5}$$

其中 $Df(X)$ 是雅可比矩阵，当 $f(x)$ 为奇函数时，必有 $Df(X)$ 为偶函数，即 $Df(-X) = Df(X)$，因此，方程 (4.5) 可写成

$$\dot{\eta}_i = Df(X_1^*)\eta_i, \quad i = 1, 2, \tag{4.6}$$

则在通道幅度受限条件下的固定点 $(X_1^*, -X_1^*)$ 的稳定性可由雅可比矩阵 $Df(X_1^*)$ 的特征值实部是否小于零来确定。

4.1.3 幅度受限通道耦合振子振荡死亡现象

为说明幅度受限通道对耦合振子系统振荡死亡的稳定性的影响，下面以耦合 Lorenz 混沌振子为例，单个 Lorenz 系统的方程如下：

$$\begin{aligned} \dot{x}(t) &= \sigma(y(t) - x(t)), \\ \dot{y}(t) &= Rx(t) - y(t) - 10x(t)z(t), \\ \dot{z}(t) &= 2.5x(t)y(t) - bz(t), \end{aligned} \tag{4.7}$$

其中系统参数 $R = 28, \sigma = 10, b = 8/3$，注意到此方程的函数对 x, y 变量具有奇函数特性，即 $f(-x, -y, z) = -f(x, y, z)$。采用耦合矩阵

$$\Gamma = \begin{pmatrix} 0 & 0 & 0 \\ 0 & 1 & 0 \\ 0 & 0 & 0 \end{pmatrix}, \tag{4.8}$$

则方程 (4.3) 中的 $U_1 = \epsilon_1(y_2 - y_1), U_2 = \epsilon_1(y_1 - y_2)$。如果耦合通道没有幅度限制效应，即 $U_c \to \infty$，耦合振子系统在正耦合作用 ($\epsilon = \epsilon_1\epsilon_2 > 0$) 下会走向完全同步[102]，而在负耦合作用 ($\epsilon = \epsilon_1\epsilon_2 < 0$) 下会走向反向同步[103]。为了更好地使通道的幅度受限效应起作用，取 $\epsilon_1 < 0, \epsilon_2 > 0$，此时负耦合作用 ($\epsilon = \epsilon_1\epsilon_2 < 0$) 会使 $(y_2 - y_1)$ 变大，从而有利于使 $|\epsilon_1(y_2 - y_1)|$ 超过耦合通道的幅度受限值 U_c。在通道的幅度受限效应起作用时，耦合 Lorenz 方程的固定点可表示为 $F_1(X_1^*, X_2^*) =$

4.1 幅度受限通道下的振荡死亡

$\left(x_1^*, x_1^*, \dfrac{2.5(x_1^*)^2}{b}, -x_1^*, -x_1^*, \dfrac{2.5(x_1^*)^2}{b}\right)$，其中 x_1^* 可由方程 $(R-1)x - \dfrac{25x^3}{b} + \epsilon U_c = 0$ 确定，

$$x_1^* = \frac{T^2 + 12b(R-1)}{30T},$$
$$T = \sqrt[3]{540\epsilon_2 U_c + 12b\sqrt{12b(1-R)^3 + 2025\epsilon_2^2 U_c^2}}, \quad (4.9)$$

此固定点 $F_1(X_1^*, X_2^*)$ 的雅可比矩阵可写成

$$Df(X_1^*) = \begin{pmatrix} -10 & 10 & 0 \\ R - \dfrac{25(x_1^*)^2}{b} & -1 & -10x_1^* \\ 2.5x_1^* & 2.5x_1^* & -b \end{pmatrix}, \quad (4.10)$$

雅可比矩阵的特征值可利用 Mathematica 的符号计算获得。但由于其表达式特别长，无法放在正文中。最终耦合振子系统是否可以出现稳定的固定点，完全取决于在满足通道幅度受限条件 $|2\epsilon_1 x_1^*| > U_c$（即 $U_c < \sqrt{\dfrac{8b\epsilon_1^3\epsilon_2 + 4b\epsilon_1^2(R-1)}{25}}$）下，上述雅可比矩阵的特征值的实部是否小于零。图 4.2(a) 给出了不同的耦合强度 $\epsilon_1 = -1, -2, -3$ 时对应的满足幅度受限条件的临界线 (1, 2, 3) 和雅可比矩阵的特征值的实部等于零的临界线 (红线 0)。对于给定的 $\epsilon_1 = -1$，则振荡死亡的稳定区为 1 号线和 0 号线所包围的区域。$\epsilon_1 = -2$ 时，振荡死亡的稳定区则为 2 号线与 0 号线所包围的区域。

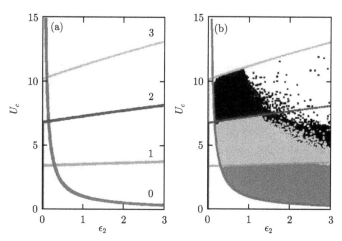

图 4.2 (a) 幅度受限通道耦合作用下振荡死亡区间临界线的理论值；(b) 幅度受限通道耦合作用下振荡死亡区间临界线的理论值和数值计算结果 (扫描封底二维码可看彩图)

为了验证理论结果，通过数值计算，观察幅度受限通道耦合作用下，耦合振子系统处于振荡死亡的参数区间，如图 4.2(b) 所示。当耦合强度 $\epsilon_1 = -1$ 时，数值计算的振荡死亡区的结果与理论结果吻合得较好。而当 $\epsilon = -2, -3$ 时，对于较小的 ϵ_2 时数值计算结果与理论结果相吻合，而当 ϵ_2 较大时，理论计算得到的振荡死亡稳定区，在数值计算时可以观察到振荡态。结果表明，在 ϵ_2 较大时，理论计算的稳定区可以观察到振荡死亡和反向同步的振荡态共存。以参数取 $\epsilon_1 = -2, \epsilon_2 = 3, U_c = 5$ 为例，当初始值取 $(4.47238, 5.00578, -1.99434, -3.60081, -3.7079, 3.13942)$ 时，耦合振子系统处于反向混沌同步态，如图 4.3(a) 所示；而当初始值取 $(4.11436, 4.75925, -2.53078, -1.1519, -2.7289, -3.13624)$ 时，耦合振子系统处于振荡死亡态，如图 4.3 (b) 所示。为了更清楚地确定耦合通道的幅度受限值 U_c 对振荡死亡和反向同步振荡态共存时各自的吸引域的影响，我们分别记录了 $\epsilon_1 = -2, \epsilon_2 = 3, U_c = 5, 6, 6.5$ 时振荡死亡和反向同步振荡态的吸引域，如图 4.4(a)、4.4(b) 和 4.4(c) 所示。其中初始条件设置为 ，结果表明，振荡死亡的吸引域具有分形边界，且随着通道幅度受限制的增加而相应地缩小。对于这种两态或多态共存的系统，为了考察每个态的稳定性程度，Kurths[112] 等提出采用吸引域稳定性来刻画共存的多态的稳定性问题。下面我们计算振荡死亡态的吸引域稳定性 S_{OD}，

$$S_{\text{OD}} = \frac{N_{\text{OD}}}{N_{\text{tol}}}, \tag{4.11}$$

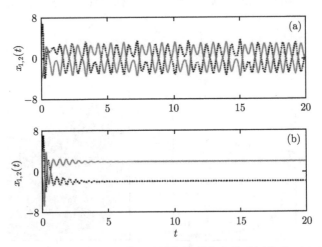

图 4.3 在参数取 $\epsilon_1 = -2, \epsilon_2 = 3, U_c = 5$ 时共存的两个态的时间序列。(a) 反向混沌同步振荡态；(b) 振荡死亡态

4.1 幅度受限通道下的振荡死亡

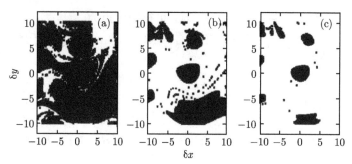

图 4.4 振荡死亡和反向同步态的吸引域，黑点为振荡死亡的吸引域。(a) $U_c = 5$；(b) $U_c = 6$；(c) $U_c = 6.5$

其中，N_{tol} 为给定状态空间的区域大小，N_{OD} 为振荡死亡状态空间的区域大小。取 $N_{\text{tol}} = 10000$，对于给定的 $\epsilon_2 = 1, 3$，我们计算了 $\epsilon_1 = -1, -2, -3$ 时，振荡死亡的吸引域稳定性随通道的幅度受限值的关系，如图 4.5(a)、4.5(b) 所示。由图可知，对于给定的 ϵ_2，随着通道的幅度受限值增加，振荡死亡的吸引域稳定性会先在 U_c 超过图 4.2(a) 中的 0 号临线时从 0 跳变到 1，然后再逐渐减小到 0。其中振荡死亡和振荡态共存的区域的宽度随着 $|\epsilon|$ 的增加而相应地增加。且 ϵ_2 越大，振荡死亡和振荡态共存的区域的宽度越大。通道受限耦合作用下的振荡死亡具有普遍性，我们考察另一种耦合方式，

$$\Gamma = \begin{pmatrix} 1 & 0 & 0 \\ 0 & 0 & 0 \\ 0 & 0 & 0 \end{pmatrix}, \tag{4.12}$$

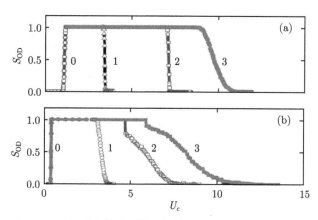

图 4.5 振荡死亡的吸引域稳定性。(a) $\epsilon_2 = 1$；(b) $\epsilon_2 = 3$

在满足通道幅度受限条件 $|2\epsilon_1 x_1^* > U_c|$ 时,可得固定点为

$$F_2(X_1^*, -X_2^*) = \left(x_1^*, x_1^* - 0.1\epsilon_2 U_c, \frac{R(x_1^*)^2}{1+(x_1^*)^2}, -x_1^*, -x_1^* + 0.1\epsilon_2 U_c, \frac{R(x_1^*)^2}{1+(x_1^*)^2}\right),$$

其中

$$x_1^* = \frac{1}{30}\sqrt[3]{U_c^3\epsilon_2^3 + 6G + 18bRU_c\epsilon_2 + 36bU_c\epsilon_2} + \frac{\frac{U_c^2\epsilon_2^2}{30} + \frac{b(R-1)}{2.5}}{\sqrt[3]{U_c^3\epsilon_2^3 + 6G + 18bRU_c\epsilon_2 + 36bU_c\epsilon_2}} + \frac{\epsilon_2 U_c}{30}, \ G = \sqrt{3bU_c^4\epsilon_2^4 - 3b^2U_c^2\epsilon_2^2R^2 + 60b^2U_c^2\epsilon_2^2 - 48(b(R-1))^3},$$ 由通道幅度受限条件得

$$U_c < \frac{\epsilon_1\sqrt{b(\epsilon_2\epsilon_1 - 5)(5 - \epsilon_2\epsilon_1 - 5r)}}{2.5(\epsilon_2\epsilon_1 - 5)}. \tag{4.13}$$

相应的固定点的雅可比矩阵可以写成

$$Df(X_1^*) = \begin{pmatrix} -10 & 10 & 0 \\ R - \dfrac{25R(x_1^*)^2}{b+25(x_1^*)^2} & -1 & -10x_1^* \\ 2.5(x_1^* - 0.1\epsilon_2 U_c) & 2.5x_1^* & -b \end{pmatrix}, \tag{4.14}$$

以参数 $\epsilon_1 = -1, -1.5, -2$ 为例,可得固定点 F_2 的稳定性则由雅可比矩阵的特征值实部小于零 (如图 4.6(a) 中的 0 线) 和通道幅度受限条件 (4.13)(如图 4.6(b) 中的 1~3

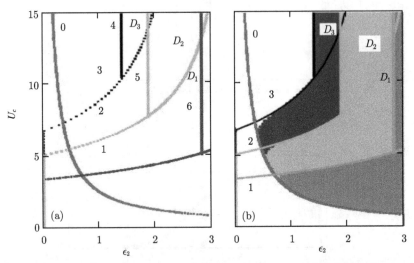

图 4.6 (a) 理论分析得到的固定点 F_2 的稳定区间 (0 线和 1~3 线构成的区域) 和 F_3 的稳定区间 (1 线和 6(D_1) 线,2 线和 5 线 (D_2),3 线和 4 线 (D_3) 所围区域),参数 $\epsilon_1 = -1$, 1.5, -2; (b) 数值计算的固定点 F_2 和 F_3 的稳定区间 (扫描封底二维码可看彩图)

4.1 幅度受限通道下的振荡死亡

线) 共同确定。当不满足通道幅度受限条件时，即 $|2\epsilon_1 x_1^*| < U_c|$，耦合振子系统相当于没有受到通道幅度限制作用。此时系统的固定点 $F_3\left(x_1^*, \dfrac{bRx_1^*}{b+(x_1^*)^2}, \dfrac{25R(x_1^*)^2}{10b+250(x_1^*)^2},\right.$ $\left. -x_1^*, -\dfrac{bRx_1^*}{b+(x_1^*)^2}, \dfrac{25R(x_1^*)^2}{10b+250(x_1^*)^2}\right)$，其中，$x_1^*$ 由方程 $\dfrac{\sigma bRx}{b+25x^2} - \sigma x - 2\epsilon_1\epsilon_2 = 0$ 决定，即 $x_1^* = \sqrt{\dfrac{\sigma b(R-1) - 2\epsilon_1\epsilon_2 b}{25(\sigma + 2\epsilon_1\epsilon_2)}}$。通过稳定性分析可得此固定点的稳定性区域为 $\epsilon_1\epsilon_2 \in (-5, -2.83]$，对于给定的 $\epsilon_1 = -1, -1.5, -2$。则固定点 F_3 的稳定参数区间由 $\epsilon_2 \in \left(-\dfrac{5}{\epsilon_1}, -\dfrac{2.83}{\epsilon_1}\right)$ 和通道幅度受限的边界值 U_c 确定，如图 4.6(a) 所示。数值计算的两个固定点 F_2 和 F_3 的稳定区间与理论所得的区域吻合得很好，如图 4.6(b) 所示。

4.1.4 幅度受限通道耦合振子振荡死亡电路实现

下面我们通过电子电路实验观察在通道幅度受限情形下的振荡死亡现象。利用运算放大器 (TL082) 和乘法器 (AD633AD)，我们构建 Lorenz 电路单元和具有通道受限的耦合电路单元，如图 4.7(a) 和 4.7(b) 所示。Lorenz 单元电路与耦合电路的连接方式为：单元电路的 $Y_1(Y_2)$ 接耦合电路的 $P_1(P_2)$，耦合电路的输出 $P_2(P_4)$ 接单元电路的 $IO_1(IO_2)$。其中，具有幅度受限特性的耦合电路单元中，幅度受限耦合通道的限制值由运算放大器 U_2 的工作电源电压值 V_{ss} 和 V_{EE} 确定。

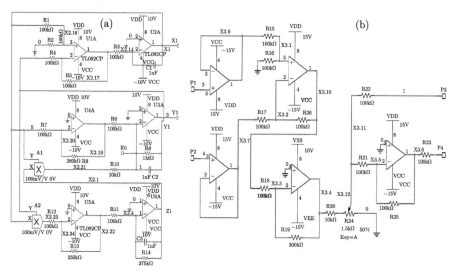

图 4.7 (a) 单个 Lorenz 电路单元；(b) 具有幅度受限特性的耦合电路单元

耦合电路系统的方程可表示为

$$\begin{cases} \dot{x}_i(t) = \dfrac{1}{R_{55}C_{10}}(y_i(t) - x_i(t)), \\ \dot{y}_i(t) = \dfrac{R_{61}x_i(t)}{R_{59}R_{58}C_{11}} - \dfrac{y_i(t)}{R_{60}C_{11}} - \dfrac{0.1x_i(t)z_i(t)}{R_{62}C_{11}} + \dfrac{R_{24}}{R_{20}}U_i(t), \\ \dot{z}_i(t) = \dfrac{0.1R_{65}x_i(t)y_i(t)}{R_{64}R_{63}} - \dfrac{z_i(t)}{R_{66}C_{12}}, \quad i = 1, 2, \\ U_1(t) = \dfrac{-R_{19}}{R_{18}}(y_2(t) - y_1(t)), \\ U_2(t) = -U_1(t), \end{cases} \quad (4.15)$$

考虑到通道的幅度受限效应有

$$U_1(t) = \begin{cases} V_c, & -\dfrac{R_{19}}{R_{18}(y_2(t) - y_1(t))} > V_c, \\ -\dfrac{R_{19}}{R_{18}(y_2(t) - y_1(t))}, & \left|-\dfrac{R_{19}}{R_{18}(y_2(t) - y_1(t))}\right| \leqslant V_c, \\ -V_c, & -\dfrac{R_{19}}{R_{18}(y_2(t) - y_1(t))} < -V_c, \end{cases} \quad (4.16)$$

通过改变电阻 R_{19}, 电阻 R_{24} 以及运算放大器 U_4 的工作电源电压值 V_{ss}, 对应于改变理论模型中的 $\epsilon_1 = -\dfrac{R_{19}}{R_{18}}, \epsilon_2 = \dfrac{10R_{24}}{R_{20}}, U_c$。可以得到振荡死亡区间, 如图 4.8 所示。在振荡死亡稳定区, 也可以看到振荡死亡与反向同步的振荡态共存的现象, 如图 4.9 所示, 这两种共存的状态中, 耦合通道的输出信号 $U(t)$ 均因为存在幅度受限效应而被削顶。

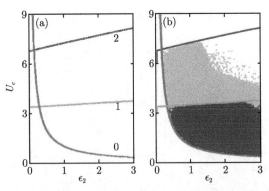

图 4.8 (a) 耦合电路方程振荡死亡区间的理论值; (b) 耦合电路振荡死亡区间的实验结果
(扫描封底二维码可看彩图)

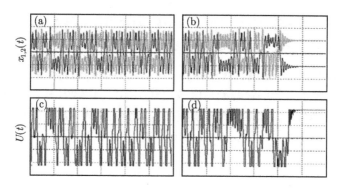

图 4.9 (a)、(b)$R_{19} = 200\text{k}\Omega(\epsilon_2 = 3)$, $R_{24} = 3\text{k}\Omega(\epsilon_1 = -2)$ 时, 耦合电路在两组不同初始条件下, 反向同步振荡态与振幅死亡共存时 $x_{1,2}$ 的时序图; (c)、(d) 耦合电路单元与 (a)、(b) 对应的输出信号时序图 $U(t)$

4.2 时间延迟下的振幅死亡

对于耦合振子系统, 由于信号传输的速度有限, 信号在耦合振子系统的通道中传输时, 或多或少地总存在时间延迟。而这种耦合通道中信号传输的延迟对耦合振子系统的动力学行为有显著的影响。如人体中肺部血氧浓度与脑干中化学传感器的刺激响应之间存在的时间延迟会对潮式呼吸[145]产生有显著的影响。相互耦合的半导体激光器, 耦合作用总是存在或多或少的时间延迟, 存在时间延迟时, 半导体激光器中之间依然可以实现同步[146]。在两个完全相同的耦合周期振子之间引入时间延迟耦合作用, 一定的时间延迟可以使耦合系统走向振幅死亡[147]。甚至在耦合混沌系统中, 引入耦合时延时, 混沌系统会最终走向振幅死亡[156]。在耦合振子链中, 当只有一定比例的相互作用振子中存在时间延迟时, 只需要很小一部分比例的振子存在时间延迟就可以使振幅死亡的区域扩大[26]。当有时间延迟的振子所占比例 $\alpha < 50\%$ 时, 耦合振子的振幅死亡区域会随耦合强度按 α^{-1} 的速率增加, 但在时延的方向不增加。而当时间延迟的振子所占比例 $\alpha > 50\%$ 时, 振幅死亡区域在时间延迟和耦合强度的方向均增加[89]。当考虑耦合振子链中每两个振子之间耦合作用的时间延迟均不同[186], 且时间延迟量服从一定分布时, 振幅死亡区会由原来的多个孤立岛扩大成一大片。当引入可变时延时, 耦合振子系统也可以实现振幅死亡[187]。本节将简要介绍几种时延耦合对振幅死亡稳定的影响。

4.2.1 时延耦合周期振子的振幅死亡

考察两个时延耦合周期振子系统[147],

$$\dot{z}_1(t) = (1 + j\omega_1 - |z_1(t)|^2)z_1(t) + \epsilon(z_2(t-\tau) - z_1(t)),$$
$$\dot{z}_2(t) = (1 + j\omega_2 - |z_2(t)|^2)z_2(t) + \epsilon(z_1(t-\tau) - z_2(t)), \tag{4.17}$$

其中 τ 为时间延迟，ϵ 为耦合作用强度，ω_1, ω_2 为振子的自然频率。当时间延迟 $\tau = 0$ 时，耦合振子系统的振幅死亡区域由式 (3.6)、式 (3.7) 确定。当考虑时间延迟时，如 $\tau = 0.0817$，耦合振子的振幅死亡区域会被扩大，甚至在两振子的自然频率相等时也可以实现振幅死亡，如图 4.10(a) 中的区域 I 所示。

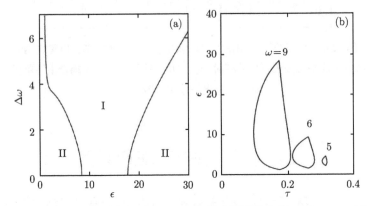

图 4.10 (a) $\tau = 0.0817$ 时耦耦合振子 $\Delta\omega - \epsilon$ 参数空间的状态图；(b) $N = 2$ 时不同自然频率 ω 下的振幅死亡区域，岛内区域为振幅死亡区

有时间延迟时，振幅死亡的稳定区可由稳定性分析确定。固定点的特征方程可写为

$$(1 - \epsilon + j\omega_1 - \lambda)(1 - \epsilon + j\omega_2 - \lambda) - \epsilon^2 e^{-2\lambda\tau} = 0, \tag{4.18}$$

取特征值的实部为零，可得特征值的虚部应满足方程：

$$\lambda_I^2 + 2\lambda_I \overline{\omega} + \overline{\omega}^2 - \frac{\Delta\omega^2}{4} - (1-\epsilon)^2 + \epsilon^2 \cos(2\lambda_I \tau) = 0,$$
$$2(1-\epsilon)(\overline{\omega} + \lambda_I) + \epsilon^2 \sin(2\lambda_I \tau) = 0, \tag{4.19}$$

其中，$\overline{\omega} = (\omega_1 + \omega_2)/2$ 是平均频率。由方程 (4.19) 可得振幅死亡稳定区域临界线为

$$(1-\epsilon)\alpha = \epsilon^2 \sin(\alpha\tau \pm 2\overline{\omega}\tau), \tag{4.20}$$

其中，$\alpha = \sqrt{\Delta\omega^2 - 4(1-\epsilon)^2 \mp 4\sqrt{\epsilon^4 - (1-\epsilon)^2 \Delta\omega^2}}$，当 $\omega_1 = \omega_2 = \omega$ 时，可得振幅死亡的临界线为

$$\tau = \frac{\arccos(1 - 1/\epsilon)}{\omega - \sqrt{2\epsilon - 1}},$$
$$\tau = \frac{\pi - \arccos(1 - 1/\epsilon)}{\omega + \sqrt{2\epsilon - 1}}. \tag{4.21}$$

4.2 时间延迟下的振幅死亡

式 (4.21) 所得的不同的自然频率 ω 下, 在参数空间 ϵ-τ 的振幅死亡区域如图 4.10(b) 所示。随着自然频率的减少, 振幅死亡岛逐渐减小。

4.2.2 时延耦合混沌振子的振幅死亡

在耦合全同混沌振子系统中引入时间延迟, 振子系统也可以走向振幅死亡[156], 以 Rossler 振子为例,

$$\dot{x}_{1,2}(t) = -y_{1,2}(t) - z_{1,2}(t),$$
$$\dot{y}_{1,2}(t) = x_{1,2}(t) + ay_{1,2}(t) + \epsilon(y_{2,1}(t) - y_{1,2}(t)),$$
$$\dot{z}_{1,2}(t) = b + z_{1,2}(t)(x_{1,2}(t) - c), \tag{4.22}$$

取参数 $a = 0.1, c = 14$ 时, 振子处于混沌态。ϵ, τ 分别为耦合作用强度和时间延迟。

图 4.11(a) 给出了时间延迟和耦合强度参数空间的耦合振子系统状态图。由图可知系统在耦合强度大于 0.1 时, 当时间延迟处于一定的区域时耦合系统处于振幅死亡态。由耦合系统在 $\epsilon = 0.5$ 时的前三大李雅谱诺夫指数随时间延迟变化的关系图 4.11(b) 可知, 耦合系统时间延迟为 $\tau \in [0.8, 2.2]$ 时处于振幅死亡态。注意到, 当时间延迟小于 1.6 时, 耦合振子走向振幅死亡的过渡过程中, 两个振子是同相振荡衰减到死亡态, 而当时间延迟大于 1.6 时, 耦合振子通过反相振荡衰减到死亡态, 如图 4.12 所示。耦合混沌振子系统中引入时延耦合作用产生振幅死亡的现象具有普遍性, 如在耦合 Lorenz 系统。也可以在耦合非全同混沌振子系统中出现。甚至可以在两种不同的混沌系统中加上时延迟耦合后产生振幅死亡现象。

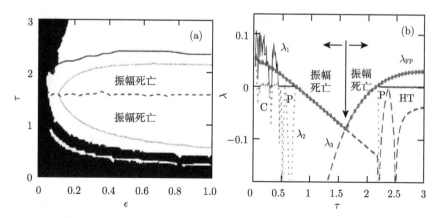

图 4.11 (a) 耦合 Rossler 振子在时间延迟和耦合强度参数空间的状态图; (b) 在 $\epsilon = 0.5$ 时, 耦合系统前三大李雅谱诺夫指数随时间延迟变化关系图 (扫描封底二维码可看彩图)

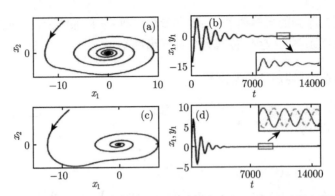

图 4.12 (a)、(b) $\tau = 0.6$ 时耦合 Rossler 振子走向振幅死亡过程中的相图和时序图；
(c)、(d) $\tau = 2.25$ 时耦合 Rossler 振子走向振幅死亡过程中的相图和时序图

4.2.3 复杂网络中的时延耦合振子振幅死亡

在复杂网络中的耦合振子系统中，如果存在时间延迟耦合作用[94]，系统也可以产生振幅死亡现象。复杂网络中的耦合振子系统可以写成

$$\dot{X}_i(t) = F(X_i) + \frac{\epsilon}{k_i} \sum_{m=1, m \neq i}^{N} a_{m,i}(X_m(t-\tau) - X_i(t)), \tag{4.23}$$

其中 $a_{m,i}$ 表示复杂网络的连接矩阵的元素，当 m 与 i 之间有连接时，$a_{m,i} = 1$，否则 $a_{m,i} = 0$，k_i 为振子 i 上的节点的度 $k_i = \sum_{m=1}^{N} a_{m,i}$。$F(X)$ 为振子的动力学方程，每个振子具有固定点 X^* 满足 $F(X^*) = 0$。对于单个振子在固定点的雅可比矩阵的特征值可记为 $\lambda_R \pm j\lambda_I$。当耦合振子系统处于振幅死亡时有 $X_1 = X_2 = \cdots = X_N = X^*$。通过对固定点做线性稳定性分析，可得线性化方程：

$$\dot{\xi}_i(t) = DF(X^*)\xi_i(t) + \frac{\epsilon}{k_i} \sum_{m=1, m \neq i}^{N} a_{m,i}(\xi_m(t-\tau) - \xi_i(t)), \tag{4.24}$$

方程可以写成矩阵形式，

$$\dot{\xi}_i(t) = [I_N \otimes (DF(X^*) - \epsilon I_n)]\xi(t) + \epsilon(G \otimes I_n)\xi(t-\tau), \quad i = 1, 2, \cdots, N, \tag{4.25}$$

其中，$\otimes$ 代表克罗内克积，I_N，I_n 代表 N 维或 n 维的单位矩阵，$G = \left(\dfrac{a_{m,i}}{k_i}\right)_{N \times N}$。将 G 对角化后得

$$P^{-1}GP = \mathrm{diag}(\lambda_1, \lambda_2, \cdots, \lambda_N), \tag{4.26}$$

4.2 时间延迟下的振幅死亡

将特征值由大到小排序后得 $1 = \lambda_1 \geqslant \lambda_2 \geqslant \cdots \geqslant \lambda_N \geqslant -1$，其中 λ_N 会满足关系[106] $0 > -\dfrac{1}{N-1} \geqslant \lambda_N \geqslant -1$。通过变量代换 $\xi(t) = (A \otimes I_n)\eta(t)$，则方程 (4.25) 可写成

$$\dot{\eta}_i(t) = [DF(X^*) - \epsilon I_n]\eta(t) + \epsilon\lambda_i\eta_i(t-\tau), \quad i = 1, 2, \cdots, N, \tag{4.27}$$

假设 $\eta = e^{\lambda t}$，可得特征方程为

$$\lambda = \lambda_R \pm j\lambda_I - \epsilon + \epsilon\lambda_i e^{-\lambda\tau}, \quad i = 1, 2, \cdots, N, \tag{4.28}$$

如果所有特征值的实部为负，则振幅死亡是稳定的。当 $\lambda_i = 0$ 时，振幅死亡区域由方程 $\lambda_R = \epsilon$ 确定。当 $\lambda_i > 0$，振幅死亡的边界可写成

$$\begin{aligned}\tau(m,\epsilon) &= \dfrac{2m\pi + \arccos\left(\dfrac{\epsilon - \lambda_R}{\epsilon\lambda_i}\right)}{\lambda_I - \sqrt{(\epsilon\lambda_i)^2 - (\epsilon - \lambda_R)^2}}, \\ \tau(m,\epsilon) &= \dfrac{2(m+1)\pi - \arccos\left(\dfrac{\epsilon - \lambda_R}{\epsilon\lambda_i}\right)}{\lambda_I + \sqrt{(\epsilon\lambda_i)^2 - (\epsilon - \lambda_R)^2}}.\end{aligned} \tag{4.29}$$

当 $\lambda_i < 0$，振幅死亡的边界可写成

$$\begin{aligned}\tau(m,\epsilon) &= \dfrac{2(m+1)\pi - \arccos\left(\dfrac{\epsilon - \lambda_R}{\epsilon\lambda_i}\right)}{\lambda_I - \sqrt{(\epsilon\lambda_i)^2 - (\epsilon - \lambda_R)^2}}, \\ \tau(m,\epsilon) &= \dfrac{2m\pi + \arccos\left(\dfrac{\epsilon - \lambda_R}{\epsilon\lambda_i}\right)}{\lambda_I + \sqrt{(\epsilon\lambda_i)^2 - (\epsilon - \lambda_R)^2}}.\end{aligned} \tag{4.30}$$

其中 $m = 0, 1, 2, \cdots$ 表示死亡岛的数量。由文献 [107] 可知，振幅死亡的临界区只跟 λ_1, λ_N 的值有关，因此可以确定振幅死亡的区域为

$$\begin{aligned}\tau_1(m,\epsilon) &= \dfrac{2m\pi + \arccos\left(\dfrac{\epsilon - \lambda_R}{\epsilon}\right)}{\lambda_I - \sqrt{\epsilon^2 - (\epsilon - \lambda_R)^2}}, \\ \tau_2(m,\epsilon) &= \dfrac{2(m+1)\pi - \arccos\left(\dfrac{\epsilon - \lambda_R}{\epsilon}\right)}{\lambda_I + \sqrt{\epsilon^2 - (\epsilon - \lambda_R)^2}},\end{aligned}$$

$$\tau_3(m,\epsilon) = \frac{2m\pi + \arccos\left(\dfrac{\epsilon - \lambda_R}{\epsilon \lambda_N}\right)}{\lambda_I - \sqrt{(\epsilon \lambda_N)^2 - (\epsilon - \lambda_R)^2}},$$
$$\tau_4(m,\epsilon) = \frac{2(m+1)\pi - \arccos\left(\dfrac{\epsilon - \lambda_R}{\epsilon \lambda_N}\right)}{\lambda_I + \sqrt{(\epsilon \lambda_N)^2 - (\epsilon - \lambda_R)^2}}.$$
(4.31)

注意到 λ_R, λ_I 由振子的动力学方程确定。而 $\tau_{3,4}(m,\epsilon)$ 与 λ_N 有关,其中 λ_N 与网络结构相关。因此网络结构影响由 $\tau_{3,4}(m,\epsilon)$ 确定的振幅死亡区域,振子的动力学影响所有振幅死亡区域。以 $N=2$ Rossler 振子系统为例,可以得连接矩阵的特征值分别为 $\lambda_1 = 1, \lambda_N = -1$,则式 (4.31) 可写成

$$\tau_1(m,\epsilon) = \frac{m\pi + \arccos\left(\dfrac{\epsilon - \lambda_R}{\epsilon}\right)}{\lambda_I - \sqrt{2\epsilon\lambda_R - \lambda_R^2}},$$
$$\tau_2(m,\epsilon) = \frac{(m+1)\pi - \arccos\left(\dfrac{\epsilon - \lambda_R}{\epsilon}\right)}{\lambda_I + \sqrt{2\epsilon\lambda_R - \lambda_R^2}}.$$
(4.32)

则振幅死亡的区域为

$$\lambda_I \geqslant \mathrm{Max}\left\{\lambda_R, \mathrm{Min}\left\{\frac{\pi\sqrt{2\epsilon\lambda_R - \lambda_R^2}}{\pi - 2\arccos\left(\dfrac{\epsilon - \lambda_R}{\epsilon}\right)}, \epsilon > \lambda_R\right\}\right\},$$
(4.33)

该临界线如图 4.13 所示。

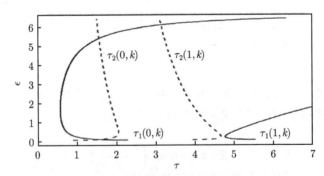

图 4.13 两个 Rossler 时延耦合振子中的振幅死亡稳定区

4.3 滤波器作用下的振荡死亡

滤波器可以对电信号中特定频率的频点或该频点以外的频率进行有效滤除,从而获得某些特定频率的信号。根据其滤除频率的范围,可将滤波器分为低通滤波器、高通滤波器、带通滤波器、全通滤波器。滤波器对信号的幅频特性和相频特性会产生影响,并广泛应用于各种电路中。如在通信系统中常会采用带通滤波器以滤除带外噪声,以提高通信系统的可靠性。因其可以让低频信号通过而使高频信号被衰减掉,锁相环通过采用低通滤波器获取压控振荡器的控制信号而产生稳定的频率[34]。低通滤波器还可以从脑电波图中记录的神经元激发产生的动作电位信号中提取出局部场电位信号[119]。此外,低通滤波器还广泛存在于人体肌肉骨骼系统[120]、小龙虾的腹部神经节[121]、通信信道和混沌控制[122,123]等领域。在耦合振子系统中加入滤波器的作用,耦合振子系统的动力学行为会受到较大的影响。研究表明,两个耦合半导体激光器在耦合处加上滤波器后有利于促进两个激光器的同步,滤波器的作用使耦合激光系统达到同步所需要的耦合强度更小[130]。同样地,在驱动–响应电路中,滤波器的加入也可以促进通信信道的同步质量[129]。本节将重点讨论滤波器作用对耦合振子振荡死亡动力学行为的影响。

4.3.1 低通滤波器对时延耦合振子振荡死亡的影响

考察时延耦合金兹堡–朗道振子模型,

$$\begin{aligned}\dot{z}_i(t) &= (1 + j\omega_i - |z_i(t)|^2)z_i(t) + \epsilon(z_k(t-\tau) - S_i(t)), \\ \alpha \dot{S}_i(t) &= -S_i(t) + z_i(t),\end{aligned} \quad (4.34)$$

其中 $z_i(t) = x_i(t) + jy_i(t)$ 是复变量,ω_i 是单个没有耦合的振子的自然频率,$\omega_1 = \omega_0 - \Delta\omega/2$,$\omega_2 = \omega_0 + \Delta\omega/2$,两个振子的频率失配为 $\Delta\omega = \omega_2 - \omega_1$,$\epsilon$ 时耦合作用下强度,τ 时耦合时信号传输时延,$1/\alpha$ 时滤波器的截止频率,$S_i(t)$ 是当滤波器的输入为 $z_i(t)$ 时对应的输出信号。$\alpha = 0$ 时表示没有滤波器作用,此时有 $S_i(t) = z_i(t)$,当没有时延作用时,即 $\tau = 0$ 时,当耦合振子系统的两个频率失配大于一定值时会表现为振幅死亡态[84],当 $\tau > 0$ 时,耦合振子系统可以在频率失配为零时出现振幅死亡现象[25]。该滤波器为低通滤波器,其对输入信号不仅会产生相位偏移,还会对幅度产生影响,具体表现为:当输入信号的角频率为 ω 时,其输出信号相对于输入信号产生的相移为 $\Delta\phi = \arctan(\omega\alpha)$,输出信号与输入信号的幅度比值为 $\sqrt{(1+(\omega\alpha)^2)^{-1}}$。

为了更好地确定滤波器对振幅死亡的影响,通过对固定点 (0,0) 做线性稳定性

分析得固定点的雅可比矩阵的行列式为

$$\begin{vmatrix} 1+j\omega_1-\lambda & -\epsilon & \epsilon e^{-\lambda\tau} & 0 \\ 1/\alpha & -1/\alpha-\lambda & 0 & 0 \\ \epsilon e^{-\lambda\tau} & 0 & 1+j\omega_2-\lambda & -\epsilon \\ 0 & 0 & 1/\alpha & -1/\alpha-\lambda \end{vmatrix} = 0, \quad (4.35)$$

当不考虑时延和滤波器作用时，耦合振子系统的振幅死亡区间的理论结果如第 3 章中式 (3.6) 和式 (3.7) 所示。随着滤波器的截止频率的倒数 α 的增加，振幅死亡区间逐渐减小。图 4.14(a) 给出了当 $\Delta\omega = 10$ 时，耦合强度 ϵ 和 α 参数空间的振幅死亡区域。当 α 大于某一临界值 α_c 后，振幅死亡区域消失。为了更全面地确定振幅死亡随 α 的变化，图 4.14(b) 给出了当 $\alpha = 0, 0.05, 0.1, 0.15$ 时，频率失配 $\Delta\omega$ 和耦合强度 ϵ 参数平面的振幅死亡区间。由图可知随着 α 的增加，振幅死亡区间逐渐减小。当只考虑时延耦合作用下，滤波器对振幅死亡区间的影响时，令 $\Delta\omega = 0$，则固定点的雅可比矩阵的特征方程为

$$(1+i\omega_0 \pm \epsilon e^{-\lambda\tau} - \lambda)\left(\frac{1}{\alpha}+\lambda\right) - \frac{\epsilon}{\alpha} = 0, \quad (4.36)$$

根据上式的特征值实部要小于零，可以得到振幅死亡的区域，图 4.15(a) 给出了 $\alpha = 0, 0.01, 0.02, 0.03$ 的振荡死亡区间，如图可知随着 α 的增加，振幅死亡区间逐渐缩小，图 4.15(b) 给出了振幅死亡区域占总区域的比例随参数 α 变化的关系，可知，当 $\alpha > 0.059$ 时振幅死亡区域消失。

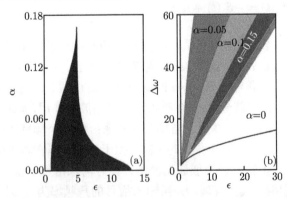

图 4.14 (a) 没有时延时，$\omega_0 = 10, \Delta\omega = 10$ 时，α 与 ϵ 参数区间的振幅死亡区域；(b) $\alpha = 0, 0.05, 0.1, 0.15$ 时，$\Delta\omega$ 与 ϵ 参数区间的振幅死亡区域 (扫描封底二维码可看彩图)

4.3 滤波器作用下的振荡死亡

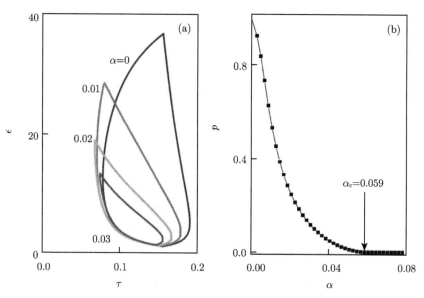

图 4.15 (a) $\alpha = 0, 0.01, 0.02, 0.03$ 时，τ 与 ϵ 参数区间的振幅死亡区域；(b) 振幅死亡区域面积占总区域面积的比例随 α 的变化关系

4.3.2 低通滤波器对平均场耦合振子振幅死亡的影响

考察滤波器对平均场耦合振子系统振幅死亡的影响，采用模型：

$$\dot{z}_i(t) = (1 + j\omega_i - |z_i(t)|^2)z_i(t) + \epsilon(Q\overline{z(t)} - S_i(t)),$$
$$\dot{S}_i(t) = \mu(-S_i(t) + \text{Re}(z_i(t))), \quad i = 1, 2 \tag{4.37}$$

其中，$\overline{z(t)} = \dfrac{1}{2}\sum\limits_{i=1}^{2}\text{Re}(z_i(t))$ 是两个耦合单元的平均场，Q 是平均场的衰减因子，$Q \in [0,1]$，μ 是低通滤波器的截止频率。此耦合方程具有固定点 $O(0,0,0,0,0,0)$ 和两个与耦合有关的非均匀固定点 $F_{IHSS} = (x^*, y^*, -x^*, -y^*, x^*, -x^*)$，其中 $x^* = -\dfrac{\omega y^*}{\omega^2 + \epsilon(y^*)^2}$，$y^* = \pm\sqrt{\dfrac{(\epsilon - 2\omega^2) + \sqrt{\epsilon^2 - 4\omega^2}}{2\epsilon}}$，以及非普通的均匀固定点 $F_{NHSS} = (x^\dagger, y^\dagger, x^\dagger, y^\dagger, x^\dagger, x^\dagger)$，其中，$x^\dagger = -\dfrac{\omega y^\dagger}{\epsilon(1-Q)(y^\dagger)^2 + \omega^2}$，$y^\dagger = \pm\sqrt{\dfrac{\epsilon(1-Q) - 2\omega^2 + \sqrt{(\epsilon - \epsilon Q)^2 - 4\omega^2}}{2\epsilon(1-Q)}}$。为方便表示，可以把所有固定点写成形如 $F(x^m, y^m, Px^m, Py^m, x^m, Px^m)$，则固定点 O 可以看成是 $x^m = 0, y^m = 0$ 时的情形，固定点 F_{IHSS} 可看成是 $m = *, P = -1$，固定点 F_{NHSS} 可看成是 $m = \dagger, P = 1$ 时的情形。固定点 $F(x^m, y^m, Px^m, Py^m, x^m, Px^m)$ 的雅可比矩阵可

写成

$$J = \begin{vmatrix} A_{11} & A_{12} & \dfrac{\epsilon Q}{2} & 0 & B_{11} & 0 \\ A_{21} & A_{22} & 0 & 0 & 0 & 0 \\ \dfrac{\epsilon Q}{2} & 0 & A_{11} & A_{12} & 0 & B_{11} \\ 0 & 0 & A_{21} & A_{22} & 0 & 0 \\ \mu & 0 & 0 & 0 & -\mu & 0 \\ 0 & 0 & \mu & 0 & 0 & -\mu \end{vmatrix}, \qquad (4.38)$$

其中，$A_{11} = \left(1 - 3(x^m)^2 - (y^m)^2 + \dfrac{\epsilon Q}{2}\right)$, $B_{11} = -\epsilon$, $A_{12} = (-2x^m y^m - \omega)$, $A_{21} = \omega - 2x^m y^m$, $A_{22} = (1 - (x^m)^2 - 3(y^m)^2)$。$\mu$ 对固定点的存在性没有影响，但对固定点的稳定性有影响。固定点的特征方程可以表示为

$$(\lambda^3 + P_2\lambda^2 + P_1\lambda + P_0)(\lambda^3 + P_2'\lambda^2 + P_1'\lambda + P_0') = 0, \qquad (4.39)$$

其中，$P_2 = -2 + 4(r^m)^2 - \epsilon Q + \mu$, $P_1 = 1 + \mu(4(r^m)^2 - 2 + \epsilon(1-Q)) + \omega^2 + 3(r^m)^4 - 4(r^m)^2 + \epsilon Q(1-(x^m)^2-3(y^m)^2)$, $P_0 = \mu(1 - 4(r^m)^2 + 3(r^m)^4 + \omega^2 - \epsilon(1-Q)(1-(x^m)^2 - 3(y^m)^2))$, $P_2' = \mu - 2 + 4(r^m)^2$, $P_1' = \mu(4(r^m)^2 - 2 + \epsilon) + 1 + \omega^2 + 3(r^m)^4 - 4(r^m)^2$, $P_0' = \mu(1 - 4(r^m)^2 + 3(r^m)^4 + \omega^2 - \epsilon(1 - (x^m)^2 - 3(y^m)^2))$, $(r^m)^2 = (x^m)^2 + (y^m)^2$。由于方程 (4.39) 是六次多项式方程，很难求解固定点失稳的临界点表达式。采用文献 [131] 中的方法，可以确定固定点产生霍普夫分岔的临界点，即令

$$|P_1 P_2 - P_0|_{(x^m=0, y^m=0)} = 0, \qquad (4.40)$$

可得

$$\mu_{\text{HB1}} = \frac{-B_{\text{HB3}} - \sqrt{B_{\text{HB3}}^2 - 4A_{\text{HB3}} C_{\text{HB3}}}}{2A_{\text{HB3}}},$$
$$\mu_{\text{HB3}} = \frac{-B_{\text{HB3}} + \sqrt{B_{\text{HB3}}^2 - 4A_{\text{HB3}} C_{\text{HB3}}}}{2A_{\text{HB3}}}, \qquad (4.41)$$

其中，$A_{\text{HB3}} = \epsilon - (\epsilon Q + 2)$, $B_{\text{HB3}} = (\epsilon Q + 2)^2 - \epsilon(\epsilon Q + 1)$, $C_{\text{HB3}} = -(\epsilon Q + 2)(1 + \omega^2 + \epsilon Q)$。同理可以利用式 $|P_1 P_2 - P_0|_{F_{IHSS}} = 0$，得到不均匀固定点产生的霍普夫分岔点。

$$\mu_{\text{HB2}} = \frac{-B_{\text{HB2}} + \sqrt{B_{\text{HB2}}^2 - 4A_{\text{HB2}} C_{\text{HB2}}}}{2A_{\text{HB2}}}, \qquad (4.42)$$

其中，$A_{\text{HB2}} = 2 + \epsilon(1-Q) - \dfrac{8\omega^2}{L_{\text{HB2}}}$, $B_{\text{HB2}} = A_{\text{HB2}}^2 + \epsilon^2 Q + (2\omega^2 - \epsilon^2 - 4\epsilon) + \dfrac{\omega^2(4 + 10\epsilon)}{L_{\text{HB2}}}$, $C_{\text{HB2}} = \left[\omega^2(1+2Q) - QL_{\text{HB2}} + \dfrac{12\omega^4}{L_{\text{HB2}}^2} + \dfrac{2\omega^2(\epsilon Q - 2)}{L_{\text{HB2}}}\right](A_{\text{HB2}} - \epsilon)$,

4.3 滤波器作用下的振荡死亡

$L_{HB2} = \epsilon + \sqrt{\epsilon^2 - 4\omega^2}$。而均匀的固定点对应的霍普夫分岔点可由式 $|P_1P_2 - P_0|_{F_{NHSS}} = 0$ 确定得

$$\mu_{HB4} = \frac{-B_{HB4} + \sqrt{B_{HB4}^2 - 4A_{HB4}C_{HB4}}}{2A_{HB4}}, \tag{4.43}$$

其中 $A_{HB4} = 2 + \epsilon(1-Q) - \dfrac{8\omega^2}{L_{HB4}}$, $B_{HB4} = A_{HB4}^2 - \epsilon^2(1-Q) - 4\epsilon + \dfrac{2\omega^2}{1-Q} + \dfrac{\omega^2(4+10\epsilon(1-Q))}{(1-Q)L_{HB4}}$, $C_{HB4} = \left[\dfrac{\omega^2(1+Q)}{1-Q} - \dfrac{QL_{HB2}}{1-Q} + \dfrac{12\omega^4}{L_{HB2}^2} + \dfrac{2\omega^2(\epsilon Q - 2)}{L_{HB4}}\right](A_{HB4} - \epsilon)$, $L_{HB4} = \epsilon(1-Q) + \sqrt{\epsilon^2(1-Q)^2 - 4\omega^2}$。图 4.16 给出了 μ 和 ϵ 空间的相图，由图可知，当截止频率 $\mu > \mu^*$ 时，随着耦合强度增加，耦合振子会在一定区域内产生振荡死亡态。当截止频率 $\mu_2 < \mu^*$ 时，随着耦合强度增加，耦合振子从振荡态通过霍普夫分岔 (HB1) 进入振幅死亡态，然后通过叉形分岔 ($\epsilon_{PB1} = 1 + \omega^2$) 过渡到非均匀振荡死亡态，最后通过霍普夫分岔 (HB2) 进入到振荡态。由 $\omega = 2, Q = 0.5, \mu = 8$ 时的分岔图 4.17(a) 可以清楚地看到，对于给定的截止频率的滤波器，随着耦合强度增加，耦合振子系统会从振荡态经霍普夫分岔进入振幅死亡态，然后经叉型分岔过渡到非均匀振荡死亡态，最后通过霍普夫分岔再次回到非均匀振荡态，最后到均匀振荡态，见图 4.17(c)。

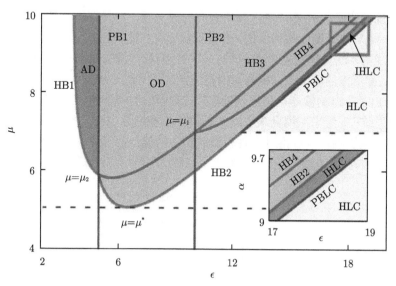

图 4.16 $\omega = 2, Q = 0.5$ 时 μ 和 ϵ 空间的相图。其中，AD 为振幅死亡区，OD 为震荡死亡区，HB1 为霍普夫分岔，PB 为叉型分岔，PBLC 为叉型分岔极限环，IHLC 为非均匀极限环
(扫描封底二维码可看彩图)

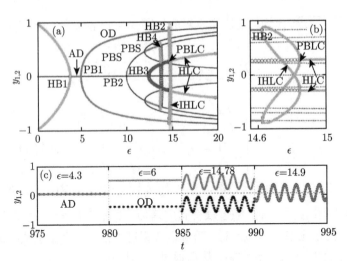

图 4.17 $\omega=2, Q=0.5, \mu=8$ 时,(a) $y_{1,2}$ 随耦合强度的分岔图;(b) (a) 图中灰色区域的放大图;(c) 耦合强度分别为 $\epsilon=4.3, 6, 14.78, 14.9$ 时的时间序列,对应于振幅死亡态、振荡死亡态、非均匀振荡态、均匀振荡态 (扫描封底二维码可看彩图)

4.3.3 有源低通滤波器对耦合振子振幅死亡的影响

有源滤波器是一种具有特定频率响应的放大器,它是在运算放大器的基础上增加电阻、电容等无源元件构成的。通常可认为有源滤波器是由滤波器加上放大或衰减器构成的。滤波器可对输入信号中某些特定频率成分的信号产生时延和幅度衰减,而后面所接的放大或衰减器可对滤波后的信号进一步进行放大或衰减。如图 4.18(a) 给出了有源滤波器电路原理图,其传输函数的频率特性如图 4.18(b) 所示。耦合振子系统中,考虑在耦合项中加入有源滤波器作用,将会对耦合振子系统的动力学行为产生影响,本节将讨论有源滤波器中滤波器的截止频率和有源器件的放大或衰减系数对耦合系统动力学的影响。

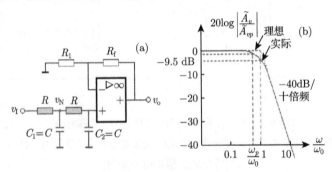

图 4.18 (a) 有源滤波器电路原理图;(b) 有源滤波器的传输函数

4.3 滤波器作用下的振荡死亡

考查耦合振子模型，

$$\begin{aligned}
\dot{z}_1(t) &= [1 + j\omega - |z_1(t)|^2]z_1(t) + \epsilon(QS_2 - \text{Re}(z_1(t))), \\
\dot{S}_1(t) &= \mu(-S_1(t) + \text{Re}(z_1(t))), \\
\dot{z}_2(t) &= [1 + j\omega - |z_2(t)|^2]z_2(t) + \epsilon(QS_1 - \text{Re}(z_2(t))), \\
\dot{S}_2(t) &= \mu(-S_2(t) + \text{Re}(z_2(t))),
\end{aligned} \quad (4.44)$$

其中 $z_i = x_i + jy_i$，$\text{Re}(z_i)$ 表示耦合振子的实部，μ 为滤波器的截止频率，S_i 为滤波器的输出信号，Q 为有源器件的放大或衰减系数，$Q \in [0,1)$ 时为衰减系数，$Q \in (1,2]$ 为放大系数，ω 为单个振子的自然频率。此耦合振子系统模型可由图 4.19 表示。此耦合方程具有固定点 $O(0,0,0,0,0,0)$ 和两个与耦合有关的非均匀固定点 $F_{IHSS} = (x^*, y^*, -x^*, -y^*, x^*, -x^*)$，其中

$$x^* = -\frac{\omega y^*}{\omega^2 + \epsilon(1+Q)(y^*)^2}, \quad y^* = \pm\sqrt{\frac{((1+Q)\epsilon - 2\omega^2) + \sqrt{(1+Q)^2\epsilon^2 - 4\omega^2}}{2\epsilon(1+Q)}},$$

以及非普通的均匀固定点 $F_{NHSS} = (x^\dagger, y^\dagger, x^\dagger, y^\dagger, x^\dagger, x^\dagger)$，其中，

$$x^\dagger = -\frac{\omega y^\dagger}{\epsilon(1-Q)(y^\dagger)^2 + \omega^2}, \quad y^\dagger = \pm\sqrt{\frac{\epsilon(1-Q) - 2\omega^2 + \sqrt{(\epsilon - \epsilon Q)^2 - 4\omega^2}}{2\epsilon(1-Q)}}.$$

此时固定点 F_{IHSS} 和 F_{NHSS} 的存在性与参数耦合强度 ϵ 和 Q 的取值有关，如当 $Q = 1$ 时 F_{NHSS} 消失。而固定点的稳定性与参数耦合强度 ϵ，Q，以及滤波器的截止频率 μ 都有关系。

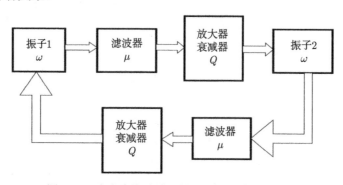

图 4.19 含有有源滤波器的耦合振子模型示意图

当 $\mu \to \infty$ 时，相当于滤波器不存在，此时只有放大或衰减电路，有 $S_i = \text{Re}(z_i)$，固定点退化成 $O(0,0,0,0)$，$F_{IHSS} = (x^*, y^*, -x^*, -y^*)$，$F_{NHSS} = (x^\dagger, y^\dagger, x^\dagger, y^\dagger)$。此时耦合系统的状态与这些固定点的存在性和稳定性均有关系。当固定点存在且稳

定时，耦合系统处于振荡猝灭态。根据 y^* 是否为实数可得到 F_{IHSS} 存在的参数区间为

$$\frac{1}{1+Q} < \epsilon < \frac{1+\omega^2}{1+Q},$$
$$\frac{2\omega}{1+Q} < \epsilon \leqslant \frac{1}{1+Q}. \tag{4.45}$$

同理，根据 $y^\dagger$ 是否为实数可得到 F_{NHSS} 存在的参数区间为

(1) 当 $Q \in [0,1)$ 时，

$$\epsilon > \frac{1+\omega^2}{1-Q}, \epsilon > \frac{2}{1-Q}, \quad 0 < Q < 1,$$
$$\frac{2\omega}{1-Q} < \epsilon \leqslant \frac{2}{1-Q}, \quad 0 < Q < 1, \tag{4.46}$$

(2) 当 $Q \in (1,2]$ 时，

$$\epsilon > \frac{2\omega}{Q-1}, \quad 1 < Q \leqslant 2. \tag{4.47}$$

而固定点的稳定性可由相应固定点的雅可比矩阵的特征值确定。而当 $Q \in (0,1)$ 时，固定点 F_{NHSS} 和 F_{IHSS} 的雅可比矩阵的特征值实部对于所有参数值 $\epsilon > 0$ 和 $\omega > 0$ 均为负值。因此耦合振子系统能否出现 F_{NHSS} 和 F_{IHSS} 完全由它们的存在性确定。对于固定点 $O(0,0,0,0)$ 的雅可比矩阵的特征值可写成

$$\lambda_{1,2,3,4} = 1 - \frac{\epsilon(1 \pm Q)}{2} \pm \frac{\sqrt{(\epsilon(1+Q))^2 - 4\omega^2}}{2}. \tag{4.48}$$

当 $Q \geqslant 1$ 时，有 $\text{Re}(\lambda_{1,2,3,4}) > 0$，对于所有参数 ϵ, ω 的取值，固定点 $O(0,0,0,0)$ 均不稳定。而当 $Q \in (0,1)$ 时，固定点的稳定性可由 $\text{Re}(\lambda_{1,2,3,4}) < 0$ 确定，可得式 (4.49)：

$$\frac{2}{1-Q} < \epsilon < \frac{1+\omega^2}{1+Q}. \tag{4.49}$$

综上分析，图 4.20(a) 和 4.20(b) 分别给出了 $Q = 0.8, 1.2$ 时，在 ω 和 ϵ 参数平面，耦合振子系统的状态空间。由图可知 $Q = 0.8$ 时，参数平面内存在五个区域，即 (1) 振荡态区域 (OS)，(2) 振幅死亡区域 (AD)，(3) 振荡死亡区域 (OD)，(4) 振荡死亡与非普通振幅死亡共存区域 (NTAD&OD)，(5) 振荡态与振荡死亡共存区域 (OD & OS)。图 4.20(a) 中的黄线所围区域为固定点 $O(0,0,0,0)$ 的稳定区域。$Q = 1.2$ 时，参数平面内只有两个区域，即振荡态区域和非普通振幅死亡区域。为了更清楚地观察系统的动力学行为随着参数变化的过程，我们利用 XPPAUT 软件[111]画出 $\epsilon = 8.0$ 时变量 x_1 随参数 ω 的分岔图，XPPAUT 软件的安装使简介详见附

4.3 滤波器作用下的振荡死亡

录 C。$Q = 0.8$ 时 (图 4.21(a)),随着振子系统的频率减小,系统从不稳定固定点 $O(0,0,0,0)$ 由叉型分岔到不稳定固定点 F_{IHSS},然后不稳定固定点 F_{IHSS} 变成稳定。同时由霍普夫分岔产生一不稳定的极限环,随着 ω 继续减小,不稳定极限环与切分岔产生的稳定固定点 F_{NHSS} 碰撞而消失。稳定固定点 F_{NHSS} 会与稳定固定点 F_{IHSS} 两态共存,即非普通振幅死亡态与振荡死亡态两态共存。图中上下两个小图分别给出了 $\omega = 0.5, 3.2$ 时系统的时间序列,可知 $\omega = 0.5$ 时振荡死亡与非普通振幅死亡共存; $\omega = 3.2$ 时有振荡死亡与振荡态共存。$Q = 1.2$ 时,随着 ω 减小,耦合系统从不稳定固定点 $O(0,0,0,0)$ 经叉型分岔到不稳定固定点 F_{IHSS},再经第二次叉型分岔到不稳定的非对称固定点 F_{IHSS};继续减少 ω,可观察到切分岔产生的非普通振幅死亡态。同时考虑存在滤波器和放大或衰减器时,耦合振子系统的动力学行为。方便起见,同样可把所有固定点写成 $F(x^m, y^m, Px^m, Py^m, x^m, Px^m)$ 的形式。则固定点 $O(0,0,0,0,0,0)$ 可以看成是 $x^m = 0, y^m = 0$ 时的情形,固定点 F_{IHSS} 可看成是 $m = *, P = -1$,固定点 F_{NHSS} 可看成是 $m = \dagger, P = 1$ 时的情形。固定点 $F(x^m, y^m, Px^m, Py^m, x^m, Px^m)$ 的雅可比矩阵可写成

$$J = \begin{vmatrix} A_{11} & A_{12} & \dfrac{\epsilon Q}{2} & 0 & B_{11} & 0 \\ A_{21} & A_{22} & 0 & 0 & 0 & 0 \\ \dfrac{\epsilon Q}{2} & 0 & A_{11} & A_{12} & 0 & B_{11} \\ 0 & 0 & A_{21} & A_{22} & 0 & 0 \\ 0 & 0 & \mu & 0 & -\mu & 0 \\ \mu & 0 & 0 & 0 & 0 & -\mu \end{vmatrix}, \qquad (4.50)$$

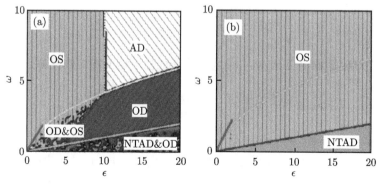

图 4.20 在 ω 和 ϵ 参数平面,耦合振子系统的状态空间图。(a) $Q = 0.8$; (b) $Q = 1.2$ (扫描封底二维码可看彩图)

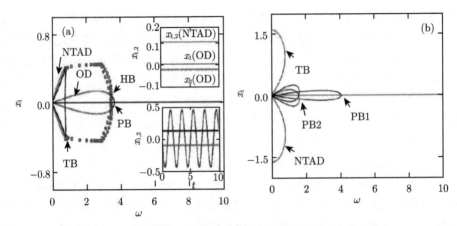

图 4.21 x 在参数 ω 下的分岔图。(a) $Q = 0.8$; (b) $Q = 1.2$

其中, $A_{11} = (1 - 3(x^m)^2 - (y^m)^2 - \epsilon)$, $B_{11} = -\epsilon Q$, $A_{12} = (-2x^m y^m - \omega)$, $A_{21} = \omega - 2x^m y^m$, $A_{22} = (1 - (x^m)^2 - 3(y^m)^2)$。$\mu$ 对固定点的存在性没有影响, 但对固定点的稳定性有影响。固定点的特征方程可以表示为

$$(\lambda^3 + P_2\lambda^2 + P_1\lambda + P_0)(\lambda^3 + P_2'\lambda^2 + P_1'\lambda + P_0') = 0, \quad (4.51)$$

其中, $P_2 = -2 + 4(r^m)^2 + \epsilon Q + \mu$, $P_1 = 1 + \mu(4(r^m)^2 - 2 + \epsilon(1-Q)) + \omega^2 + 3(r^m)^4 - 4(r^m)^2 - \epsilon(1 - (x^m)^2 - 3(y^m)^2)$, $P_0 = \mu(1 - 4(r^m)^2 + 3(r^m)^4 + \omega^2 - \epsilon(1-Q)(1 - (x^m)^2 - 3(y^m)^2))$, $P_2' = \mu - 2 + 4(r^m)^2 + \epsilon$, $P_1' = \mu(4(r^m)^2 - 2 + \epsilon(1+Q)) + 1 + \omega^2 + 3(r^m)^4 - 4(r^m)^2 - \epsilon(1 - r^m)^2 - 2(y^m)^2)$, $P_0' = \mu(1 - 4(r^m)^2 + 3(r^m)^4 + \omega^2 - \epsilon(1+Q)(1 - (x^m)^2 - 3(y^m)^2))$, $(r^m)^2 = (x^m)^2 + (y^m)^2$。利用 4.3.2 节中的式 (4.40), 可以确定振幅死亡产生霍普夫分岔的临界点,

$$\omega_{\mathrm{HB1}} = \sqrt{\frac{(\mu+\epsilon-1)(2\mu+\epsilon-2-\mu\epsilon(1-Q))}{\epsilon-2}}, \quad (4.52)$$

而振荡死亡对应的固定点 F_{IHSS} 通过霍普夫分岔失稳所需的临界截止频率为

$$\mu_{\mathrm{HB2}} = \frac{-B_{\mathrm{HB2}} + \sqrt{B_{\mathrm{HB2}}^2 - 4A_{\mathrm{HB2}}C_{\mathrm{HB2}}}}{2A_{\mathrm{HB2}}}, \quad (4.53)$$

其中, $A_{\mathrm{HB2}} = -2 + 4(r^*)^2 + \epsilon(1-Q)$, $B_{\mathrm{HB2}} = (-2 + 4(r^*)^2 + \epsilon(1-Q))(-2 + 4(r^*)^2 + \epsilon) - \epsilon Q(1 - (x^*)^2 - 3(y^*)^2)$, $C_{\mathrm{HB2}} = (-2 + 4(r^*)^2 + \epsilon)(1 + \omega^2 + 3(r^*)^4 - 4(r^*)^2 - \epsilon(1 - (x^*)^2 - 3(y^*)^2))$, $(r^*)^2 = (x^*)^2 + (y^*)^2$。(1) 考虑衰减系数时, 以 $Q = 0.8$ 为例, 图 4.22(a)~4.22(c) 给出了截止频率分别为 $\mu = 10, 3, 1$ 时, 耦合系统在参数 ω-ϵ 空间的状态图。当 $\mu = 10$ 时, 耦合系统存在振荡态、振幅死亡态、振荡死亡态、振荡死亡和非普通振幅死亡态共存、振荡态与振荡死亡共存这几种区域。随着截止频率

4.3 滤波器作用下的振荡死亡

的减少振幅死亡区间在扩大。同时，振荡态与振荡死亡的共存区在扩大，从而使振荡死亡区域减小。而非普通的振幅死亡与振荡死亡共存区域几乎不随截止频率变化。其中的红线表示从振幅死亡固定点霍普夫分岔的临界点。每个状态的区域占总区域的比例随截止频率变化的曲线如图 4.23(a) 所示。

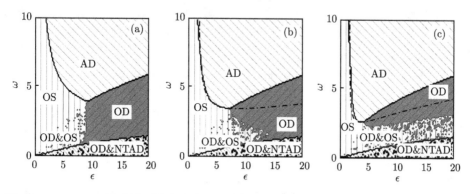

图 4.22　$Q = 0.8$ 时，耦合系统在参数 ω-ϵ 空间的状态图。(a) $\mu = 10$；(b) $\mu = 3$；(c) $\mu = 1$

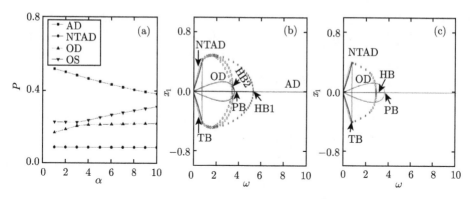

图 4.23　(a) 每个状态的区域占总区域的比例随截止频率 μ 变化的关系图；$Q = 0.8, \epsilon = 8$ 时，x_1 随参数 ω 变化的分岔图，(b) $\mu = 10$，(c) $\mu = 1$

为了更清楚地看出不同截止频率 μ 下，耦合振子系统的动力学行为，我们使用 XPPAUT 软件作 $\epsilon = 8, \mu = 10, 1$，变量 x_1 关于参数 ω 的分岔图，如图 4.23(b) 和 4.23(c) 所示。$\mu = 10$ 时，随着振子自然频率 ω 减小，耦合系统从稳定的振幅死亡通过霍普夫分岔失稳走向振荡态。随着 ω 继续减小，不稳定固定点通过叉型分岔产生不稳定的不均匀固定点，不均匀固定点通过霍普夫分岔产生不稳定极限环，同时不稳定的不均匀固定点变成稳定的固定点而形成振荡死亡态。注意到，第一次霍普夫分岔产生的稳定极限环与第二次霍普夫分岔产生的稳定不均匀固定点在一段区间共存，从而形成振荡态和振荡死亡态共存。ω 继续减小，第二次霍普夫分岔产生的不稳定极限环与稳定的均匀固定点相碰,形成非普通振幅死亡态。此时第二次霍普夫分岔产生的不均匀固定点依然保持稳定,从而形成振荡死亡与非普通的振幅死亡共存。$\mu=1$ 时,随着振子自然频率 ω 减小,耦合系统从稳定的振幅死亡先通过叉型分岔失稳并产生稳定的非均匀固定点,从而使振幅死亡过渡到振荡死亡态。ω 继续减小,失稳后的振幅死亡对应的固定点产生霍普夫分岔产生不稳定极限环。不稳定极限环再变成稳定极限环,从而形成振荡态与振荡死亡态共存。之后,ω 继续减小时,稳定极限环与稳定均匀固定点相碰消失,此时非普通振幅死亡与振荡死亡态共存。下面我们分析截止频率对两态共存吸引域的影响。以 $\epsilon=8$, $Q=0.8$ 为例,当 $\omega=0.5$ 时,振荡死亡与非普通的振幅死亡共存。图 4.24(a) 和 4.24(b) 分别给出了 $\mu=1,10$ 时,振荡死亡在 $x_{10}\sim x_{20}$ 上的吸引域 (OD 区域)。随着截止频率的增加,振荡死亡的吸引域缓慢地减少,减少量不太明显,如图 4.24(c) 所示。当 $\omega=2.0$ 时,振荡态与振荡死亡态共存,图 4.24(d)、4.24(e) 分别给出了 $\mu=1,10$ 时,振荡死亡的吸引域 (OD 区域),随着截止频率的增加,振荡死亡的区域先缓慢增加,然后突然变成全部为振荡死亡区,如图 4.24(f) 所示。考虑放大系数时,以 $Q=1.2$ 为例,图 4.25(a)~4.25(c) 给出了截止频率分别为 $\mu=8,3,1$ 时,耦合系统在参数 ω-ϵ 空间的状态图。当 $\mu=8$ 时,耦合系统存在振荡态 (III 区),振幅死亡态 (I 区),非普通振幅死亡态 (IV 区) 和振荡态与振荡死亡态共存四个区域。随着截止频率 μ 的减少振幅死亡区域 (I 区) 在扩大。同时,振荡态与振荡死亡的共存区 (V 区) 也在扩大,振荡死亡区域 (II 区) 在增加,而非普通的振幅死亡区域 (IV 区) 缓慢减小。其中的点虚线表示从振幅死亡固定点到霍普夫分岔的临界点。在截止频率为 $\mu=1$ 时,耦合强度较大时出现非普通振幅死亡态与振荡死亡态共存区 (VI 区)。另外还产生振荡态态与非对称振荡死亡态共存区域 (VII 区)。通过 XPPAUT 软件做出的分岔图,如图 4.26 所示,可以看出当 $\mu=8$ 时,随着耦合振子自然频率 ω 的减小,振子振幅死亡态通过第一次霍普夫分岔失稳,并产生稳定的极限环。失稳后的固定点通过第一次叉型分岔产生不稳定不均匀固定点,不均匀固定点经第二次霍普夫分岔变成稳定固定点,同时产生不稳定极限环。稳定非均匀固定点经第二次叉型分岔,产生非对称的不均匀固定点,非对称的不均匀固定点通过第三次霍普夫分岔失稳,并产生非对称的极限环。第一次霍普夫分岔产生的稳定极限环与第一次叉型分岔到第三次霍普夫分岔的过程共存,直到与均匀的固定点碰撞后消失,此时系统变成非普通的振幅死亡。当 μ 减小时,第一次霍普夫分岔点往 ω 减小的方向移动,而第一次叉型分岔点不受 μ 的影响。随着 μ 减小到使第一次霍普夫分岔点小于第一次叉型分岔点时,第一次叉型分岔后产生的非均匀固定点变成稳定固定点。而第一次霍普夫分岔后的极限环先变成不稳定极限环,然后再变成稳定极限环。随着截止频率增加,耦合系统的动力学行为可由图 4.27(a)~4.27(f) 给出。当 $\omega=0.5$ 时,系统处于非普通的振幅死亡态,$x_1=x_2=x^\dagger$;当 $\omega=1.39$ 时,系统处

4.3 滤波器作用下的振荡死亡

于大幅振荡和非对称的小振幅振荡共存态；当 $\omega=1.5$ 时，系统处于大幅度振荡和非对称振荡死亡态共存；当 $\omega=3.0$ 时，系统处于大幅度振荡与对称振荡死亡态共存；当 $\omega=3.8$ 时，系统处于对称振荡死亡态，最后当 $\omega=6.0$ 时，系统处于振幅死亡态。由图 4.28(a)、4.28(b) 所示的 $\mu=20,1$ 时对应的振荡死亡的吸引域，可知随着截止频率的增加，振荡死亡的吸引域在减小，每个状态的区域占总区域的比例随截止频率变化的曲线如图 4.28(c) 所示。

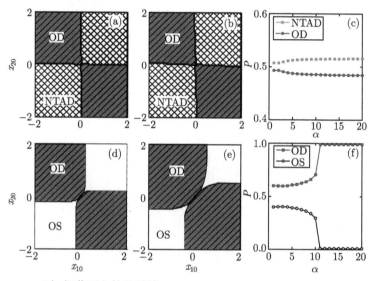

图 4.24 $\omega=0.5$ 时，振荡死亡的吸引域，(a) $\mu=1$, (b) $\mu=10$, (c) $\omega=0.5$ 时振荡死亡吸引域占总区域的比例与截止频率的关系图；$\omega=2.0$ 时对应的振荡死亡的吸引域，(d) $\mu=1$, (e) $\mu=10$, (f) $\omega=2.0$ 振荡死亡吸引域占总区域的比例与截止频率的关系图

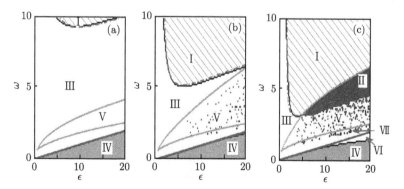

图 4.25 $Q=1.2$ 时，耦合系统在参数 ω-ϵ 空间的状态图。(a) $\mu=8$; (b) $\mu=3$; (c) $\mu=1$ (扫描封底二维码可看彩图)

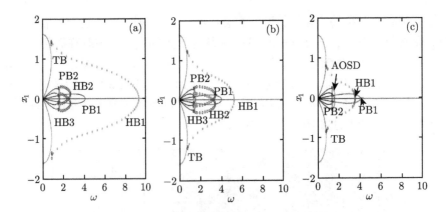

图 4.26　$Q=1.2, \epsilon=8$ 时，x_1 随参数 ω 变化的分岔图。(a) $\mu=8$; (b) $\mu=3$; (c) $\mu=1$ (扫描封底二维码可看彩图)

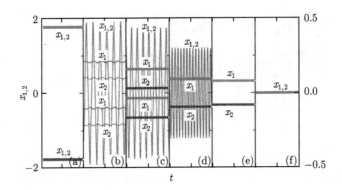

图 4.27　$\epsilon=8, Q=1.2, \mu=1$ 时，$x_{1,2}$ 的时间序列。(a) $\omega=0.5$; (b) $\omega=1.39$; (c) $\omega=1.5$; (d) $\omega=3.0$; (e) $\omega=3.8$; (f) $\omega=6.0$

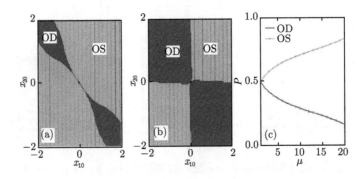

图 4.28　$\omega=2, \epsilon=8$ 时，振荡死亡的吸引域。(a) $\mu=20$，(b) $\mu=1$；(c) 振荡死亡吸引域占总区域的比例随截止频率变化的关系图

4.4 滤波器对幅度奇异态的压制

下面我们进一步讨论有源滤波器的放大或衰减系数以及滤波器的截止频率对耦合系统动力学的影响。对于给定的滤波器的截止频率 $\mu = 1$，如图 4.29(a)，我们发现当 $Q > 1$ 时，在 Q-ϵ 参数空间，耦合系统可以看到非普通的振幅死亡区域，振荡区域和振荡死亡与振荡共存区间，而 $Q < 1$ 时，耦合系统由振荡死亡和振荡共存区域，振荡死亡区域以及振荡死亡和非普通的振幅死亡共存区域。当滤波器的截止频率增加为 $\mu = 2$ 时，如图 4.29(b)，$Q > 1$ 时，非普通的振幅死亡区间减少，而振荡死亡与振荡共存的区域扩大；$Q < 1$ 时，振荡死亡区域增加，而非普通的振幅死亡与振荡死亡共存区缩小，同时新增加了振幅死亡区域。滤波器的截止频率的增加使 $Q < 1$ 时的振幅死亡区间和振荡死亡区间进一步扩大，而非普通振幅死亡与振荡死亡的共存区进一步缩小。

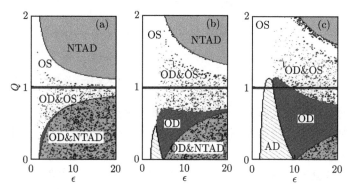

图 4.29 $\mu = 1$ 时，Q 与 ϵ 参数空间的状态图。(a) $\omega = 1$；(b) $\omega = 2$；(c) $\omega = 3$

4.4 滤波器对幅度奇异态的压制

奇异态是指随着耦合强度的增加，耦合振子系统走向同步的过程中出现同步子集团与不同步子集团空间交替出现的一种斑图。因其被认为是生物学中"半脑睡眠"现象产生的机制而倍受研究人员的关注，并成为非线性动力学领域的一个热点问题。半脑睡眠现象[188]是指某些动物如海豚在睡觉时并非整个大脑都处于休息状态，而是一个半脑的脑神经细胞处于休息状态另一个半脑的脑神经细胞仍然处于活跃状态。生物学家在实验中观察这些动物睡觉时的脑电波发现，睡眠的半脑的脑神经细胞处于同步状态而活跃状态的半脑的神经细胞则处于非同步状态。因此，半脑睡眠现象是一种典型的奇异态。

Kuramoto 等[136] 在一维非局域弱耦合的复金兹堡–朗道方程中发现，耦合振子在幅度相同的情况下，相位会呈现出同步区域与非同步区域相互隔离的特点，他们把这种斑图命名为"奇异态"。其后 Strogatz 等[133] 从理论上导出了奇异态的严格解，他们指出奇异态是从空间调制的漂移态中分岔产生的，通过与不稳定的奇异态碰撞，产生鞍节点分岔而最终消失。此后，奇异态相关的理论和实验方面的研究大量涌现[135-141]。除了因相位同步相关区与非相关的空间分布产生的相位奇异态外，还有一种是耦合振子系统的相位全部同步，而耦合振子的幅度值具有一定的空间分布，称为幅度奇异态[132,141]。本节将讨论滤波器对幅度奇异态的压缩控制[142]。

当没有滤波器作用时，对于非局域对称性破缺耦合振子，

$$\dot{z}_i(t) = (1 + j\omega - |z_i(t)|^2)z_i(t) + \frac{\epsilon}{2P}\sum_{k=i-P}^{i+P}(\text{Re}(z_k(t))$$
$$-\text{Re}(z_i(t))), \quad i = 1, 2, \cdots, N, \tag{4.54}$$

其中，$N = 200, \omega = 2, P$ 表示某个振子的左边邻居振子的个数，考虑周期边界条件 $z_{N+P} = x_P, z_{-P} = z_{N-P}$。给定初始条件 $\text{Re}(z_i) = 1, \text{Im}(z_i) = -1, i \in \left[1, \frac{N}{2}\right]$，$\text{Re}(z_i) = -1, \text{Im}(z_i) = 1, i \in \left(\frac{N}{2}, N\right]$，则不同的参数下，我们可以看到耦合振子系统可以产生同步态、幅度奇异态和振荡死亡态，如图 4.30 所示。其中，幅度奇异态中有两个区域为大幅度振荡的区域被两个小幅度振荡的区域分隔，小幅度振荡的区域中，一部分振子在上面一支，另一部分振子在下面一支，如图 4.31(a) 给出了耦合系统处于幅度奇异态时 ($\epsilon = 20$) 的 x-y 相图，由图可知，此时系统存在大幅度振荡和上下两支小幅度的振荡。随着耦合强度增加到 $\epsilon = 30$ 时，所有振子均被吸引到上下两支的稳定固定点上，如图 4.31(b) 所示。耦合中引入滤波器进行自反馈滤波后，耦合系统方程可以写成

$$\dot{z}_i(t) = (1 + j\omega - |z_i(t)|^2)z_i(t) + \frac{\epsilon}{2P}\sum_{k=i-P}^{i+P}(\text{Re}(z_k(t)) - S_i(t))), \quad i = 1, 2, \cdots, N,$$
$$\dot{S}_i(t) = \mu(-S_i(t) + \text{Re}(z_i(t))), \tag{4.55}$$

当改变滤波器的截止频率时，耦合振子系统的状态相应地受到影响。在 ϵ 和 P 参数空间，可以看到随着截止频率 μ 的增加，系统的同步区域在扩大，而幅度奇异态和振荡死亡的参数空间在缩小，如图 4.32(a)～4.32(c) 给出的 $\mu = 50, 20, 10$ 时的 ϵ 和 P 参数空间状态图。随着截止频率 μ 的减小，同步区域在不断扩大，而振荡死亡区和幅度奇异态区域在不断缩小，最后消失。对于给定局域耦合的邻域数 $P = 10$，观察截止频率 μ 和耦合强度 ϵ 参数空间的状态图（图 4.33），可知当截止频率 $\mu < 28$ 时，所有大于零的耦合强度下，系统均处于同步态。而当 $\mu \in [28, 38]$ 时，耦合强度在一定区间内，系统会从同步态进入到幅度奇异态，然后再离开返回到同步态。而当 $\mu > 38$ 时，随着耦合强度的增加，系统从同步态到幅度奇异态，然后再进入到

4.4 滤波器对幅度奇异态的压制

振荡死亡态。由此可知，对于给定的局域耦合邻居数，随着滤波作用加强，可以使耦合系统从振荡死亡态或幅度奇异态控制到同步态。

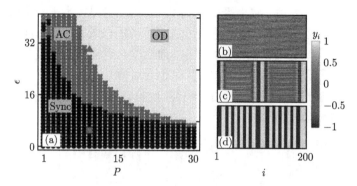

图 4.30 (a) 非局域耦合振子系统在参数 ϵ 和 P 空间的状态图；(b) $P=10, \epsilon=5$ 处于同步态的时空图；(c) $P=10, \epsilon=20$ 处于幅度奇异态时的时空图；(d) $P=10, \epsilon=30$ 处于多团振荡死亡时的时空图 (扫描封底二维码可看彩图)

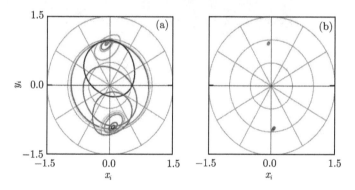

图 4.31 $P=10, \omega=2$ 时耦合系统的相图。(a) $\epsilon=20$；(b) $\epsilon=30$ (扫描封底二维码可看彩图)

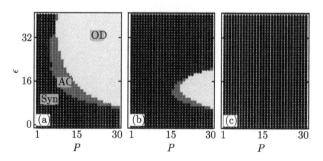

图 4.32 ϵ-P 参数空间的状态图。$\omega=2$, (a) $\mu=50$；(b) $\mu=20$；(c) $\mu=10$ (扫描封底二维码可看彩图)

总之，耦合振子系统单元之间相互作用的信号传输通道的特性对耦合振子的动力学行为有显著的影响。通道的幅频响应特性和相频响应特性均会改变单元之间相互作用的信号的特性。幅度受限情况下，当幅度受限值小于一定值时，耦合振子系统会由反向振荡同步态走向振荡死亡态。而当耦合通道存在时间延迟时，可以使耦合全同振子系统走向完全振幅死亡态。而当耦合通道具有滤波器的特性时，耦合通道不仅对信号会产生幅度的衰减，同时也会对信号产生相位滞后。这些特性也会使耦合振子系统产生各种形式的振荡猝灭现象。滤波器的特性在一定程度上也可以认为是一种动态耦合系统。

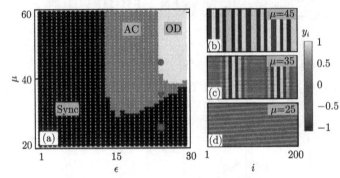

图 4.33 (a) μ-ϵ 参数空间的状态图; (b) $\mu = 45$ 时的时空图; (c) $\mu = 35$ 时的时空图; (d) $\mu = 25$ 时的时空图 (扫描封底二维码可看彩图)

第5章　各种耦合作用下的振荡死亡

耦合系统的相互作用形式多种多样，不同的相互作用形式对动力学行为产生不同的影响。如不同的耦合作用方式会影响耦合系统达到各种形式的同步所需的耦合强度，同时也会影响耦合系统形成丰富多样的斑图结构。此外，耦合作用的方式对耦合系统产生振荡死亡也有显著的影响。在本章中，我们将详细介绍各种形式的耦合作用形式下，耦合振子实现振荡死亡的机制和参数空间。主要讨论的耦合方式有负反馈耦合、正反馈耦合、共轭耦合、开关耦合、动态耦合、梯度耦合、双通道耦合、平均场耦合作用等。

5.1　线性反馈耦合下的振荡死亡

耦合系统的反馈耦合作用是常见的相互作用方式，因线性反馈形式简单而常用于耦合系统的动力学行为分析。考虑线性反馈系统，

$$\dot{X}_1(t) = f(X_1(t)) + \epsilon\Gamma(X_2(t) - X_1(t)),$$
$$\dot{X}_2(t) = f(X_2(t)) + \epsilon\Gamma(X_1(t) - X_2(t)), \tag{5.1}$$

X_i 是 m 维向量，反映系统不同维度的状态量。其中 ϵ 为线性反馈耦合强度，当 $\epsilon > 0$ 系统为负反馈耦合，当 $\epsilon < 0$ 为正反馈 (排斥) 耦合。Γ 为耦合矩阵，决定系统是通过 X_i 里的哪个维度的状态量来实现耦合的。如 $m = 3$ 时，$\Gamma = \begin{bmatrix} 1 & 0 & 0 \\ 0 & 0 & 0 \\ 0 & 0 & 0 \end{bmatrix}$，表示系统是通过 X_i 的第一个变量反馈耦合作用到第一个变量对应的方程上。

5.1.1　负反馈耦合下的振荡死亡

1. 耦合周期振子系统

考虑负反馈耦合周期振子系统，

$$\dot{x}_{1,2}(t) = -\omega_{1,2}y_{1,2} + (1 - (x_{1,2}^2 + y_{1,2}^2))x_{1,2} + \epsilon(x_{2,1}(t) - x_{1,2}(t)),$$
$$\dot{y}_{1,2}(t) = \omega_{1,2}x_{1,2} + (1 - (x_{1,2}^2 + y_{1,2}^2)^2))y_{1,2}, \tag{5.2}$$

其中 $\epsilon > 0$ 为负反馈耦合作用强度。当耦合振子的自然频率相等 $\omega_1 = \omega_2 = \omega$ 时，耦合振子系统具有两个固定点：均匀固定点 $O(0,0,0,0)$ 和非均匀固定点

$P(x_1^*, y_1^*, -x_1^*, -y_1^*)$，其中

$$x_1^* = -\frac{\omega y_1^*}{\omega^2 + 2\epsilon(y_1^*)^2},$$

$$y_1^* = \sqrt{\epsilon - \omega^2 \pm \frac{\sqrt{\epsilon^2 - \omega^2}}{2\epsilon}}. \tag{5.3}$$

对于均匀固定点，随着耦合强度增加，始终无法达到稳定态。图 5.1(a) 给出了通过 XPPAUT 软件做的分岔图，可知随着耦合强度增加，系统经历了两次霍普夫分岔和一次叉型分岔。对于不均匀固定点，其存在性是从均匀固定点通过叉型分岔产生的，其分岔点为 $\epsilon = \frac{1+\omega^2}{2}$，其稳定性条件由雅可比矩阵的特征值确定，它是通过霍普夫分岔 (HB_2) 实现稳定的。图 5.1(b) 给出了 $\epsilon = 4.25$ 时非均匀固定点和振荡态的时间序列。当考虑两个振子存在频率失配，即 $\Delta = \frac{\omega_2}{\omega_1} > 1$ 时，不同的频率失配对耦合系统的分岔过程有显著的影响。根据 Δ 与 ϵ 参数空间的系统状态图 5.2 可知，$\Delta \in [1, 1.95]$ 时耦合系统存在振荡死亡区域。在 $\Delta \in (1.95, 3.1)$ 时振荡死亡失稳，整个系统处于振荡态，如 $\Delta = 2$ 时 (图 5.3(a))，系统只有一次霍普夫分岔和一次叉型分岔，此时系统不存在稳定固定点。当 $\Delta > 3.1$ 时，耦合系统通过倒霍普夫分岔产生稳定均匀固定点而出现振幅死亡现象。并随着耦合强度增加出现第三次霍普夫分岔使均匀固定点失稳，如 $\Delta = 3.385$ 时 (图 5.3(b))。当频率失配进一步增加，如 $\Delta = 4$(图 5.3(c)) 时第三次霍普夫分岔点右移到第一次叉型分岔点的右边。从而使第二次霍普夫分岔产生的稳定均匀固定点通过叉型分岔到稳定的不均匀固定点，从而出现从振幅死亡到振荡死亡的过渡。

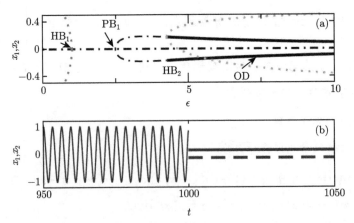

图 5.1 (a) $x_{1,2}$ 随参数 ϵ 的分岔图；(b) $\epsilon = 4.25$ 时 $x_{1,2}$ 的时间序列图

5.1 线性反馈耦合下的振荡死亡

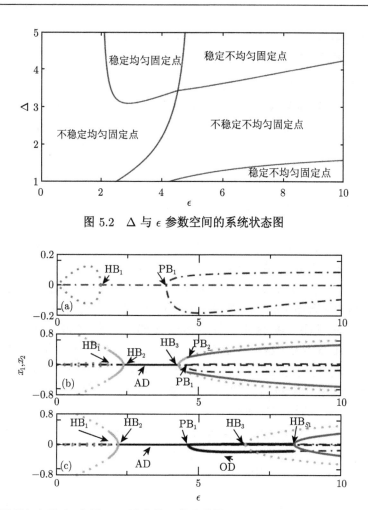

图 5.2 Δ 与 ϵ 参数空间的系统状态图

图 5.3 不同频率失配时，变量 $x_{1,2}$ 随参数 ϵ 的分岔图。(a) $\Delta = 2$；(b) $\Delta = 3.385$；(c) $\Delta = 4$

2. 耦合混沌振子系统

下面讨论负反馈耦合混沌振子系统中的振幅死亡现象[46]，考虑耦合混沌振子系统[144]，

$$\dot{x}_{1,2} = -y_{1,2} - \beta z_{1,2},$$
$$\dot{y}_{1,2} = -x_{1,2} + 2\gamma y_{1,2} + \alpha z_{1,2}(t) + \epsilon(y_{2,1} - y_{1,2}),$$
$$\dot{z}_{1,2} = (x_{1,2} - (z_{1,2})^3 + z_{1,2})/\mu, \tag{5.4}$$

该混沌系统是耦合 Pikovsky-Rabinovich (PR) 电路[79]，取系统参数 $\alpha = 0.165, \beta = 1, \gamma = 0.26, \mu = 0.4$，系统处于混沌态。单个 PR 电路系统具有不稳定的固定点

$O(0,0,0)$ 和 $A_{\pm}((z_1^*)^3 - z_1^*, \beta z_1^*, z_1^*)$,其中 $z_1^* = \pm\sqrt{1 + 2\gamma\beta + \alpha}$。

对于耦合系统,其固定点可以有三种:

(1) 均匀固定点 $(O,O),(A_{\pm},A_{\pm})$;

(2) 对称不均匀固定点 $A_{1,2}(A_{\pm},-A_{\pm})$,其中 $z_1^* = \pm\sqrt{1 + 2\gamma\beta + \alpha - 2\epsilon\beta}$;

(3) 不对称非均匀固定点 $A_{3,4}(A_{\pm},C_{\pm})$,其中 $C_{\pm}\left(-\left(\dfrac{\epsilon\beta}{z_1^*}\right)^3 + \dfrac{\epsilon\beta}{z_1^*}, -\dfrac{\epsilon\beta^2}{z_1^*}, -\dfrac{\epsilon\beta}{z_1^*}\right)$,

$z_1^* = \pm\sqrt{0.5[(1 + 2\gamma\beta + \alpha - 2\epsilon\beta) \pm \sqrt{(1 + 2\gamma\beta + \alpha - 2\epsilon\beta)^2 - 4\epsilon^2\beta^2}]}$。

当 $\epsilon \to 0$,$A_{1,2} \to (A_{\pm},A_{\mp})$,$A_{3,4} \to (A_{\pm},O)$。耦合系统是否能出现振荡猝灭现象,完全由以上固定点的存在性和稳定性来决定。图 5.4(a) 和 5.4(b) 给出了存在的固定点 A_i 对应的 $x_1^*(A_i) = (z_1^*)^3 - z_1^*$ 以及其对应的雅可比矩阵特征值的实部和虚部随耦合强度变化的关系。结果表明,只有对称的非均匀固定点 $A_{1,2}$ 在参数区间 $\epsilon \in [0.323, 0.561]$ 时是稳定的,其左边界为霍普夫分岔点,右边界为叉型分岔点。从图 5.5 所示的耦合振子的时间序列和相图可知随耦合强度增加,耦合系统会从混沌态变成周期态,最后到振荡死亡态。耦合系统随着参数变化的动力学行为可以由耦合系统的李雅谱诺夫指数 [154] 来刻画。如图 5.6(a) 给出了耦合振子系统的李雅谱诺夫指数随耦合强度变化的关系,可知当耦合强度 $\epsilon \in [0.323, 0.561]$ 时,所有李雅谱诺夫指数均小于零。由第二大李雅谱诺夫指数在 $\epsilon = 0.323$ 处由负碰零后再变负,说明固定点是通过霍普夫分岔失稳的。且在 $\epsilon \in (0.18, 0.323)$ 区间,最大李雅谱诺夫指数等于零,对应于周期态。我们采用准静态法做了变量 $x_{1,2}$ 的分岔图,即给定耦合强度,记录 x_1 的所有局域最大值 (红点),以及当 x_1 取局域最大值时对应的 x_2 的值 (黑点),当耦合强度增加时,以前一个耦合强度下的末态作为初始值。

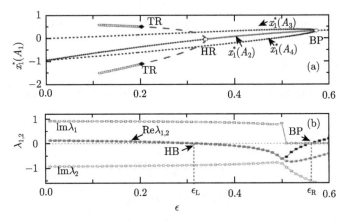

图 5.4 (a) 不同 ϵ 时对应的固定点 A_i 的变量 $x_1^*(A_i)$;(b) 固定点对应的雅可比矩阵特征实部和虚部随参数 ϵ 变化的关系

5.1 线性反馈耦合下的振荡死亡

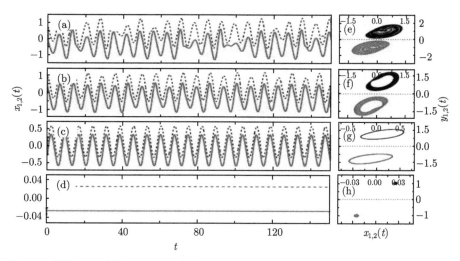

图 5.5 耦合振子系统的 $x_{1,2}(t)$ 时序图, (a) $\epsilon = 0.153$, (b) $\epsilon = 0.19$, (c) $\epsilon = 0.28$, (d) $\epsilon = 0.33$; 与 (a)~(d) 对应的耦合振子系统的 x-y 相图 (e)~(h)

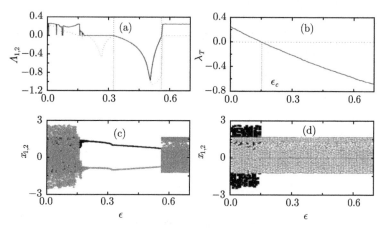

图 5.6 (a) 耦合振子系统的李雅谱诺夫指数随参数 ϵ 的变化关系图; (b) 同步流形的横切李雅谱诺夫指数随耦合强度的变化关系图; 采用准静态法得到的变量 $x_{1,2}$ 的分岔图 (c) 初始条件取在固定点附近; (d) 初始条件取在同步流形附近

可以清楚地看到耦合系统从振荡态到周期态再走向振幅死亡态的过程。同时通过计算耦合系统基于同步流形的横截李雅谱诺夫指数如图 5.6(b), 当耦合强度大于 $\epsilon_c = 0.15$ 时横截李雅谱诺夫指数由正变负, 说明混沌同步在 $\epsilon_c > 0.15$ 时是稳定的。图 5.6(d) 中的分岔图可以看出耦合强度大于 $\epsilon_c = 0.15$ 时, 耦合系统一直处于振荡态。由于同步稳定区与振荡死亡稳定区重叠, 所在重叠区存在振荡死亡与同步混沌共存现象。令 $x_1 = \delta x, y_1 = y_1^* + \delta y, z_1 = z_1^*, x_2 = -x_1 + \xi, y_2 = -y_1 + \xi, z_2 = -z_1 + \xi$,

其中 ξ 为任一小量，即为 10^{-3}，分别计算 $\epsilon = 0.5$ 时同步混沌和振荡死亡的吸引域，和 $\epsilon = 0.28$ 时同步混沌与周期态的吸引域，如图 5.7(a) 和 5.7(b) 所示。

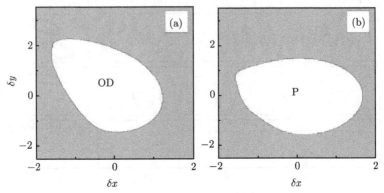

图 5.7 (a) $\epsilon = 0.5$ 时，振荡死亡与混沌同步的吸引域；(b) $\epsilon = 0.28$ 时，周期态与混沌同步的吸引域

5.1.2 正反馈耦合下的振荡死亡

系统之间的反馈耦合作用有时是通过正反馈作用的，如屈支林等人发现在心脏系统中，心肌细胞的动作电位宽度与细胞膜内的钙离子浓度之间的相互作用可以是正反馈耦合的，且与心率失常的产生机制密切相关。考察正反馈耦合作用，即耦合强度 $\epsilon < 0$ 的情形 [46]，

$$\begin{aligned}
\dot{x}_{1,2} &= \sigma(y_{1,2} - x_{1,2}) + \epsilon(x_{2,1} - x_{1,2}), \\
\dot{y}_{1,2} &= rx_{1,2} - y_{1,2} - x_{1,2}z_{1,2}, \\
\dot{z}_{1,2} &= x_{1,2}y_{1,2} - bz_{1,2},
\end{aligned} \quad (5.5)$$

系统的参数取为 $\sigma = 10, r = 28, b = \dfrac{8}{3}$ 时，系统处于混沌态。耦合系统的固定点为 $O(0,0,0,0,0,0)$ 和 $A_{1,2}\left(x_1^*, \dfrac{brx_1^*}{b+(x_1^*)^2}, \dfrac{r(x_1^*)^2}{b+(x_1^*)^2}, x_2^*, \dfrac{brx_2^*}{b+(x_2^*)^2}, \dfrac{r(x_2^*)^2}{b+(x_2^*)^2}\right)$，其中 x_1^*, x_2^* 由方程组 (5.6) 确定，

$$\begin{cases} \dfrac{\sigma brx_1}{b+x_1^2} - (\sigma+\epsilon)x_1 + \epsilon x_2 = 0, \\ \dfrac{\sigma brx_2}{b+x_2^2} - (\sigma+\epsilon)x_2 + \epsilon x_1 = 0. \end{cases} \quad (5.6)$$

方程 (5.6) 的解写成 $Q(x_1^*, x_2^*)$ 的形式，有 $Q_1(0,0)$，$Q_2(\pm\sqrt{b(r-1)}, \mp\sqrt{b(r-1)})$，以及当 $\epsilon \in \left(-\dfrac{\sigma}{2}, \dfrac{r(\sigma-1)}{2}\right)$ 时，有 $Q_3 = \left(\pm\sqrt{\dfrac{br\sigma - 2b\epsilon - br}{2\epsilon + \sigma}}, \mp\sqrt{\dfrac{br\sigma - 2b\epsilon - br}{2\epsilon + \sigma}}\right)$

5.1 线性反馈耦合下的振荡死亡

和

$$Q_4 = \left(\pm \sqrt{\frac{b\sqrt{C} + \sigma^2 b(r-1) + b\epsilon\sigma(r-2) - 2\epsilon^2 b}{2(\epsilon+\sigma)^2}}, \right.$$

$$\left. \mp \sqrt{\frac{b\sqrt{C} + \sigma^2 b(r-1) + b\epsilon\sigma(r-2) - 2\epsilon^2 b}{2(\epsilon+\sigma)^2}} \right),$$

其中，$C = \epsilon^2 r^2 (r^2 - 8r + 4) + 2\epsilon\sigma^3(r-2)(r-1) + \sigma^4(r-1)^2$。以上固定点随耦合强度变化的关系如图 5.8 所示。

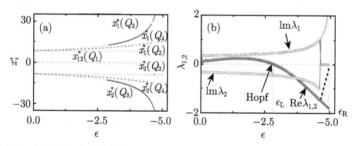

图 5.8 (a) 耦合系统固定点随参数 ϵ 变化的关系图；(b) 固定点 $A_{1,2}$，取值 Q_3 时对应的雅可比矩阵特征值的实部和虚部随耦合强度变化的关系图

其中只有 Q_3 值对应的固定点在 $\epsilon \in [-2.84, -4.99]$ 区间是稳定的，其对应的特征值实部在 $\epsilon \in [-2.84, -4.99]$ 区间变负，而虚部为一正一负相等的两个值，因此固定点是通过霍普夫分岔失稳的。由耦合系统的分岔图可知，随着耦合强度从 -2.5 减少到 -3.0，耦合系统从混沌态到极限环到准周期再通过霍普夫分岔到固定点形成振荡死亡，其分岔过程如图 5.9 所示。图 5.10 给出了几个耦合强度下变量 x_1 的时间序列图和相对应的 x_1-y_1 相图。

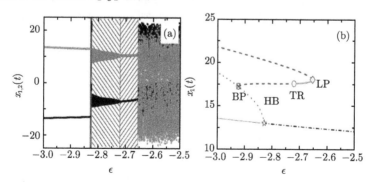

图 5.9 (a) $x_{1,2}$ 随参数 ϵ 的分岔图；(b) 利用 XPPAUT 做的分岔图

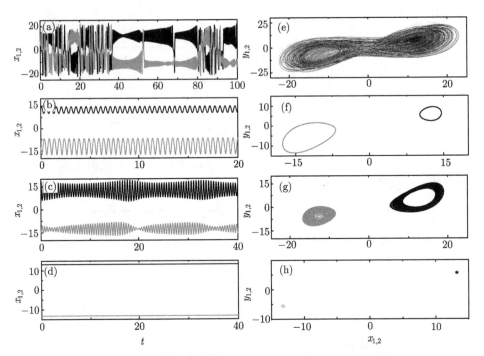

图 5.10 耦合系统 x_1 的时间序列图, (a) $\epsilon = -2.5$, (b) $\epsilon = -2.7$, (c) $\epsilon = -2.8$, (d) $\epsilon = -2.9$; (e)~(h) 与 (a)~(d) 对应的 x_1-y_1 相图 (扫描封底二维码可看彩图)

5.1.3 正负反馈耦合竞争下的振荡死亡

当耦合系统中存在多个通道耦合作用时,有些通道是负反馈耦合,通常负反馈耦合作用有利于使耦合振子系统走向完全同步。而有些通道是正反馈耦合,正反馈耦合作用有利于使系统走向反向同步。而当两者同时存在时,它们之间的相互竞争可以产生丰富的动力学行为,本节将讨论耦合混沌振子系统中,正、负反馈耦合作用之间的竞争对耦合振子走向振荡死亡的影响[92]。考察耦合振子系统,

$$\begin{aligned}
\dot{x}_{1,2} &= \sigma(y_{1,2} - x_{1,2}) + \epsilon_1(x_{2,1} - x_{1,2}), \\
\dot{y}_{1,2} &= rx_{1,2} - y_{1,2} - x_{1,2}z_{1,2} + \epsilon_2(y_{2,1} - y_{1,2}), \\
\dot{z}_{1,2} &= x_{1,2}y_{1,2} - bz_{1,2},
\end{aligned} \tag{5.7}$$

其中系统参数取 $\sigma = 10, r = 28, b = 1$, ϵ_1, ϵ_2 分别为 x, y 两个耦合通道的耦合强度。对于任意给定的耦合强度 $\epsilon_{1,2} > 0$,则称其为吸引耦合作用,通道称为负反馈耦合通道。而当 $\epsilon_{1,2} < 0$ 时,则称其为排斥耦合作用,该通道称为正反馈耦合通道。当耦合振子系统的两个通道的耦合强度 $\epsilon_{1,2}$ 不同时,耦合系统具有五种不同的主要动力学行为 (如图 5.11(a)): (1) 非同步混沌态; (2) 完全同步态 (CS); (3) 反向同

5.1 线性反馈耦合下的振荡死亡

步态 (周期反向同步态 (PAS) 或混沌反向同步态 (CAS)); (4) 振荡死亡态 (OD); (5) 振荡死亡和反向同步共存态 (OD&AS)。当耦合振子的两个耦合强度均大于零时,耦合系统可以达到完全同步态,如图 5.11(c) 中的时序;当两者均为负时,耦合系统可以达到周期反向同步态,如图 5.11(d) 中的时序;当 $\epsilon_1<0$, $\epsilon_2>0$ 时,耦合系统可以达到振荡死亡态,如图 5.11(e) 中的时序;当 $\epsilon_1>0$, $\epsilon_2<0$ 时,耦合系统可以达到反向同步,振荡死亡态,以及两者共存态。结果表明,ϵ_2 的正负主要影响耦合系统是否为完全同步或反向同步,而 ϵ_1 的变化对耦合系统动力学的影响较丰富。

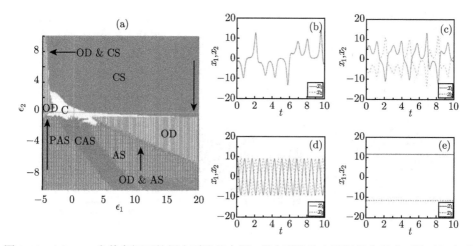

图 5.11 (a)ϵ_2-ϵ_1 参数空间下的耦合系统状态图;耦合系统的在不同耦合强度下的时间序列图,(b)$\epsilon_1=0.5, \epsilon_2=2$, (c) $\epsilon_1=0.5, \epsilon_2=-2$, (d) $\epsilon_1=0.5, \epsilon_2=-5$, (e)$\epsilon_1=-4, \epsilon_2=2$(扫描封底二维码可看彩图)

耦合系统的固定点有 $O(0,0,0,0,0,0)$ 和 $F_{IHSS}(x_1^*, y_1^*, z_1^*, -x_1^*, -y_1^*, z_1^*)$,其中 $x_1^*=\pm\sqrt{\dfrac{\sigma br}{\sigma+2\epsilon_1}-b(1+2\epsilon_2)}$, $y_1^*=\pm\dfrac{(2\epsilon_1+1)x_1^*}{\sigma}$, $z_1^*=\dfrac{x_1^* y_1^*}{b}$,同变量反馈耦合全同振子中,固定点 O 无法达到稳定态,因此无法观察到振幅死亡态。而固定点 F_{IHSS} 的稳定性可由其雅可比矩阵 (5.8) 确定,

$$J=\begin{pmatrix} -\sigma-2\epsilon_1 & \sigma & 0 & \epsilon_1 & 0 & 0 \\ r-z_1^* & -1-\epsilon_2 & -x_1^* & 0 & \epsilon_2 & 0 \\ y_1^* & x_1^* & -b & 0 & 0 & 0 \\ \epsilon_1 & 0 & 0 & -\sigma-\epsilon_1 & \sigma & 0 \\ 0 & \epsilon_2 & 0 & r-z_2^* & -1-\epsilon_2 & -x_2^* \\ 0 & 0 & 0 & y_2^* & x_2^* & -b \end{pmatrix}, \quad (5.8)$$

固定点的稳定区为当雅可比矩阵特征值实部小于零时对应的参数区间。通过 Matlab

计算所有给定参数下的特征值，并根据其实部小于零确定振荡死亡稳定的参数区域，如图 5.12(a) 所示。对于耦合系统出现的完全同步的稳定区，我们可以利用文献 [90] 提出的主稳定函数法求出同步流形对应的条件李雅谱诺夫指数，由该指数为负确定同步态的稳定参数区，如图 5.12(b) 中的 CS 区域所示。该区域与 5.12(a) 中的振荡死亡区会有交叠区域，如图 5.12(c) 所示，该交叠区域内，耦合系统可以出现振荡死亡与完全同步态两态共存态。两种共存态的吸引域具有分形边界，如图 5.12(d) 所示。

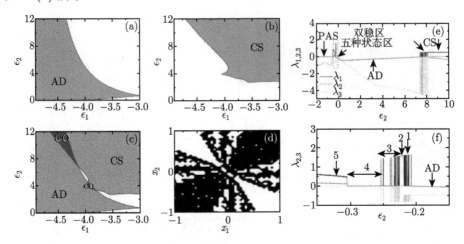

图 5.12 (a)ϵ_2-ϵ_1 参数空间下振荡死亡的稳定区；(b) 由条件李雅谱诺夫指数确定的完全同步稳定参数区；(c) 振荡死亡稳定区与完全同步稳定区交叠图；(d) 振荡死亡与完全同步两种共存态的吸引域；(e) $\epsilon_1 = -4.2$ 时，耦合系统的前三大李雅谱诺夫指数随 ϵ_2 的变化关系；(f) 图 (e) 中虚线框中的放大图

为了更好地确定耦合系统从振荡死亡态失稳走向完全同步的过程，我们计算了 $\epsilon_1 = -4.2$，$\epsilon_2 \in [-2, 10]$ 时，耦合系统的前三大李雅谱诺夫指数，如图 5.12(e) 所示。$\epsilon_2 \in [-0.22, 8.16]$ 时，前三大李雅谱诺夫指数均小于零，对应于振荡死亡稳定区。$\epsilon_2 \in [-7.36, 8.16]$ 时，最大李雅谱诺夫指数在负与正之间随机跳动，对应于完全同步与振荡死亡共存区。$\epsilon_2 \in [-0.4, -0.2]$ 时，耦合振子系统由振荡死亡向反向同步的过渡过程中，具有丰富的动力学行为，如图 5.12(f) 所示，状态 1 为混沌反向同步态 (最大李雅谱诺夫指数大于零，第二大李雅谱诺夫指数小于等于零) 与振荡死亡态共存，状态 2 为混沌反向同步态，状态 3 为混沌反向同步态与准周期态共存，状态 4 为准周期态 (前两大李雅谱诺夫指数等于零)，状态 5 为非同步混沌态 (前两大李雅谱诺夫指数均大于零)。

下面我们讨论耦合振子振荡死亡稳定区内，当耦合振子从初态走向振荡死亡过程中的过渡态的特征。在耦合振子从振荡死亡态走向稳定态前，我们发现对于

5.1 线性反馈耦合下的振荡死亡

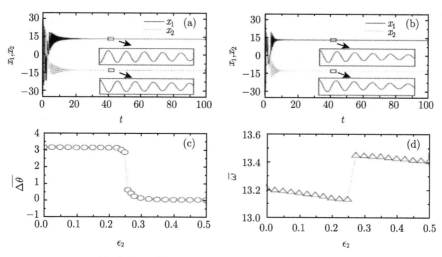

图 5.13 $\epsilon_1 = -4.2$ 时耦合振子系统的变量 $x_{1,2}$ 的时序。(a) $\epsilon_2 = 0$; (b) $\epsilon_2 = 0.5$; (c) 两个振子的平均相位差与 ϵ_2 的关系; (e) 两个振子的平均频率与 ϵ_2 的关系

不同的 ϵ_2，两个耦合振子的变量 $x_{1,2}$ 小幅度反相振动，或小幅度同相振动，如图 5.13(a) 和 5.13(b)。由两耦合振子的平均相位差与 ϵ_2 的关系图 5.13(c) 可知，当 $\epsilon_2 < 0.25$ 时耦合振子的相位差为 π，而当 $\epsilon_2 > 0.25$ 时，耦合振子的相位差跳变到 0。耦合振子的平均频率也相应地从 13.2 跳变到 13.4。其中两个振子的相位定义为 $\theta_i = \arctan \dfrac{y_i - y_i^*}{x_i - x_i^*}$。这种在走向振荡死亡过程中产生的频率的突变现象在时延耦合混沌系统中也被观察到[156]。并且发现这种频率跳变的机制是由于固定点的特征值的虚部发生跳变引起的。耦合振子走向振荡死亡前出现相位差为 $0, \pi$ 的现象也被观察到[157]，但对于相位差的变化产生的机制并不是很清楚。分别计算 $\epsilon_1 = -4.2$ 时，跳变点附近的固定点的特征值的实部和虚部随 ϵ_2 变化的关系图，如图 5.14(a) 和 5.14(b) 所示。其中图 5.14(a) 中的 $o1$ 线表示一对共轭特征值的实部 $\text{Re}(o1) = \text{Re}(o2)$，其对应的虚部为 $\text{Im}(o1)$，如图 5.14(b) 中的 $i1$ 线；图 5.14(a) 中的 $i1$ 代表另一对共轭特征值的实部 $\text{Re}(i1) = \text{Re}(i2)$，其对应的虚部为 $\text{Im}(i1)$，如图 5.14(b) 中的 $i1$。两个特征值的最大实部的值，及与之对应的虚部用圆圈点表示。结果表明，两对共轭的特征值的实部在 $\epsilon_2 = 0.25$ 处相交。原来具有较小实部的特征值变成具有较大的实部，从而主导影响固定点。影响振子趋于固定点时振荡频率的虚部，也相应地发生交换，从而发生频率的跳变。与特征值 $\text{Re}(o1) \pm j\text{Im}(o1)$ 对应的特征向量为 $V_{o1} = (c_{o1}, d_{o1}, r_{o1}, -c_{o1}, -d_{o1}, r_{o1})^{\text{T}}$，与特征值 $\text{Re}(i1) \pm j\text{Im}(i1)$ 对应的特征向量为 $V_{i1} = (c_{o1}, d_{o1}, r_{o1}, c_{o1}, d_{o1}, -r_{o1})^{\text{T}}$，其中 $c_{o1}, d_{o1}, c_{i1}, d_{i1}$ 为复数，而 r_{o1}, r_{i1} 为实数。显然向量 V_{o1} 中，两复数对的符号相反，因此当特征值 $\text{Re}(o1) \pm j\text{Im}(o1)$ 主导影响固定点时，其过渡态为反相振荡。而向量 V_{i1} 中，两复

数对的符号相同,当特征值 $\mathrm{Re}(i1)\pm j\mathrm{Im}(i1)$ 主导影响固定点时,其过渡态为同相振荡。为了进一步验证这种相位和频率跳变是否跟两对共轭特征值实部相交有关,我们考虑 $\epsilon_2=-4.8$ 时的情形,此时固定点的前 5 个特征值中,有两对共轭特征值 $\mathrm{Re}(o1)\pm j\mathrm{Im}(o1)$,$\mathrm{Re}(i1)\pm j\mathrm{Im}(i1)$ 和一个实特征值 $\mathrm{Re}(r)$,当改变 ϵ_2 时,可以看到两对共轭特征值的实部在 $\epsilon_2=0.02$ 发生相交如图 5.15 中的 (Ⅰ)。另外这两对共轭特征值也会分别在 $\epsilon_2=0,4.68$ 处跟实特征值相交,如图 5.15 中的 (Ⅱ) 和 (Ⅲ)。在 $\epsilon_2=0,4.68$ 处耦合系统走向振荡死亡过渡态不存在相位跳变,而在 $\epsilon_2=0.02$ 处存在相位跳变,从而进一步验证相位跳变是由一对共轭特征值实部发生相交引起的。

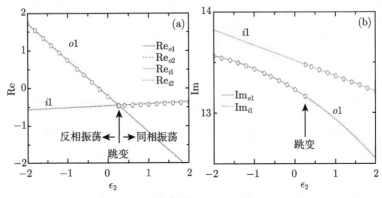

图 5.14 (a) $\epsilon_1=-4.2$ 时耦合振子系统固定点的特征值实部随 ϵ_2 的变化关系图;(b) 与图 (a) 对应的特征值的虚部随 ϵ_2 的变化关系

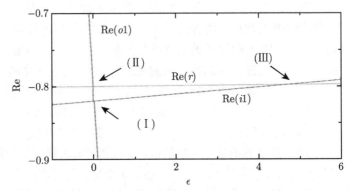

图 5.15 特征值随耦合强度 ϵ 的变化关系图

总之,当存在两种吸引和排斥耦合作用竞争时,耦合系统会产生丰富的动力学行为。排斥耦合作用有利于使系统产生反向同步和振幅死亡,而吸引耦合作用有利于使耦合系统产生完全同步。在这个过程中,存在振幅死亡与同步态共存的现象。

5.2 交叉变量耦合下的振荡死亡

5.2.1 耦合周期振子系统

1. 单向交叉变量耦合周期振子系统

考查交叉变量单向耦合周期振子系统[29]，

$$\begin{aligned}\dot{x}_{1,2} &= -\omega_{1,2}y_{1,2} + (1-(x_{1,2}^2+y_{1,2}^2))x_{1,2}, \\ \dot{y}_{1,2} &= \omega_{1,2}x_{1,2} + (1-(x_{1,2}^2+y_{1,2}^2))y_{1,2} + \epsilon x_{2,1},\end{aligned} \qquad (5.9)$$

对于所有耦合强度 ϵ 有固定点 $O(0,0,0,0)$ 和 $A(x_1^*, y_1^*, -x_1^*, -y_1^*)$，其中

$$\begin{aligned}x_1^* &= \pm\sqrt{\frac{\omega}{\epsilon(1+\sqrt{\epsilon\omega-\omega^2})}}, \\ y_1^* &= \pm\sqrt{(1-(x_1^*)^2)+\sqrt{\epsilon\omega-\omega^2}}.\end{aligned} \qquad (5.10)$$

当 $\epsilon > \omega$ 时有固定点存在。以参数 $\omega = 2$ 为例，根据耦合系统的最大李雅谱诺夫指数随耦合强度 ϵ 的变化关系，如图 5.16(a) 所示，可知耦合强度 $\epsilon > \omega = 2$ 时，固定点稳定，其时间序列如图 5.16(b) 所示。注意到图 5.16(a) 中虚线框中的最大李雅谱诺夫指数在负值与零之间跳变，说明此区域内振荡死亡与周期振荡态共存。

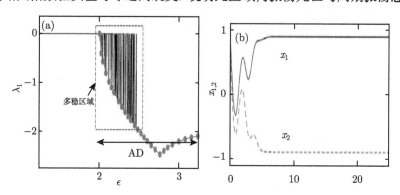

图 5.16 (a) 耦合系统的最大李雅谱诺夫指数随耦合强度 ϵ 变化关系图；(b) $\epsilon = 2.5$ 时变量 $x_{1,2}$ 的时间序列

2. 双向交叉变量耦合周期振子系统

当考查双向交叉变量耦合周期振子系统，

$$\begin{aligned}\dot{x}_{1,2}(t) &= -\omega_{1,2}y_{1,2} + (1-(x_{1,2}^2+y_{1,2}^2))x_{1,2} + \epsilon(y_{2,1}-x_{1,2}), \\ \dot{y}_{1,2}(t) &= \omega_{1,2}x_{1,2} + (1-(x_{1,2}^2+y_{1,2}^2))y_{1,2} + \epsilon(x_{2,1}-y_{1,2}),\end{aligned} \qquad (5.11)$$

则耦合系统具有固定点 $O(0,0,0,0)$ 和无穷多个其他固定点 $A(x_1^*, y_1^*, x_2^*, y_2^*)$，其中，

$$(x_1^*)^2 + (y_1^*)^2 = (x_2^*)^2 + (y_2^*)^2 = \frac{\epsilon(y_1^* y_2^* - x_1^* x_2^*)}{\omega}$$

$$= 1 - \epsilon \left(1 - \frac{x_1^* y_1^* + x_2^* y_2^*}{x_1^* x_2^* + y_1^* y_2^*}\right), \tag{5.12}$$

固定点 $O(0,0,0,0)$ 的特征方程可以写为

$$((1-\epsilon-\lambda)^2 + \omega^2 - \epsilon^2)^2 = 0, \tag{5.13}$$

则特征值可表示为

$$\begin{cases} \lambda_{1,2} = 1 - \epsilon \pm j\sqrt{\omega^2 - \epsilon^2}, & \epsilon < \omega, \\ \lambda_{1,2} = 1 - \epsilon \pm \sqrt{\omega^2 - \epsilon^2}, & \epsilon > \omega. \end{cases}$$

由特征值实部小于零，可得振幅死亡的条件为 $1 < \epsilon < 0.5(1+\omega^2)$。所以当 $\epsilon < \omega$ 时，振幅死亡区为 $\epsilon > 1$，而当 $\epsilon > \omega$ 时，振幅死亡区域为 $\epsilon < 0.5(1+\omega^2)$。

同样地，以 $\omega = 2$ 为例，图 5.17(a) 给出了耦合系统固定点 $O(0,0,0,0)$ 的最大李雅谱诺夫指数随耦合强度 ϵ 变化关系图。可知，当耦合强度 $\epsilon \in \left[1, \frac{1+\omega^2}{2}\right]$ 时，耦合系统的最大李雅谱诺夫指数小于零，即振幅死亡稳定。如图 5.17(b) 给出了 $\epsilon = 1.25$ 时，耦合系统振幅死亡的时序图表明，耦合系统由振荡走向稳定固定点 $O(0,0,0,0)$。振幅死亡的右边界上固定点是通过高维叉型分岔失稳的，注意到当 $\epsilon > \frac{1+\omega^2}{2}$ 时，最大李雅谱诺夫指数接近于零，此时另一组不均匀固定点变成稳定固定点，如图 5.17(c) 中 $\epsilon = 2.75$ 时，耦合系统的时序图，系统为不均匀固定点。

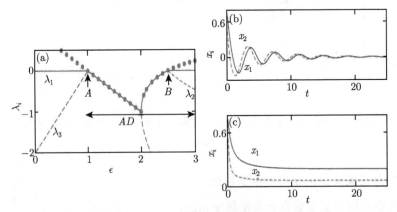

图 5.17 (a) 耦合系统的最大李雅谱诺夫指数随耦合强度 ϵ 变化关系图；(b) $\epsilon = 1.25$ 时变量 $x_{1,2}$ 的时间序列；(c) $\epsilon = 2.75$ 时变量 $x_{1,2}$ 的时间序列

5.2.2 交叉变量耦合混沌振子系统

1. x 变量反馈耦合作用到 z 变量方程

考虑交叉变量耦合混沌振子系统[46]，将 x 变量反馈耦合到 $\dot{z}$ 的方程，

$$\dot{x}_{1,2} = \sigma(y_{1,2} - x_{1,2}),$$
$$\dot{y}_{1,2} = rx_{1,2} - y_{1,2} - x_{1,2}z_{1,2},$$
$$\dot{z}_{1,2} = x_{1,2}y_{1,2} - bz_{1,2} + \epsilon(x_{2,1} - x_{1,2}), \tag{5.14}$$

这种耦合方式下，耦合系统的固定点有对称固定点：

(1) $O(0,0,0,0,0,0)$；
(2) $B(\pm\sqrt{b(r-1)}, \pm\sqrt{b(r-1)}, r-1, \pm\sqrt{b(r-1)}, \pm\sqrt{b(r-1)}, r-1)$，

以及不对称固定点

(3) $A_{1,2}(x_1^*, x_1^*, r-1, x_2^*, x_2^*, r-1)$，其中 $x_1^* = \epsilon \pm \sqrt{b(r-1) - \epsilon^2}$，$x_2^* = 2\epsilon - x_1^*$，
(4) $A_{3,4}\left(0, 0, \dfrac{\epsilon x_2^*}{b}, x_2^*, x_2^*, r-1\right)$，其中 $x_2^* = \dfrac{1}{2}(\epsilon \pm \sqrt{\epsilon^2 + 4b(r-1)})$。

图 5.18(a)、5.18(b) 给出了 $A_{1,2,3,4}$ 的 x_1^* 随耦合强度 ϵ 变化的关系图。$A_{1,2}$ 在耦合强度 $\epsilon \in [2.76, 6]$ 时稳定，$A_{3,4}$ 在耦合强度 $\epsilon > 6$ 时开始变稳定，即 $A_{1,2}$ 和 $A_{3,4}$ 在耦合强度 $\epsilon = 6$ 处转换稳定性。固定点的类型分别由固定点对应的雅可比矩阵的特征值实部和虚部决定，如图 5.18(c)、5.18(d) 所示。$A_{1,2}$ 是通过亚临界霍普夫分岔进入到稳定区的，而 $A_{3,4}$ 通过切分岔进入到稳定区的。此外，耦合振子系统

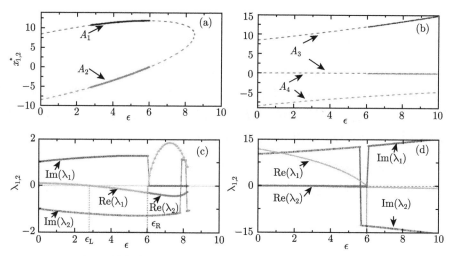

图 5.18 (a) $A_{1,2}$ 的 x_1^* 随耦合强度 ϵ 变化的关系图；(b) $A_{3,4}$ 的 x_1^* 随耦合强度 ϵ 变化的关系图；(c) 固定点 $A_{1,2}$ 对应的雅可比矩阵的特征值实部和虚部随耦合强度 ϵ 变化的关系图；(d) 固定点 $A_{3,4}$ 对应的雅可比矩阵的特征值实部和虚部随耦合强度 ϵ 变化的关系图

走向振荡死亡的过程较特别，在耦合强度小于振荡死亡的临界耦合强度 $\varepsilon_L = 2.76$ 时，耦合系统处于非对称混沌振荡态，且系统处于开关同步态，即一部分时间同步，另一部分时间不同步，如图 5.19(a) 所示。而当耦合强度大于振荡死亡的临界耦合强度 $\varepsilon_L = 2.76$ 时，耦合系统会通过非对称混沌振荡的暂态走向振荡死亡态，如图 5.19(b) 所示。

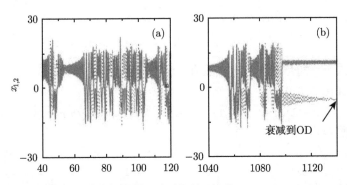

图 5.19 耦合振子系统的变量 $x_{1,2}$ 的时间序列。(a) $\epsilon = 2.6$; (b) $\epsilon = 2.8$

2. x 与 y 反馈耦合作用到 y 变量方程

考查交叉变量耦合混沌系统[29]，

$$\begin{aligned}
\dot{x}_{1,2} &= \sigma(y_{1,2} - x_{1,2}), \\
\dot{y}_{1,2} &= rx_{1,2} - y_{1,2} - x_{1,2}z_{1,2} + \epsilon(x_{2,1} - y_{1,2}), \\
\dot{z}_{1,2} &= x_{1,2}y_{1,2} - bz_{1,2},
\end{aligned} \quad (5.15)$$

通过计算耦合系统的前三大李雅谱诺夫指数，如图 5.20(a) 所示，当耦合强度 $\epsilon \leqslant 0.44$ 时，所有李雅谱诺夫指数变负，耦合系统达到振幅死亡。注意到在走向振幅死亡之前的虚线方框内的李雅谱诺夫指数在跳变。此时耦合系统存在同步混沌态与不同步混沌态共存现象，如图 5.20(b)、5.20(c) 所示。

3. y 与 y 反馈耦合作用到 z 变量方程

考查交叉变量耦合混沌系统[31]，

$$\begin{aligned}
\dot{x}_{1,2} &= \sigma(y_{1,2} - x_{1,2}), \\
\dot{y}_{1,2} &= rx_{1,2} - y_{1,2} - 10x_{1,2}z_{1,2}, \\
\dot{z}_{1,2} &= 2.5x_{1,2}y_{1,2} - bz_{1,2} + \epsilon(y_{2,1} - y_{1,2}),
\end{aligned} \quad (5.16)$$

5.2 交叉变量耦合下的振荡死亡

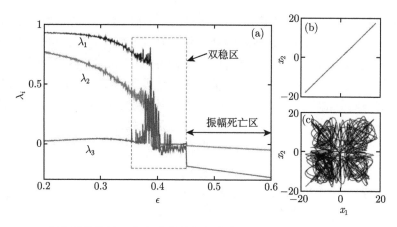

图 5.20 (a) 耦合系统的前三大李雅谱诺夫指数随 ϵ 的变化关系；(b)、(c) 不同初始值下，$\epsilon=0.35$ 时两个系统的 x_1-x_2 相图 (扫描封底二维码可看彩图)

在没有耦合作用时，单个 Lorenz 系统的吸引子关于 y 轴对称。在式 (5.16) 这种耦合作用下，耦合系统具有平移不变对称性，即振子 1 和振子 2 是对称的。随着耦合强度的增加，耦合作用会使系统出现镜向对称性破缺，即随着耦合强度增加，Lorenz 系统的吸引子的其中一边不断膨大，使原有吸引子关于 y 轴的对称性被破坏，此时两个系统之间的平移对称性依然保持。随着耦合强度进一步增加，其中一个系统的吸引子会突然变小，另一个大小保持不变，从而使系统的平移对称性被破坏。继续增加耦合强度，吸引子缩小的系统对应的 x,y 变量停止振动，而 z 变量继续保持振动，我们称耦合系统走向部分振幅死亡态。在耦合强度增加过程中，耦合系统的对称性破缺过程可由它的 x-z 相图 5.21 清楚地表现出来。仔细观察耦合振子系统的 x 变量在不同耦合强度下的时间序列，可发现当耦合系统的镜向对称破缺时，两个振子的 x 变量交替地在正负值之间跳动，此时两个耦合振子没有达到完全同步。当一个振子的 x 变量处于小振幅振动时，另一个振子则处于大振幅振动，它们交替地在大小振幅之间转换，具有开关阵发的特征，如图 5.22(c) 所示。随着耦合强度进一步增加，振子在两种状态之间切换的频率减少，最后其中一个振子一直处于大振幅的振荡，而另一个振子则处于小振幅的振荡，如图 5.22(d) 所示，此时两个振子之间的平移对称性被破坏。继续增加耦合强度到 $\epsilon=6.2$，处于小振幅振动的振子的 x,y 变量会突然停止振动，而 z 变量仍保持振荡态，此处系统处于部分振幅死亡态。最后哪个振子会处于部分振幅死亡态，完全由两个系统的初始条件决定。为了分析耦合系统出现对称性破缺并最后走向部分振幅死亡的内在机制，我们做出耦合振子系统 x 变量随参数 ϵ 的分岔图 5.23。由分岔图可知，随着耦合强度的增加，两个振子的吸引子均会逐渐膨大，当耦合强度大于 6.01 时，第二个振子的吸引子突然变小，而第一个振子依然保持较大幅度的准周期态，然后再由准周期态突变成

周期二态 (图 5.21(d))。在耦合强度为 6.04 时第一个振子的 x_1 突然变为零，从而出现部分振幅死亡现象。随着耦合强度增加，耦合系统的变化过程也可以从耦合系统的李雅谱诺夫指数 (图 5.24) 清楚地看出，计算程序见附录 B。在耦合强度 $\epsilon = 6.04$ 时，第二大李雅谱诺夫指数从负方向撞零后再返回到负值，由此可知部分振幅死亡失稳与倍周期分岔有关。而 $\epsilon = 6.01$ 处吸引突然变小是由于膨大的振子与原点的稳定流形发生碰撞而产生切分岔，原点的稳定流形阻止振子从吸引子的一支跳到

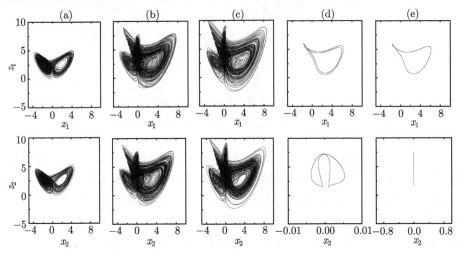

图 5.21 不同耦合强度下，振子 1(上) 和振子 2(下) 的 x-z 相图。(a) $\epsilon = 1.0$；
(b) $\epsilon = 5.0$；(c) $\epsilon = 5.8$；(d) $\epsilon = 6.02$；(e) $\epsilon = 6.2$

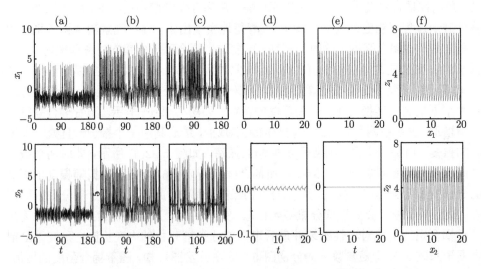

图 5.22 不同耦合强度下，振子 1(上) 和振子 2(下) 的 x 和 z 的时间序列。(a) $\epsilon = 1.0$；
(b) $\epsilon = 5.0$；(c) $\epsilon = 5.8$；(d) $\epsilon = 6.02$；(e) $\epsilon = 6.2$；(f) z 变量的时序 $\epsilon = 6.2$

5.2 交叉变量耦合下的振荡死亡

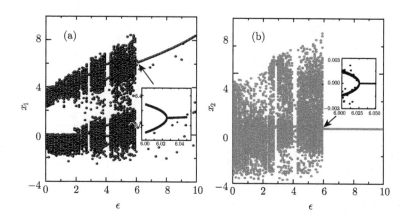

图 5.23 (a) 变量 x_1 随参数 ϵ 变化的分岔图; (b) 变量 x_2 随参数 ϵ 变化的分岔图

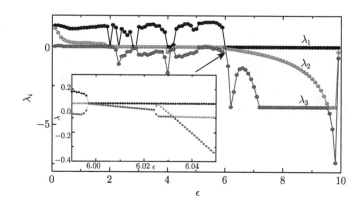

图 5.24 耦合系统的前三大李雅谱诺夫指数随耦合强度变化关系

另一支,从而破坏了耦合混沌振子的平移对称性。切分岔使耦合振子出现开关阵发现象。虽然在高维相空间中要描绘出原点的稳定流形很困难,但我们可以根据出现切分岔前所出现的动力学行为确定,即因原点的稳定流形失稳导致振子 1 在小振幅态停留一段时间后走向大振幅的振荡,同时振子 2 则在大振幅态停留一段时间后走向小振幅态,并反复交替出现,如图 5.25 所示。为了厘清耦合振子系统在 z 变量保持大幅度振荡时,x,y 变量却处于振幅死亡的内在机制。我们仔细分析耦合系统的动力学方程可知,在 x,y 构成的子系统中,变量 y 的演化方程中存在非线性项 xz,一旦 x 变量振幅死亡到原点,则 z 变量对 x,y 构成的子系统没有影响。一旦子系统 x,y 在原点是稳定的,则耦合振子系统部分振幅死亡现象可以稳定存在。因此,我们可以分析子系统在原点处的稳定性条件,来确定耦合系统出现部分振幅死亡的条件。假设振子 1 处于大幅度振荡态,而振子 2 为部分振幅死亡态,则

可以把系统分成子系统,

$$\begin{aligned}\dot{x}_2 &= \sigma(y_2 - x_2), \\ \dot{y}_2 &= rx_2 - y_2 - 10x_2z_2,\end{aligned} \quad (5.17)$$

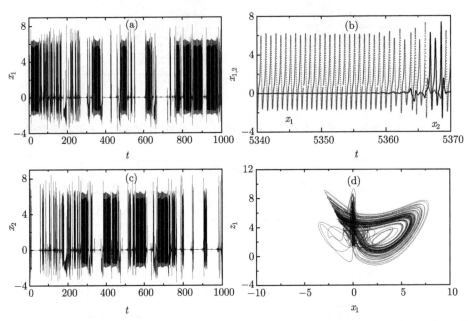

图 5.25 (a)、(b) 耦合强度 $\epsilon = 5.95$(切分岔点附近) 时两个振子的 x 变量时序图; (c) 开关阵发时振子 1, 2 间在大小振幅间交换的时序; (d) 在大小振幅间切换时对应的 x-z 相图与 (c) 对应

并把子系统看成是由外信号 z_2 驱动的系统, 其中外信号 z_2 由方程 (5.18) 确定,

$$\begin{aligned}\dot{x}_1 &= \sigma(y_1 - x_1), \\ \dot{y}_1 &= rx_1 - y_1 - 10x_1z_1, \\ \dot{z}_1 &= 2.5x_1y_1 - bz_1 - \epsilon y_1, \\ \dot{z}_2 &= -bz_2 + \epsilon y_1,\end{aligned} \quad (5.18)$$

因此, 子系统式 (5.17) 的固定点 $O(0,0)$ 的稳定性可以由其雅可比矩阵 (5.19) 的特征值确定,

$$J = \begin{pmatrix} -\sigma & \sigma \\ r - 10z_2 & -1 \end{pmatrix}, \quad (5.19)$$

5.2 交叉变量耦合下的振荡死亡

其特征值为

$$\lambda_{1,2} = -(1+\sigma) \pm 0.5\sqrt{(1+\sigma)^2 - 4\sigma(1-r+10z_2)}. \quad (5.20)$$

对于给定的参数可以计算得到固定点 $O(0,0)$ 的稳定条件为 $z_2 > \dfrac{r-1}{10}$,由于 z_2 是随时间振荡变化的量,且其动力学由方程 (5.18) 确定,所以,固定点 $O(0,0)$ 的稳定性会随着 z_2 的演化而相应地变化。通过计算特征值 $\lambda_{1,2}$ 的最大实部值 $\Lambda(t) = \text{Max}\{\text{Re}(\lambda_1), \text{Re}(\lambda_2)\}$ 的值随时间演化情况,如图 5.26(a) 中的粗线,可以确定固定点 $O(0,0)$ 的稳定性。图 5.26(a) 中的细线表示 z_2 随时间演化的曲线,水平虚线位置表示 $\Lambda(t)$ 的零值位置,当 $\Lambda(t)$ 取零时对应于 $z_2 = \dfrac{r-1}{10}$ 的位置。最终是否可以看到稳定的部分振幅死亡由累积指数的正负值来确定,即为 $\Lambda(t)$ 指数与虚线围成面积的代数和来确定。同样地,我们计算了子系统式 (5.16) 在式 (5.18) 驱动下的最大条件李雅谱诺夫指数,如图 5.26(b) 所示,其在 $\epsilon = 6.04$ 处由零变负,即部分振幅死亡由不稳定变稳定。注意到部分振幅死亡的失稳是由于鞍点的出现引起的,其失稳后系统出现的周期态不是由霍普夫分岔产生的,而是由倍周期分岔产生的。随着耦合强度减小,部分振幅死亡失稳后,振子的振幅会逐渐变化,且保持平移对称性破缺状态,直到切分岔出现后,使系统在大振幅和小振幅之间跳变,从而恢复系统的平移对称性。这种交叉变量耦合引起的部分振幅死亡现象在很大的系统参数区间都可以出现,其对参数依赖性不强。图 5.27 给出了产生部分振幅死亡的参数区间。由图可知,对于给定的 σ,随着 r 增加,实现部分振幅死亡所需要的临界耦合强度越大。而对于给定 r,随着 σ 增加,达到部分振幅死亡所需的临界耦合强度先减少后增加,当 $\sigma = 10$ 时有最小的临界耦合强度。

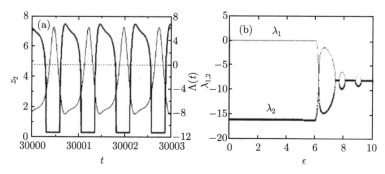

图 5.26 (a) 耦合强度 $\epsilon = 6.05$ 时变量 z_2 的时序 (细线) 和固定点对应的特征值的最大实部值 $\Lambda(t)$ 随时间变化的关系;(b) 子系统 (5.17) 在外驱动下的最大条件李雅谱诺夫指数随耦合强度参数变化的关系图

部分振幅死亡现象可以通过电子电路实验实现 [30],通过构建耦合电子电路系统,电路原理图见图 5.28,其中图 5.28(a) 电路中的乘法器 AD633AD 用于实现非线性项,它的输出是两输入变量乘积的 0.1 倍。采用集成运算放大器 (TL082) 实现方程中的加、减法和微分。其中的电容和电阻的误差率分别为 5% 和 1%。方程中的三个变量 x, y, z 对应于输出电压 V_{c1}, V_{c2}, V_{c3}。根据基尔霍夫定律和集成运算放大器的虚短和虚断特性,可得到耦合系统的动力学方程。图 5.28(b) 为耦合电路,它确定了耦合作用的方式和强度。从图 5.28(a) 中单元电路输出的电压信号 V_{c2} 分别输入到耦合电路的输入端 P_1, P_2,经耦合电路后再从输出端 P_3, P_4 取出注回到单元电路的 D^*。耦合电路的耦合作用强度由可调电阻 $R_{25}(0 \sim 10\text{k}\Omega)$ 与 $R_{24}(10\text{k}\Omega)$ 串联分压确定,即为 $\epsilon = 10 \dfrac{R_{13}}{R_{19}} \dfrac{R_{25}}{R_{25}+R_{24}}$,通过调节电阻 R_{25} 来实现耦合强度的

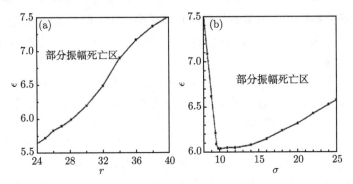

图 5.27 耦合 Lorenz 系统出现部分振幅死亡的参数区间。(a) ϵ-r;(b) ϵ-σ

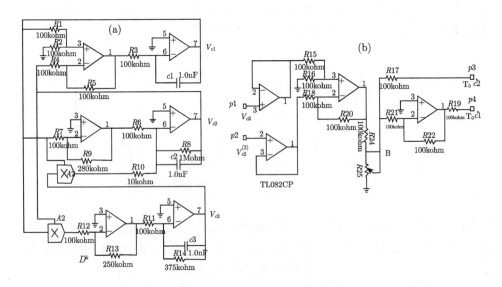

图 5.28 耦合 Lorenz 系统电路原理图。(a) 单元电路原理图;(b) 耦合电路原理图

5.2 交叉变量耦合下的振荡死亡

调节。数据采集利用 NI 公司的数据采集卡 DAQ61110E，其最大可采集电压范围为 ±10V，利用 Labview 软件将所采数据输入到计算机并显示。图 5.29 给出了随着耦合强度增加两个电路的 V_{c1}-V_{c2} 的相图，实验结果与前面的数值计算结果基本相似。随着电阻 R_{25} 的增加，耦合系统从镜向对称性被破坏到平移对称性被破坏，最后到部分振幅死亡。耦合振子系统的时间序列图 5.30 也与数值计算结果相似。为

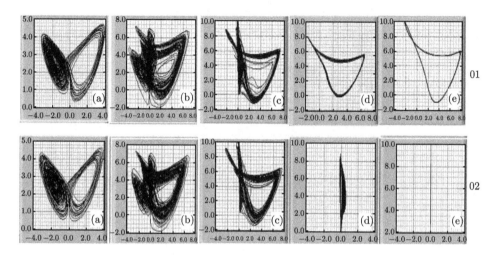

图 5.29 耦合 Lorenz 系统中两个振子的 V_{c1}-V_{c2} 的相图，上图为系统 1，下图为系统 2，耦合强度的电路参数分别为：(a) $R_{25} = 300\Omega$；(b) $R_{25} = 1.4\text{k}\Omega$；(c) $R_{25} = 2.7\text{k}\Omega$；(d) $R_{25} = 2.74\text{k}\Omega$；(e) $R_{25} = 3.3\text{k}\Omega$

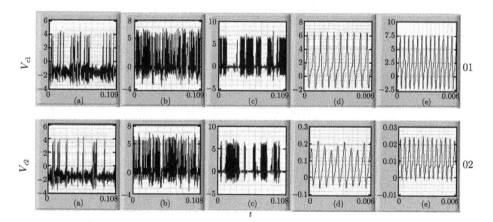

图 5.30 耦合 Lorenz 系统中两个振子的对应变量 V_{c1}(上图)，V_{c2}(下图) 的时序图，对应的耦合强度电路参数为：(a) $R_{25} = 300\Omega$；(b) $R_{25} = 1.4\text{k}\Omega$；(c) $R_{25} = 2.7\text{k}\Omega$；(d) $R_{25} = 2.74\text{k}\Omega$；(e) $R_{25} = 3.3\text{k}\Omega$

了确定部分振幅死亡的稳定性,我们在处于部分振幅死亡的耦合振子 2 中加入振幅为 20 mV 的高斯白噪声。当在时间 17.676 s 处加入噪声时,可以看到处于部分振幅死亡的振子 2 会被噪声破坏而恢复到混沌振荡态。当我们在 24.312 s 时撤去噪声后,发现振子 2 很快又回到部分振幅死亡态,如图 5.31 所示,说明部分振幅死亡态是局域稳定态。

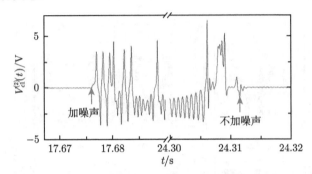

图 5.31　加上和撤去噪声前后,处于部分振幅死亡振子 2 的 V_{c1} 的时序

5.3　时变耦合下的振荡死亡

在实际系统中,耦合作用可能无法连续地加载,而只能间歇性地加载或周期性地变化。研究表明,时变耦合作用在一定条件下可以提升耦合系统的同步能力,包括减小系统达到同步所需要的时间[91,148]或使原来在连续耦合作用下不能同步的系统在间歇耦合作用下达到同步[149],或使网络的同步能力达到最大值[150]。耦合作用的不连续对耦合振子系统的振荡猝灭现象也有显著影响。

5.3.1　开关耦合下的振荡死亡

当耦合作用采用开关形式时[151],耦合振子系统可写成

$$\dot{X}_{1,2}(t) = f(X_{1,2}(t)) + \epsilon\Gamma(H(t)X_{2,1}(t) - X_{1,2}(t)), \tag{5.21}$$

其中,

$$H(t) = \begin{cases} a, & t \in (nT, nT+\tau], \\ b, & t \in (nT+\tau, nT+T], \end{cases} \tag{5.22}$$

其中 T 为耦合强度变化的周期。当 $a=1, b=0$ 时为开关耦合,当 $a=1, b<1$ 时为时变耦合。对于耦合金兹堡-朗道振子,

$$\begin{cases} \dot{x}_{1,2}(t) = -\omega_{1,2}y_{1,2} + (1-(x_{1,2}^2+y_{1,2}^2))x_{1,2} + \epsilon H(t)(x_{2,1}(t)-x_{1,2}(t)), \\ \dot{y}_{1,2}(t) = \omega_{1,2}x_{1,2} + (1-(x_{1,2}^2+y_{1,2}^2))y_{1,2} + \epsilon H(t)(y_{2,1}(t)-y_{1,2}(t)), \end{cases} \tag{5.23}$$

5.3 时变耦合下的振荡死亡

其中取 $\omega_{1,2} = \omega = 10$, $H(t)$ 满足方程 (5.22), 定义开关耦合作用的占空比 $\alpha = \dfrac{\tau}{T}$, 取 $T = 100$。通过对固定点 $O(0,0,0,0)$ 进行稳定性分析,可得雅可比矩阵的特征值为 $\lambda = \alpha\lambda_a + (1-\alpha)\lambda_b$,其中,$\lambda_a, \lambda_b$ 分别是在 τ, $T-\tau$ 期间对应的特征值。由此,特征值对应的特征方程为

$$1 - j\omega - \epsilon - \lambda = \pm\epsilon\left(a\frac{\tau}{T} + b\frac{T-\tau}{T}\right), \tag{5.24}$$

特征值的实部可写成

$$\lambda_R = 1 - \epsilon + \epsilon[(a-b)\alpha + b], \tag{5.25}$$

由特征值实部小于零,可得振幅死亡的稳定区间如式 (5.26),

$$\alpha \leqslant \frac{\epsilon(1-b) - 1}{(a-b)\epsilon}, \tag{5.26}$$

当 $a=1, b=0$ 时,系统的状态空间如图 5.32(a) 所示。耦合系统有振荡态 (OS) 和振幅死亡态两个区间。当 $a=1, b=0.5$ 时,与 $a=1, b=0$ 时的结果相比,振幅死亡区间在 ϵ 方向往右收缩,而在 $\dfrac{\tau}{T}$ 方向扩大,如图 5.32(b) 所示。进一步讨论 a,b 对耦合振子振荡死亡的影响,文献 [153] 利用交叉变量耦合 Rossler 系统讨论 a,b 对耦合系统动力学行为的影响。系统模型为

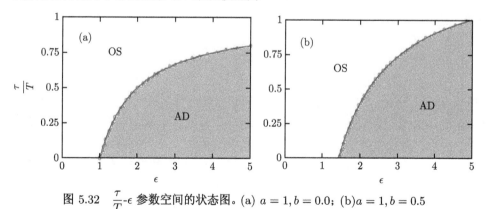

图 5.32 $\dfrac{\tau}{T}$-ϵ 参数空间的状态图。(a) $a=1, b=0.0$; (b) $a=1, b=0.5$

$$\begin{aligned}\dot{x}_{1,2} &= -y_{1,2} - z_{1,2} + H(t)(y_{2,1} - x_{1,2}),\\ \dot{y}_{1,2} &= x_{1,2} + ay_{1,2},\\ \dot{z}_{1,2} &= b + z_{1,2}(x_{1,2} - c),\end{aligned} \tag{5.27}$$

其中，$a = 0.2, b = 0.2, c = 7$，$H(t)$ 由下式来确定，

$$H(t) = \begin{cases} a, & \cos(\omega t) < 0, \\ b, & \cos(\omega t) \leqslant 0, \end{cases} \tag{5.28}$$

其中，ω 表示耦合强度在 a, b 之间切换的频率。图 5.33 给出了耦合系统在切换频率 ω 和耦合强度上限 b 参数空间的状态图。由图可知，随着耦合强度上限的增加，耦合系统会从非同步态到同步态再到振幅死亡态或不稳定过渡态。切换频率对耦合系统的状态有显著的影响。

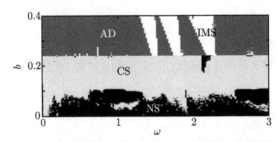

图 5.33 耦合系统在切换频率 ω 和耦合强度上限 b 参数空间的状态图，$a = 0.15$

基于此理论结果，文献 [152] 通过构建蔡氏电路，实验验证此开关耦合作用对振幅死亡的影响，耦合系统方程为

$$\begin{aligned} C_1 \frac{\mathrm{d}v_{1,3}}{\mathrm{d}t} &= \frac{1}{R}(v_{2,4} - v_{1,3}) - h(v_{1,3}), \\ C_2 \frac{\mathrm{d}v_{2,4}}{\mathrm{d}t} &= \frac{1}{R}(v_{1,3} - v_{2,4}) + i_{L_{1,2}} + \frac{1}{R_c}(H(t)v_{4,2} - v_{2,4}), \\ L \frac{\mathrm{d}i_{L_{1,2}}}{\mathrm{d}t} &= -v_{2,4} - R_L i_{1,2}, \end{aligned} \tag{5.29}$$

其中，$h(v_{1,3}) = G_b v_{1,3} + 0.5(G_a - G_b)(|v_{1,3} + B_p| - |v_{1,3} - B_p|)$，构建的电路系统如图 5.34(a) 和 5.34(b) 所示。其中图 5.34(b) 是耦合电路部分，开关由脉冲信号 $H(t)$ 控制。通过实验测量出来的 $H(t)$ 信号与电容 C_2 上的电压 v_2 如图 5.35(a) 所示。$a = 1, b = 0$ 和 $a = 1, b = 0.5$ 时，耦合电路系统对应的 $\frac{\tau}{T}$-ϵ 参数空间的状态图如图 5.35(c) 和 5.35(d) 所示。由图可知耦合系统也有振幅死亡和振荡态两种状态，b 对振幅死亡区的影响与前面理论计算的结果一致。图 5.35(b) 给出了当 $\epsilon = 0.3066(R_c = 6\mathrm{k}\Omega), \tau = 0.2\mathrm{T}$ 时耦合系统走向振幅死亡的时序图。

接下来讨论开关耦合作用的占空比 $\alpha = \frac{\tau}{T}$ 和周期 T 对耦合振子振幅死亡动力学的影响[1]。考查方程 (5.23)，取 $\omega_1 = 4, \omega_2 = 8, T = 1$，首先改变占空比 α，根

---

[1] Sun Z, Zhao N, Yang X, Xu W. Inducing amplitude death via discontinuous coupling. Nonlinear Dyn., 2018, 92: 1185.

5.3 时变耦合下的振荡死亡

据耦合系统的变量 $x_{1,2}$ 与参数 ϵ 的分岔图 5.36 可知，随着 α 减小，耦合振子产生振幅死亡的参数区增加。为了更好地确定占空比 α 对振幅死亡区间的影响，通过

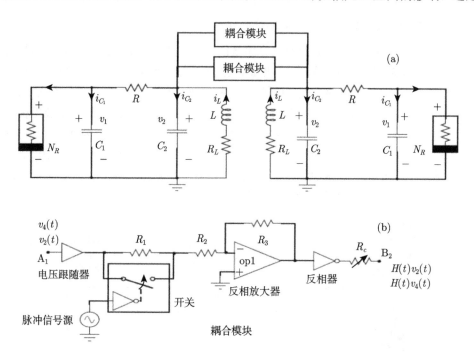

图 5.34 (a) 耦合蔡氏电路原理图；(b) 开关耦合电路原理图

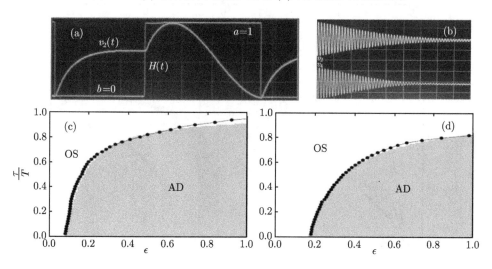

图 5.35 (a) $H(t)$ 及 $v_2(t)$ 随时间的变化关系图；(b) 系统的时序图，$\frac{\tau}{T}$-ϵ 参数空间的状态图；(c) $a=1, b=0$；(d) $a=1, b=0.5$

记录给定周期 T 下,不同的占空比对应的 $\Delta\omega$ 和 ϵ 空间振幅死亡的区域与占空比为 $\alpha=1$ 时的振幅死亡区域的比,$R(\alpha)=\dfrac{S(\alpha)}{S(\alpha=1)}$,如图 5.37(a) 所示,可知随着占空比的增加,振幅死亡区间先增加然后减小。

由 $\epsilon=5$ 时 α 和 T 参数空间耦合系统的状态图 5.36(b) 可知,α 和 T 对振幅死亡区均有显著影响。其中随着 T 增加,振幅死亡区域减小。为了更好地理解开关耦合作用下,耦合振子系统走向振幅死亡的过程,图 5.38 给出了耦合系统在 x-y 的相图,由图可知,当占空比为零,相当于系统不存在耦合作用,此时系统为极限环。而当占空比为 1 时,相当于连续耦合的情况,此时系统也为极限环。而当占空比 $\alpha=0.4$ 时为开关耦合。当开关打开时,耦合系统被吸引而快速地旋转趋向固定点,而在开关关闭时,系统缓慢地旋转离开固定点。在一个周期内,靠近固定点的速度大于离开固定点的速度,从而使系统最终趋向于固定点而形成振幅死亡。

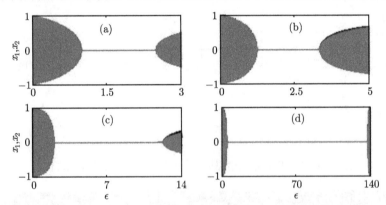

图 5.36 $x_{1,2}$ 随参数 ϵ 的岔图。(a) $\alpha=1$; (b) $\alpha=0.8$; (c) $\alpha=0.5$; (d) $\alpha=0.3$

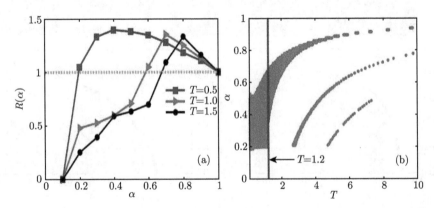

图 5.37 (a) $T=0.5,1.0,1.5$ 时,$R(\alpha)$ 随 α 变化关系图;(b) α 和 T 参数平面上振幅死亡区域图

5.3 时变耦合下的振荡死亡

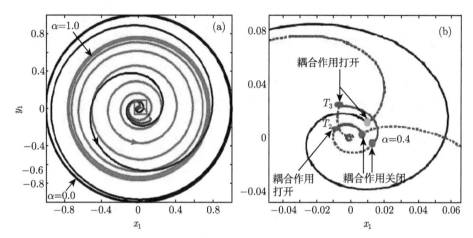

图 5.38 (a) 耦合系统在 x-y 的相图,$\alpha = 0$, $\alpha = 1$, $\alpha = 0.4$; (b) (a) 的方框区域的放大图
(扫描封底二维码可看彩图)

5.3.2 周期耦合下的振荡死亡

实际系统中,由于开关的开闭总需要响应时间,而使系统的开和关不能立即实现。我们考查耦合强度的大小随时间周期变化的情形,考查耦合作用变化的幅度、周期对耦合振子振幅死亡的影响[159]。周期耦合系统的模型可以写成

$$\dot{X}_1(t) = f_1(X_1(t)) + \epsilon(t)(X_2(t) - X_1(t)),$$
$$\dot{Y}_1(t) = f_2(X_2(t)) + \epsilon(t)(X_1(t) - X_2(t)), \quad (5.30)$$

周期耦合强度可以表示为

$$\epsilon(t) = \epsilon_0(1 + \alpha \cos(\omega_0 t)), \quad (5.31)$$

其中,ϵ_0 为平均耦合强度,$\omega_0 = \dfrac{2\pi}{T_0}$ 为周期耦合的变化频率,$\alpha \in [0, 2]$ 为周期耦合强度的变化幅度。当 $\alpha \in (0, 1)$ 时,耦合强度始终为正;而当 $\alpha \in (1, 2]$ 时,耦合强度在正负之间变化。耦合强度随时间的变化如图 5.39 所示。 耦合振子取金兹堡-朗道振子如式 (3.2),耦合方式为 $\Gamma = \begin{bmatrix} 1 & 0 \\ 0 & 1 \end{bmatrix}$,两个振子的频率失配为 $\Delta\omega = \omega_2 - \omega_1 (\omega_1 = 2)$。当 $\alpha = 0$ 时,即固定耦合强度的情况下,耦合振子在 $\Delta\omega$-ϵ 参数区间有 V 型的振幅死亡区间,如图 3.1 所示。首先讨论耦合强度变化幅度参量 α 对耦合振子振幅死亡区间的影响。图 5.40 给出了给定 $\omega_0 = 4$, $\epsilon_0 = 7$ 时,$\alpha = 0, 0.8, 1.0, 1.8$ 时,系统变量 x_1 随系统频率失配 $\Delta\omega$ 的分岔图。可知,当 $\alpha = 0$ 时,耦合频率系统的频率失配 $\Delta\omega > 7.3$ 后,系统从振荡态变成振幅死亡

态。当 $\alpha = 0.5$ 时，耦合系统走向振幅死亡所需的临界频率失配值变为 5.6，即随着耦合强度变化幅度的增加，振幅死亡的区间变大。而当 $\alpha = 1.0$ 时，振幅死亡区间变成两个区域，即 $\Delta\omega \in [4.6, 7.1]$ 和 $\Delta\omega \in [9.8, 20]$。当 $\alpha = 1.8$ 时，振幅死亡区间则变成三个区域 $\Delta\omega \in [1.1, 1.2]$，$\Delta\omega \in [15.1, 16.0]$ 和 $\Delta\omega \in [18.3, 20]$。为了全面掌握周期变化的耦合强度的幅度对振幅死亡区间的影响，我们记录了不同的 $\alpha = 0, 0.5, 1.0, 1.1, 1.4, 1.8$ 下，$\Delta\omega$ 和 ϵ_0 参数空间的系统状态图如图 5.41 所示。当耦合强度变化幅度 $\alpha < 1$ 时，随着 α 增加，振幅死亡区间会随着频率失配的下边界

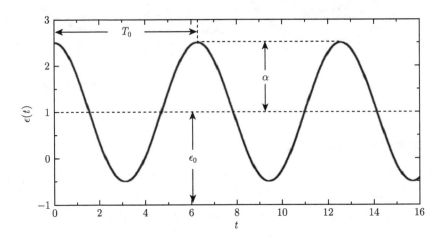

图 5.39 周期变化耦合强度随时间变化的示意图

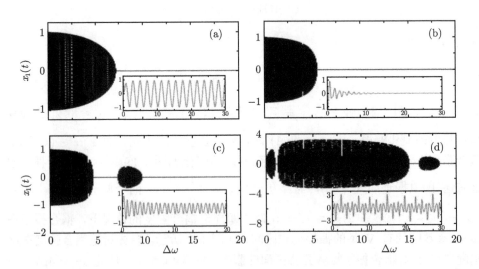

图 5.40 x_1 关于参数 $\Delta\omega$ 的分岔图，(a) $\alpha = 0$，(b) $\alpha = 0.8$，(c) $\alpha = 1.0$，(d) $\alpha = 1.8$；内插图为对应参数下的时序图，(a) $\Delta\omega = 2$，(b) $\Delta\omega = 6$，(c) $\Delta\omega = 8$，(d) $\Delta\omega = 5$

5.3 时变耦合下的振荡死亡

减小而相应地增大,当 α 增加到某一临界值 α_c 时,振幅死亡区间开始会由原来的增加变成逐渐减小。当 $\alpha > 1$ (相当于耦合强度在吸引与排斥耦合之间变化)时,振幅死亡区间分成两个区域,此结果与 3.2 节中的频率空间排列引起的振幅死亡区间分块结果类似。并且,随着 α 增加,两块振幅死亡区域均逐渐减小。固定 $\alpha = 1.5$,改变耦合强度变化的频率时,耦合振子的振幅死亡区间也会相应地发生变化,如图 5.42 所示。当 ω_0 逐渐增加时,振幅死亡区域先分成两块,接着上面的区域逐渐变小,下面的区域逐渐变大,最后合并成一个大区域。

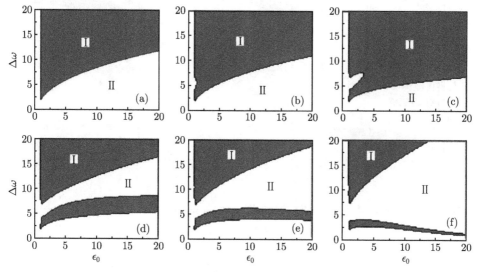

图 5.41 $\Delta\omega$ 和 ϵ_0 参数空间的系统状态图。(a) $\alpha = 0$; (b) $\alpha = 0.5$; (c) $\alpha = 1.0$; (d) $\alpha = 1.1$; (e) $\alpha = 1.4$; (f) $\alpha = 1.8$

为了更好地描述周期变化的耦合强度对振幅死亡区间的影响,我们定义参量 $R = \dfrac{S(\alpha)}{S(\alpha = 0)}$,其中 $S(\alpha)$ 表示给定的参数区间 $\epsilon_0 \in [0, 20]$ 和 $\Delta\omega \in [0, 20]$ 下,耦合强度变化幅度为 α 时对应的振幅死亡区间的面积。图 5.43(a) 给出了在 $\omega_0 = 3, 5, 10, 15, 20$ 时,参量 R 随 α 变化的关系图。由图可知,随着 α 从 0 增加到 2,参量 R 先缓慢增加到某一峰值后急剧降低。R 达到峰值对应的耦合强度变化幅度临界值记为 α_c。当 $\alpha < \alpha_c$ 时,增加 α 可以使振幅死亡的区域增加。反之,随着 α 增加,振幅死亡区域会被振荡区域分成两块,从而使振幅死亡区域急剧减少。α_c 随着耦合强度的变化频率 ω_0 增加而相应地增加。同样地可以定义参量 $P(\omega_0) = \dfrac{S(\omega_0)}{S_{\text{tot}}}$,其中 $S(\omega_0)$ 表示给定 ω_0 时,对应的振幅死亡区间的面积,而 S_{tot} 表示 $\epsilon_0 \in [0, 20]$ 和 $\Delta\omega \in [0, 20]$ 区间下的所有面积。当 $\alpha = 0.6$ 时,$P(\omega_0)$ 随着 ω_0 增加而缓慢地减小。当 $\alpha = 1.8$ 时,$P(\omega_0)$ 随着 ω_0 增加先小幅波动,后急剧增加。因此,在耦合强度的

变化幅度较小时,增加耦合强度变化的频率有利于减小振幅死亡区域,而当耦合强度的变化幅度大于某一临界值时,振幅死亡区域会随着耦合强度的变化频率的增加而急剧增加。

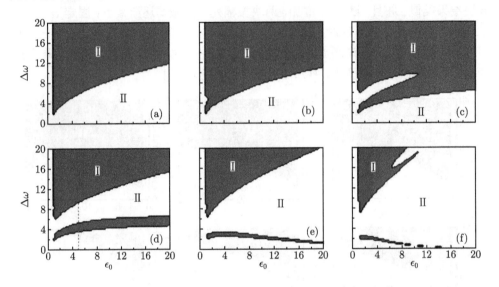

图 5.42 $\Delta\omega$ 和 ϵ_0 参数空间的系统状态图。(a) $\omega_0 = 1.0$; (b) $\omega_0 = 5.0$; (c) $\omega_0 = 10$; (d) $\omega_0 = 13$; (e) $\omega_0 = 16$; (f) $\omega_0 = 19$

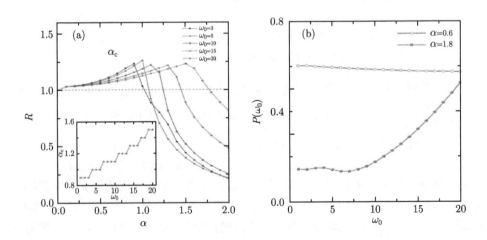

图 5.43 (a) R 与参量 α 的关系图。插图为耦合强度变化幅度的临界值随 ω_0 的变化关系;(b) $P(\omega_0)$ 随 ω_0 的变化关系图 (扫描封底二维码可看彩图)

考虑周期耦合 Rossler 混沌振子,

5.3 时变耦合下的振荡死亡

$$\dot{x}_{1,2} = -y_{1,2} - z_{1,2} + \epsilon(t)(x_{2,1} - x_{1,2}),$$
$$\dot{y}_{1,2} = x_{1,2} + ay_{1,2},$$
$$\dot{z}_{1,2} = b + z_{1,2}(x_{1,2} - c), \tag{5.32}$$

其中，$a = 0.15, b = 0.4, c = 8.5, \omega_1 = 2$，单个 Rossler 系统处于混沌态，有不稳定固定点 $(-ay^*, -z^*, z^*)$，$z^* = \dfrac{c - \sqrt{c^2 - 4ab}}{2a}$，$\epsilon(t)$ 与式 (5.31) 一样。图 5.44 给出了 $\omega = 1$，$\alpha = 0, 0.5, 1.0, 1.2, 1.4, 1.6$ 时，$\Delta\omega$ 和 ϵ_0 参数空间的系统状态图。当耦合强度为固定值时，在 $\Delta\omega$ 和 ϵ_0 参数区间有三种状态，振幅死亡态 (V 形区域 I)、振荡态 (区域 II) 和溢出态 (区域 III)。当 $\alpha = 0.5$ 时，振幅死亡区域增加，而溢出态区间缩小。同样地，当 $\alpha = 1$ 时，振幅死亡区间分成两块。当 α 继续增加时，振幅死亡区域缩小，而溢出态的区域增加。同样地，对于耦合 Rossler 系统，由参量 R 随 α 变化的关系图 5.45(a) 可知，对不同的耦合强度变化频率 ω_0，R 与 α 的关系与前面耦合周期系统中的结果类似。耦合强度变化幅度存在一临界值 α_c，使 R 达到最大值。给定 ω_0，在 $\alpha < \alpha'_c$ 时不存在振幅死亡，而当 $\alpha > \alpha'_c$，随着 α 增加，振幅死亡的区域逐渐增加。α'_c 随着 ω_0 的增加而线性增加，如图 5.45(b) 中的插图。

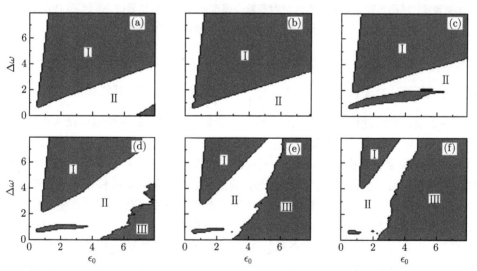

图 5.44 $\Delta\omega$ 和 ϵ_0 参数空间的系统状态图。(a) $\alpha = 0$；(b) $\alpha = 0.5$；(c) $\alpha = 1.0$；(d) $\alpha = 1.2$；(e) $\alpha = 1.4$；(f) $\alpha = 1.6$

下面分析周期变化耦合强度对振幅死亡影响的机制。由于耦合强度随时间变化，基于固定点的线性稳定性分析方法不能有效地确定耦合振子振幅死亡所需的参数区间。我们采用文献 [160] 提出的条件李雅普诺夫指数来确定非全同耦合振子的振幅死亡稳定性。以耦合金兹堡-朗道振子为例，令 $\delta z_i = z_i - z_i^*, i = 1, 2$，可以

认为 δz_i 是固定点 $z^*(0,0,0,0)$ 上的微扰, 且其可以由方程 (5.33) 确定,

$$\begin{bmatrix}\dot{\delta z_1}(t)\\ \dot{\delta z_2}(t)\end{bmatrix} = \begin{bmatrix}(DF_1(z_1^*)) & 0\\ 0 & DF_2(z_2^*)\end{bmatrix}\begin{bmatrix}\delta z_1(t)\\ \delta z_2(t)\end{bmatrix} + \epsilon(t)\Gamma A\begin{bmatrix}\delta z_1(t)\\ \delta z_2(t)\end{bmatrix}, \quad (5.33)$$

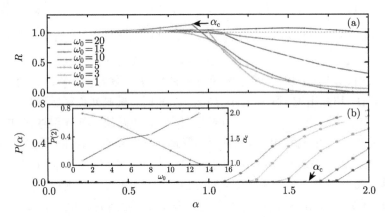

图 5.45 (a) $\omega_0 = 1, 3, 5, 10, 15, 20$ 时, R 与参量 α 的关系图; (b) $\omega_0 = 1$ 时, $P(\alpha)$ 随 α 的变化关系图, 插图为存在振幅死亡区域时原耦合强度变化幅度的临界值 α_c' 以及 $P(\alpha = 2)$ 随 ω_0 的变化关系 (扫描封底二维码可看彩图)

其中 $z_1^* = (0,0)$, $z_2^* = (0,0)$ 是固定点, $DF_1()$ 和 $DF_2()$ 耦合振子方程的微分. Γ 是耦合方式矩阵 $\left(\Gamma = \begin{bmatrix}1 & 0\\ 0 & 1\end{bmatrix}\right)$, $A = \begin{bmatrix}-1 & 1\\ 1 & -1\end{bmatrix}$ 是连接矩阵, 其特征值为 $\lambda_1 = 0$ 和 $\lambda_2 = -2$. 基于特征值 $\lambda_2 = -2$ 求解方程 (5.33), 可得到条件李雅谱诺夫指数 λ_c. 当 $\lambda_c < 0$, 则固定点 z^* 是稳定固定点. 图 5.46 给出了当 $\omega_0 = 7$, $\alpha = 0, 0.8, 1.0, 1.8$ 时的条件李雅谱诺夫指数 λ_c 随 $\Delta\omega$ 变化的关系和对应的变量 x_1 的分岔图. 由图可知, 条件李雅谱诺夫指数 λ_c 与分岔图的结果吻合得很好, 即条件李雅谱诺夫指数 $\lambda_c < 0$ 时, 耦合系统为振幅死亡态. 为了更清楚看清周期变化的耦合作用对耦合振子动力学行为的影响, 图 5.47(a)、5.47(b) 分别给出了 $\Delta\omega = 4.5, 6.5$ 时 $x_1(t)$-$y_1(t)$ 的相图, 分别对应于振幅死亡态和振荡态. 相图中的曲线颜色与归一化耦合强度 $\dfrac{\epsilon(t)}{\epsilon_0}$ 有关 (见图中色条). 从图 5.47(a) 可以看出, 每个耦合强度变化周期中, 在 AB 段振子离开固定点, 而在 BC 段, 振子靠近固定点, 且靠近固定点的速度大于远离固定点的速度, 最终耦合振子趋于固定点. 从放大图可以看出, 系统总会有一段时间离开固定点, 而无法严格意义上待在固定点上, 从这个意义上说固定点是不稳定的. 然而, 实际系统中, 由于精度有限, 当系统与固定点的距离小于某一值时, 可以认为其稳定在固定点上. 从图 5.47(b) 可知, 每个耦合强度变化周期中, 系统

5.3 时变耦合下的振荡死亡

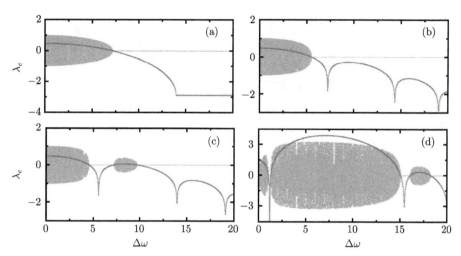

图 5.46 $\epsilon = 7, \omega_0 = 7$ 时,条件李雅谱诺夫指数 λ_c 随 $\Delta\omega$ 的变化关系图,阴影线为 x_1 随参数 $\Delta\omega$ 的分岔图。(a) $\alpha = 0$; (b) $\alpha = 0.8$; (c) $\alpha = 1.0$; (d) $\alpha = 1.8$

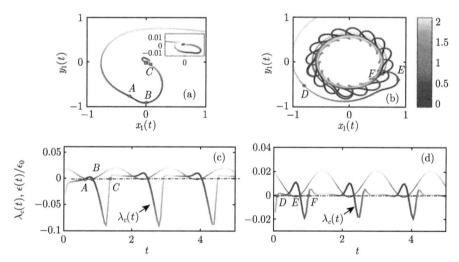

图 5.47 $\alpha = 1.1, \epsilon = 5, \Delta\omega = 4.5$ 时,(a) $y_1(t)$ 和 $x_1(t)$ 的相图,插图为红框的放大图; (c) 与 (a) 对应的条件李雅谱诺夫指数和 $\frac{\epsilon(t)}{\epsilon_0}$ 随时间变化图; (b) $\alpha = 1.1, \epsilon = 5, \Delta\omega = 6.5$ 时,$y_1(t)$ 和 $x_1(t)$ 的相图;(d) 与 (b) 对应的条件李雅谱诺夫指数和 $\frac{\epsilon(t)}{\epsilon_0}$ 随时间变化图,色条为 $\frac{\epsilon(t)}{\epsilon_0}$ 的大小 (扫描封底二维码可看彩图)

在 DE 段离开固定点,而在 EF 段趋于固定点,趋于固定点的速度大于离开固定点的速度,但趋于固定点的维持时间更短,最终系统处于周期振荡态。注意到耦合系统趋于或离开固定点的速度与条件李雅谱诺夫指数 λ_c 的大小有关,λ_c 越大,速度越快。λ_c 的正 (或负) 决定系统离开 (或趋于) 固定点, 如图 5.47(c) 和 5.47(d) 所示。在耦合 Rossler 系统中, 条件李雅谱诺夫指数 λ_c 的正负与系统分岔图的结果也吻合得很好, 如图 5.48 所示。为了检验固定点的稳定性, 我们在耦合系统中加入均值为 0, 方差为 σ 的高斯型分布的白噪声 $\xi_i(t)$, 有 $<\xi_i(t)\xi_j(t')> = 2\sigma\delta(t-t')\delta_{i,j}$。如果固定点的稳定性很强, 噪声作用下, 系统应该会在固定点附近逗留, 否则噪声会使系统远离固定点。因此, 我们定义噪声扰动下系统远离固定点的最大值参量 $\eta = \dfrac{\mathrm{Max}(x_1 - x_1^*)}{\sigma}$, 并根据 η 的取值范围定义量 γ,

$$\gamma = \begin{cases} 50, & \eta \geqslant 20, \\ 40, & \eta \in [15, 20), \\ 30, & \eta \in [10, 15), \\ 20, & \eta \in [2, 10), \\ 10, & \eta < 2, \end{cases} \tag{5.34}$$

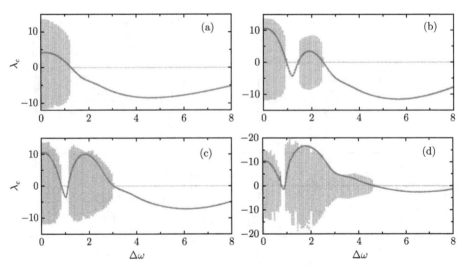

图 5.48 $\epsilon = 2, \omega_0 = 1$ 时, 耦合 Rossler 系统的条件李雅谱诺夫指数 λ_c(放大了 50 倍) 随 $\Delta\omega$ 的变化关系图, 阴影线为 x_1 随参数 $\Delta\omega$ 的分岔图。(a) $\alpha = 0.5$; (b) $\alpha = 1.0$; (c) $\alpha = 1.2$; (d) $\alpha = 1.4$

γ 越小, 则说明固定点的稳定性越强。图 5.49(a)、5.49(b) 分别给出了 $\alpha = 1.0, \omega_0 = 4$ 时, 耦合金兹堡–朗道振子在噪声条件下 ($\sigma = 0.001, 0.1$), 参量 γ 在 $\Delta\omega_0$ 和 ϵ_0 参数空间的分布图。由图 5.49 可知耦合系统中的两块振幅死亡区中, 上面一块具有较强的稳定性, 而下面具有较弱的稳定性。图 5.49(c)、5.49(d) 中, 耦合 Rossler 振子系统中 $\alpha = 1.0, \omega_0 = 1$ 的结果也类似。

5.4 动态耦合下的振荡死亡

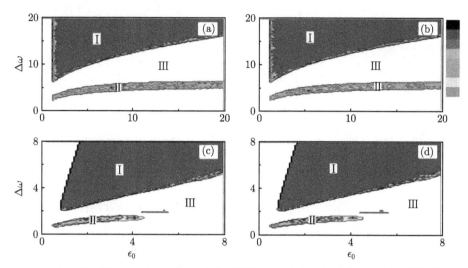

图 5.49 噪声条件下, $\Delta\omega_0$ 和 ϵ_0 参数空间的 γ 分布图。(a) 耦合金兹堡-朗道振子, $\sigma = 0.001$; (b) 耦合金兹堡-朗道振子, $\sigma = 0.1$; (c) 耦合 Rossler 振子, $\sigma = 0.001$; (d) 耦合 Rossler 振子, $\sigma = 0.1$ (扫描封底二维码可看彩图)

研究表明，周期变化的耦合强度对耦合振子系统的动力学行为有显著的影响。耦合强度受周期信号调制后，调制的幅度和调制频率对耦合振子系统的振幅死亡的稳定性有很大的影响。随着调制幅度的增加，耦合振子系统的振幅死亡区域先增加后减少。达到最大振幅死亡区间所需的调制幅度与调制频率成线性增长关系。因此，小幅度的调制有利于增加振幅死亡区域。当耦合强度在正、负值之间周期变化时，振幅死亡区域会分裂成两块区域，通过噪声测试，发现上面区域对应的振幅死亡的稳定性要比下面区域的振幅死亡的稳定性更强。由于周期性变化的耦合强度较容易实现，在实际系统的控制中具有较好的应用价值。

5.4 动态耦合下的振荡死亡

通常，如果耦合通道的信号与两个系统的差成正比，且该比例系数为常数时，则称该耦合方式为静态耦合。静态耦合全同系统中，如果没有时延、交叉变量耦合或是排斥耦合作用，系统很难走向振幅死亡态。然而，如果耦合项具有自己的动力学行为，则称之为动态耦合。动态耦合作用有利于耦合全同振子系统形成振幅死亡态。

5.4.1 耦合周期振子

考查动态耦合周期振子系统[28],

$$\dot{x}_{1,2}(t) = -\omega_{1,2}y_{1,2} + (1-(x_{1,2}^2+y_{1,2}^2))x_{1,2} + \epsilon(u_{1,2}(t)-x_{1,2}(t)),$$
$$\dot{y}_{1,2}(t) = \omega_{1,2}x_{1,2} + (1-(x_{1,2}^2+y_{1,2}^2)^2))y_{1,2} + \alpha\epsilon(y_{2,1}(t)-y_{1,2}(t)), \quad (5.35)$$

其中 ϵ 为耦合强度,取 $\omega_{1,2}=10$, u 为动态耦合变量,且其动力学方程为

$$\dot{u}_{1,2} = -u_{1,2} + x_{2,1}, \quad (5.36)$$

此耦合系统式 (5.35) 存在固定点 $O(0,0,0,0)$,其存在性不受动态耦合的影响,但动态耦合会影响其稳定性。

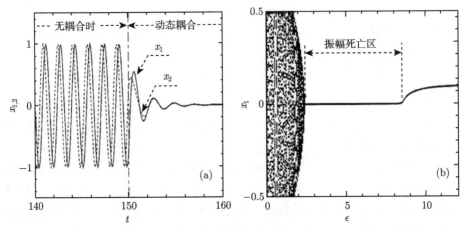

图 5.50 (a) $\epsilon=4$ 时,加动态耦合前后耦合系统的时间序列;(b) $\omega=4$ 时系统变量 x_1 与 ϵ 的分岔图

如当 $\epsilon=4$ 时,没有加耦合时耦合系统处于周期振荡态,而在 $t=150$ 时加上动态耦合,此时耦合系统会走向振幅死亡,如图 5.50(a) 所示。根据分岔图 5.50(b) 可知,给定参数 $\omega=4$ 时,动态耦合强度 $\epsilon \in [2,3,8.5]$ 时系统处于振幅死亡态。而当 $\epsilon > 8.5$ 时耦合系统处于振荡死亡态。下面我们从理论上分析动态耦合作用下,振幅死亡的稳定性条件,对于动态耦合振子系统,有固定点 $O(0,0,0,0,0,0)$,由线性稳定性分析理论可知其雅可比矩阵的特征值方程为

$$\lambda^3 + (\epsilon-1)\lambda^2 + (\epsilon-1+\omega^2)\lambda + 1 + \omega^2 - 2\epsilon = 0,$$
$$\lambda^3 + (\epsilon-1)\lambda^2 + (\omega^2-1-\epsilon)\lambda + 1 + \omega^2 = 0. \quad (5.37)$$

利用文献 [131] 中的方法可以求出上式特征值的表达式,并根据特征值的实部小于

5.4 动态耦合下的振荡死亡

零可得振幅死亡区域为

$$\frac{1}{2}(\omega^2 - \omega\sqrt{\omega^2 - 8}) < \epsilon < \frac{1}{2}(\omega^2 + \omega\sqrt{\omega^2 - 8}), \quad \omega \in [2\sqrt{2}, \sqrt{4 + \sqrt{17}}],$$
$$\frac{1}{2}(\omega^2 - \omega\sqrt{\omega^2 - 8}) < \epsilon < \frac{1}{2}(\omega^2 + 1), \quad \omega \geqslant \sqrt{4 + \sqrt{17}}], \tag{5.38}$$

上式的结果见图 5.51,当 $\omega = 4$ 时,可得振幅死亡稳定区为 $\epsilon \in (2.343, 8.5)$,其与图 5.50(b) 中的数值计算结果相吻合。

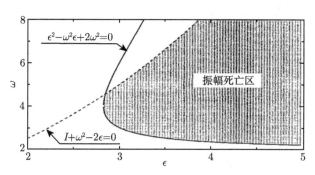

图 5.51 理论计算参数空间 ω-ϵ 状态图

5.4.2 耦合混沌振子

考查动态耦合混沌振子系统,

$$\begin{aligned}
\dot{x}_i &= \omega y_i - z_i, \\
\dot{y}_i &= \omega x_i + a y_i + \epsilon(u_{1,2} - y_{1,2}), \\
\dot{z}_i &= b + z_i(x_i - c), \quad i = 1, 2, \cdots, N,
\end{aligned} \tag{5.39}$$

其中,参数 $a = 0.398, b = 2, c = 4$,动态耦合项为

$$\dot{u}_{1,2} = -u_{1,2} + y_{2,1}, \tag{5.40}$$

耦合系统的固定点为 $(x_1^*, y_1^*, -y_1^*, x_2^*, y_2^*, -y_2^*)$,其中 $x^* = \frac{1}{2}(c - \sqrt{c^2 - 4ab}), y^* = \frac{1}{2a}(-c + \sqrt{c^2 - 4ab})$。同样地,对固定点进行稳定性分析,可得雅可比矩阵的特征值实部最大值随耦合强度的变化关系,如图 5.52(a) 所示,当 $\epsilon > 0.5$ 时特征值实部最大值由正变负,此时耦合振子系统处于振幅死亡态。图 5.52(b) 中数值计算的动态耦合混沌系统的 x_1 随耦合强度 ϵ 变化的分岔图与理论计算结果相吻合。

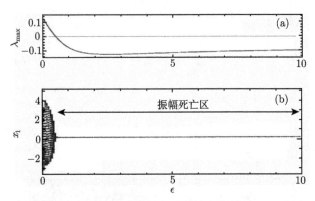

图 5.52 (a) 理论计算特征值实部最大值随耦合强度的变化关系；(b) 耦合系统变量 x_1 随参数 ϵ 的分岔图

5.4.3 全局耦合振子

考查全局动态耦合振子系统[28]，其耦合方式示意图如图 5.53 所示。

$$\dot{x_i} = F(x_i) + \Gamma u_i,$$
$$\dot{y_i} = c x_i, \quad i = 1, 2, \cdots, N. \tag{5.41}$$

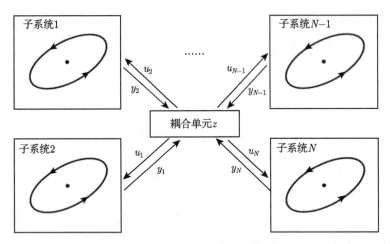

图 5.53 全局动态耦合示意图

$x_i \in R^m$ 是系统的状态变量，F 是连续非线性方程，y_i, u_i 分别是输入、输出信号。每个单元振子系统具有不稳定固定点 $x^*, F(x^*) = 0$。如果 $u_i = \epsilon \left(\dfrac{1}{N} \sum\limits_{k=1}^{N} y_k - y_i \right)$，则为静态耦合，如果取 $\dot{z} = \gamma \left(\sum\limits_{k=1}^{N} y_k - Nz \right), u_i = \epsilon(z - y_i)$，则耦合系统为动态耦

5.4 动态耦合下的振荡死亡

合。输入信号 u_i 与 z 和 y_i 的差成正比，$\gamma > 0$ 是动态耦合参数，z 变量是确定动态耦合方程而引入的。动态耦合作用并不改变耦合系统的固定点的存在性和固定点的位置，只会影响固定点的稳定性。为了确定固定点的稳定性，其雅可比矩阵可以写为

$$J = \begin{pmatrix} \overline{A} & 0 & \cdots & 0 & \Gamma\epsilon \\ 0 & \overline{A} & \cdots & 0 & \Gamma\epsilon \\ \vdots & \vdots & & \vdots & \vdots \\ 0 & 0 & \cdots & \overline{A} & \Gamma\epsilon \\ \gamma c & \gamma c & \cdots & \gamma c & -\gamma N \end{pmatrix}, \tag{5.42}$$

其中 $\overline{A} = A - \Gamma\epsilon c$，$A = \left\{\dfrac{\partial F(x)}{\partial x}\right\}_{x=x^*}$，可得其特征方程为 $f(\lambda) = Nf_1(\lambda)f_2(\lambda)$，其中 $f_1(\lambda) = \det[\lambda I_m - \overline{A}]$，$f_2(\lambda) = \det[\lambda I_m - \overline{A} - N\Gamma\epsilon - \gamma c\lambda + \gamma N]$，于是可知方程最少有一个解的实部大于零的条件是 $\lim_{\lambda\to\infty} f_2(\lambda) = \infty$ 且 $g_2(0) < 0$。第一个条件必满足，而第二个条件可写成 $f_2(0) = N\gamma\det[-A] = N\gamma\prod\limits_{i=1}^{m}(-\sigma_i)$，其中 σ_i 是矩阵 A 的特征值。如果 A 具有奇数个正的实特征值，则可以使 $f_2(0) < 0$。下面以耦合范德波振子为例，其耦合电路图如图 5.54 所示，其动力学方程为

$$\begin{aligned} L\dot{i}_k &= v_k, \\ C\dot{v}_k &= -i_k - h(v_k) + \frac{1}{R}(v_0 - v_k), \quad k = 1, 2, \cdots, N. \end{aligned} \tag{5.43}$$

其中，$v_0 = \dfrac{1}{n}\sum\limits_{k=1}^{N}$，$\mu_1 > 0, \mu_2 > 0$，

$$h(v) = \begin{cases} \mu_2 v - B_p(\mu_1 + \mu_2), & v \geqslant B_p, \\ -\mu_v, & |v| \leqslant B_p, \\ \mu_2 v + B_p(\mu_1 + \mu_2), & v \leqslant -B_p, \end{cases} \tag{5.44}$$

当开关 S 断开时，耦合系统为静态耦合，而当开关闭合时为动态耦合，c_0 为耦合电容，耦合方程可写为

$$C_0\dot{v}_0 = \frac{1}{R}\left(\sum_{k=1}^{N} v_k - Nv_0\right), \tag{5.45}$$

由 Routh-Hurwitz 判据，耦合系统固定点稳定的条件可以写成

$$\begin{aligned} \frac{1}{R} - \mu_1 &> 0, \\ c_0 R - NL\mu_1 &> 0, \\ c_0(1 - \mu_1 R)(RC_0 - NL\mu_1) - N^2 LC\mu_1 &> 0, \end{aligned} \tag{5.46}$$

电路中的元器件的值设为 $L = 22\text{mH}$, $C = 0.1\mu\text{F}$, $\mu_1 = 1.0 \times 10^{-3}$, $\mu_2 = \mu_1$, $B_p = 3.0\text{V}$, $R = 1.0\text{k}\Omega$, 运算放大器采用 TL082, 通过改变参数 R 和 C_0, 可以确定动态耦合电路的振幅死亡区域如图 5.55 所示。随着耦合振子数 N 增加，振幅死亡区域变小。

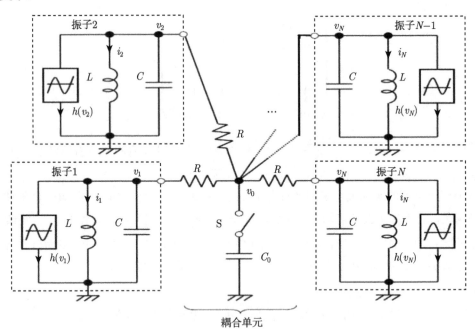

图 5.54 全局动态耦合电路原理图

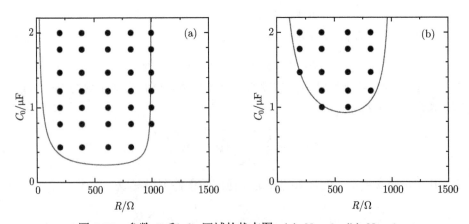

图 5.55 参数 R 和 C_0 区域的状态图。(a) $N = 2$; (b) $N = 8$

5.5 双通道耦合下的振荡死亡

在研究耦合系统的自组织动力学行为如同步或振荡死亡时，简单起见，人们常考虑只有一个通道相互作用的情形。然而实际系统的相互作用总是通过多个通道耦合的，即子系统是通过多个变量或因素相互影响的。耦合振子系统在多个通道相互作用下的动力学行为与单个通道相互作用时的情形不同。文献 [161,162] 发现在耦合系统中，加入双通道时延耦合，可以大大提高系统同步能力。同时在耦合系统中引入双通道时延耦合作用，也可以使耦合系统产生的振荡死亡区域大于只有单通道耦合时的情形。

5.5.1 同变量反馈耦合周期系统

下面我们讨论在单通道耦合非全同振子系统中加入另一个通道的情况下，另一个通道的特性对耦合振子系统振荡死亡动力学行为的影响[95]。采用模型

$$\dot{x}_{1,2}(t) = -\omega_{1,2}y_{1,2} + (1-(x_{1,2}^2+y_{1,2}^2))x_{1,2} + \epsilon(x_{2,1}(t) - x_{1,2}(t)),$$
$$\dot{y}_{1,2}(t) = \omega_{1,2}x_{1,2} + (1-(x_{1,2}^2+y_{1,2}^2))y_{1,2} + \alpha\epsilon(y_{2,1}(t) - y_{1,2}(t)), \quad (5.47)$$

其中 ω_i 为振子 i 的自然频率，以 $\omega_1 = 2$ 为例。α 为第二个通道的打开率，当 $\alpha = 0$ 时，相当于只有单通道耦合的情形，此时耦合系统会通过图灵分岔从振幅死亡过渡到振荡死亡[6]。此耦合系统具有固定点解 $O(0,0,0,0)$ 和 $P(x_1^*, y_1^*, x_2^*, y_2^*)$，当 $\omega_1 = \omega_2 = \omega$ 时，系统具有非均匀振荡死亡固定点解，见 5.1 节中式 (5.3)。当耦合强度 $\epsilon > \omega^2 + 0.25$ 时，耦合系统的非均匀固定点解变稳定而产生振荡死亡现象[198]，耦合系统的振幅死亡稳定区如图 5.56 所示。而当两个振子的自然频率不相等时，无法给出解析解。可通过数值计算得到振荡死亡解的稳定区域。图 5.57 给出了 $\omega_1 = 1,2,3,4$ 时，耦合非全同振子系统 $\Delta\omega$ 与 ϵ 参数空间状态图。当 $\omega = 1$ 时，耦合系统只存在振荡态和振荡死亡态，且当 $\Delta\omega < 1$ 时，存在振荡死亡与振荡态两态共存区域。随着 ω_1 的增加，新产生的振幅死亡区域逐渐增加，从而压缩振荡死亡的区域。$\Delta\omega < 1$ 时存在的两态共存区域在 $\omega_1 \leqslant 3$ 时消失。

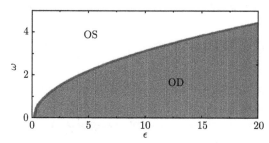

图 5.56 单通道耦合全同振子 ω 与 ϵ 参数空间状态图

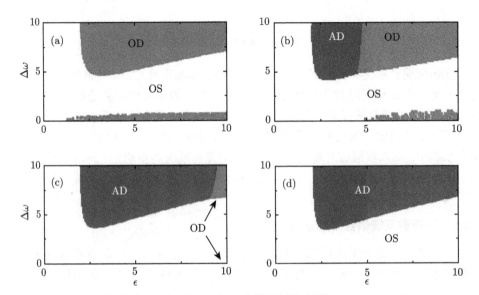

图 5.57 单通道耦合非全同振子 $\Delta\omega$ 与 ϵ 参数空间状态图。(a) $\omega_1 = 1$; (b) $\omega_1 = 2$; (c) $\omega_1 = 3$; (d) $\omega_1 = 4$

当 $\alpha \neq 0$ 时，系统为双通道耦合振子系统。当 $\alpha = 1$ 时，$\Delta\omega = 0$，则系统为双通道耦合全同振子，对于任意给定的耦合强度系统均不存在稳定的固定点解。当 $\Delta\omega > 0$ 时，系统为双通道耦合非全同振子。此时耦合振子系统有固定点 $O(0,0,0,0)$，其对应的雅可比矩阵为

$$J = \begin{pmatrix} 1-\epsilon & -\omega_1 & 0 & \epsilon \\ \omega_1 & 1-\epsilon & \epsilon & 0 \\ 0 & \epsilon & 1-\epsilon & -\omega_2 \\ \epsilon & 0 & \omega_2 & 1-\epsilon \end{pmatrix}, \tag{5.48}$$

其特征值为

$$\lambda = 1 - \epsilon + j\left(\frac{\omega_1 + \omega_2}{2} \pm \sqrt{0.25(\Delta\omega)^2 - \epsilon^2}\right), \tag{5.49}$$

根据特征值实部小于零得耦合系统振幅死亡的稳定区间为：

(1) 当 $\epsilon \leqslant \Delta\omega/2$ 时，有 $\epsilon > 1$；

(2) 当 $\epsilon \geqslant \Delta\omega/2$ 时，$\Delta\omega > 2\sqrt{2\epsilon - 1}$，参数区域如图 5.58(c) 所示。

当 $\alpha = 0$ 时，单通道耦合振子系统在 $\Delta\omega$-ϵ 参数空间有四个区域，即振荡区域，振幅死亡区域，振荡死亡区域，振荡死亡与振荡态两态共存区。按照随耦合强度增加时耦合系统的过渡过程不同可将参数区域在 $\Delta\omega$ 方向划成 I ~ IV 区域。其

5.5 双通道耦合下的振荡死亡

中,区域 I 是由振荡态到振荡态与振荡死亡两态共存过渡 ($\Delta\omega \in (0, 1.1)$);区域 II 为振荡态 ($\Delta\omega \in (1.1, 4.2)$);区域III为从振荡态变成振幅死亡态再返回到振荡态 ($\Delta\omega \in (4.2, 4.9)$);区域IV为从振荡态到振幅死亡再到振荡死亡态 ($\Delta\omega \in (4.9, 10)$。当 $\alpha > 0$ 时,单通道耦合振子系统增加了另一个通道,随着 α 的增加,振幅死亡的区域增加,而振荡死亡的区域在减少,当 $\alpha = 1$ 时耦合系统只有振幅死亡和振荡态。当 $\alpha < 0$ 时,相当于增加了另一个排斥耦合通道。有研究表明排斥耦合强度作用可以使耦合系统的同步能力得到提升[124]或使耦合系统从振荡态向振幅死亡态过渡[125]。心肌细胞中钙离子浓度和动作电位时长之间的吸引或排斥耦合作用与心脏收缩以及心率失常产生机制密切相关。当引入排斥耦合通道作用时,随着排斥耦合通道打开率 $|\alpha|$ 的增加,耦合系统的振幅死亡区域逐渐缩小,而振荡死亡区域在不断增加,如图 5.59 所示。

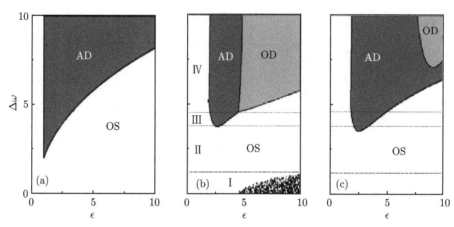

图 5.58 耦合非全同振子 $\Delta\omega$ 与 ϵ 参数空间状态图。(a) 单通道耦合 $\alpha = 0$;
(b) $\alpha = 0.04$;(c) $\alpha = 1$

为了更清楚地确定第二个通道的强度变化对耦合振子动力学行为的影响,我们定义参量 $P_{\text{AD}i} = \dfrac{S_{\text{AD}i}}{S_i}$,$P_{\text{OD}i} = \dfrac{S_{\text{OD}i}}{S_i}$,其中 $i = \text{I} \sim \text{IV}$,$S_{\text{AD}i}$(或 $S_{\text{OD}i}$)表示参数区域 i 中振幅死亡(或振荡死亡)区域的面积,而 S_i 表示区域 $i = \text{I} \sim \text{IV}$ 的总面积。因此 $P_{\text{AD}i}$ 或 $P_{\text{OD}i}$ 分别表示在给定的区域 i 中振幅死亡区域或振荡死亡区域所占的面积比例。$P_{\text{AD}i}$ 或 $P_{\text{OD}i}$ 越大,代表区域 i 中振幅死亡或振荡死亡的区域越大。图 5.60(a)、5.60(b) 分别给出了 P_{OD} 和 P_{AD} 随第二通道打开率 α 变化关系。结果表明在区域 II $\sim$ IV 中,当 $\alpha > 0$ 时,P_{AD} 均随着 α 的增加而增加,P_{OD} 随着 α 的增加而减小;当 $\alpha < 0$ 时,刚好相反,即 P_{AD} 均随着 α 的增加而减小。在

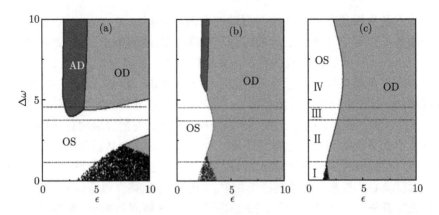

图 5.59　排斥耦合非全同振子 $\Delta\omega$ 与 ϵ 参数空间状态图。(a) $\alpha = -0.5$；(b) $\alpha = -0.3$；(c) $\alpha = -0.01$

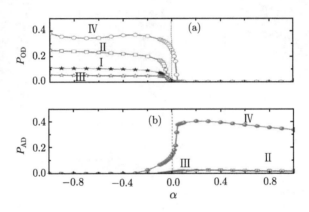

图 5.60　(a) P_{OD} 随第二通道打开率 α 变化关系图；(b) P_{AD} 随第二通道打开率 α 变化关系图

区域 I 中，对于所有的 α，均不存在振幅死亡态。下面讨论第二个耦合通道对振幅死亡向振荡死亡过渡过程的影响。由 $\Delta\omega = 1, 3, 4.5, 6$ (分别对应于 I~IV 区域) 时，耦合振子系统在 ϵ-α 参数区间的状态图 5.61，发现在 I 和 II 区域振幅死亡无法直接过渡到振荡死亡，而是振幅死亡失稳后进入振荡态，然后再由振荡态进入到振荡死亡态。具体表现为，在区域 I，始终不存在振幅死亡态，如图 5.61(a) 所示，随着 α 增加到正值时，振荡死亡区域开始减小；在区域 II 和区域 III，如图 5.61(b)、5.61(c)，振幅死亡区域和振荡死亡区分居在 $\alpha = 0$ 的两侧，中间被振荡区分隔，因此振幅死亡不能直接过渡到振荡死亡态。在区域 IV，如图 5.61(d)，在单通道耦合时，振幅死亡可以直接过渡到振荡死亡态，而在双通道耦合时，当 $\alpha > 0.12$ 或 $\alpha < -0.1$ 时，振幅死亡和振荡死亡被分隔成两个区域，而无法直接相互过渡。为了更好地看清楚第

5.5 双通道耦合下的振荡死亡

二个通道对耦合系统过渡过程的影响，我们在区域 IV 取 $\Delta\omega = 5$，利用 XPPAUT 软件做 $\alpha = 0$ 时变量 x 随耦合强度变化的分岔图。可知单通道时耦合系统从振荡态到振幅死亡，然后再通过叉型分岔走向振荡，最后由霍普夫分岔返回振荡态，如图 5.62(b) 所示。当第二个通道取排斥耦合 $\alpha = -0.2$ 时，耦合系统从振荡态通过霍普夫分岔直接走向振荡死亡态，而不存在振幅死亡态。此时通过霍普夫分岔产生的固定点 $O(0,0,0,0)$ 为不稳定固定点，经叉型分岔后产生不稳定不均匀固定点，最后不稳定不均匀固定点通过霍普夫分岔后变成稳定不均匀固定点而形成振荡死亡态，如图 5.62(a) 所示。而当第二个通道取吸引耦合 $\alpha = 0.5$ 时，耦合系统从振荡态通

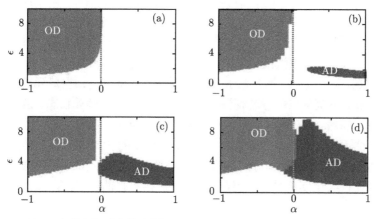

图 5.61　ϵ 和 α 参数空间系统状态图。(a) $\omega = 1$；(b) $\omega = 3$；(c) $\omega = 4.5$；(d) $\omega = 6$

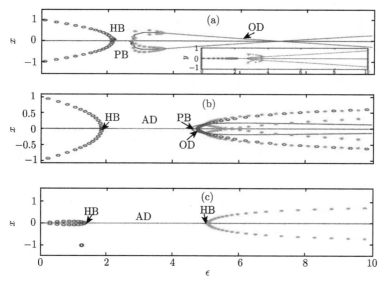

图 5.62　$\Delta\omega = 5$，系统变量 x 随参数 ϵ 的分岔图。(a) $\alpha = -0.2$；(b) $\alpha = 0$；(c) $\alpha = 0.5$

过霍普夫分岔走向振幅死亡态，然后再通过霍普夫分岔进入振荡态，如图 5.62(c) 所示。

5.5.2 交叉变量反馈耦合周期系统

考查交叉变量耦合周期系统情形下，第二个耦合通道对耦合系统动力学的影响，模型如下：

$$\begin{aligned}
\dot{x}_{1,2}(t) &= -\omega_{1,2}y_{1,2} + (1-(x_{1,2}^2+y_{1,2}^2))x_{1,2} + \epsilon(y_{2,1}(t)-x_{1,2}(t)),\\
\dot{y}_{1,2}(t) &= \omega_{1,2}x_{1,2} + (1-(x_{1,2}^2+y_{1,2}^2))y_{1,2} + \alpha\epsilon(x_{2,1}(t)-y_{1,2}(t)),
\end{aligned} \quad (5.50)$$

取 $\omega_1 = 2$，单通道耦合时 $\alpha = 0$，系统在 $\Delta\omega$-ϵ 参数空间有振荡态、振幅死亡态和振荡死亡态。按 $\Delta\omega$ 的值划分为区域 I，$\Delta\omega < 1.14$ 和区域 II，$\Delta\omega \geqslant 1.14$。随着耦合强度的增加，在区域 I，耦合振子系统从振荡态直接过渡到振荡死亡态，而在区域 II，耦合振子系统从振荡态过渡到振幅死亡然后再到振荡死亡态。当加上第二个耦合通道后，随着 α 的增加，振幅死亡区域逐渐增加，而振荡死亡区域逐渐被压缩，如图 5.63 所示。同样地，分别计算区域 I 和 II 的 P_{AD} 和 P_{OD} 随参数 α 的变化关系图 5.64，可以清楚地看出，在区域 II，随着 α 的增加，振幅死亡区域逐渐增加，而振荡死亡区域逐渐减少。而在区域 I，振荡死亡的区域在 $\alpha < 0.6$ 时基本保

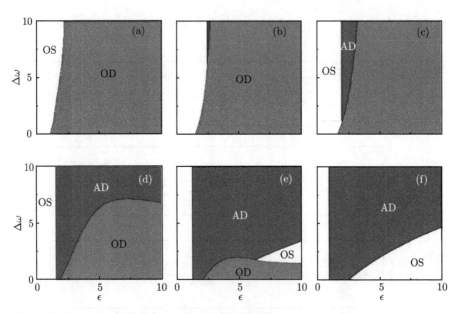

图 5.63　$\Delta\omega = 5$，参数空间 $\Delta\omega$ 和 ϵ 下的状态图。(a) $\alpha = -0.8$；(b) $\alpha = -0.2$；(c) $\alpha = 0$；(d) $\alpha = 0.3$；(e) $\alpha = 0.6$；(f) $\alpha = 1.0$

5.5 双通道耦合下的振荡死亡

持不变,而在 $\alpha > 0.6$ 后开始减少,最后到零;振幅死亡区域则随着 α 增加而小幅度增加。为了更好地理解第二通道对耦合振子系统振荡猝灭的影响,我们从理论上分析固定点的稳定性。其中耦合振子系统的固定点为 $O(0,0,0,0)$,其雅可比矩阵可写为

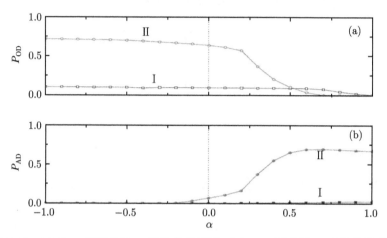

图 5.64 (a) P_{OD} 随着参数 α 变化的关系图;(b) P_{AD} 随参数 α 变化的关系图

$$J = \begin{pmatrix} 1-\epsilon & -\omega_1 & 0 & \epsilon \\ \omega_1 & 1-\alpha\epsilon & \alpha\epsilon & 0 \\ 0 & \epsilon & 1-\epsilon & -(\omega_1+\Delta\omega) \\ \alpha\epsilon & 0 & \omega_1+\Delta\omega & 1-\alpha\epsilon \end{pmatrix}, \quad (5.51)$$

其特征值可以写成

$$\lambda_{1,2,3,4} = 1 - \frac{(1+\alpha)\epsilon \pm \sqrt{Q}}{2},$$
$$Q = S \pm \mathrm{j}2\sqrt{T}, \quad (5.52)$$

其中 $S = -16 + \epsilon^2(1+\alpha)^2 - 8\Delta\omega - 2\Delta\omega^2$, $T = -(\Delta\omega^4 + 8\Delta\omega^3 + (16-4\alpha\epsilon^2)\Delta\omega^2 + 16\epsilon^2 + (8\epsilon^2 + 8\alpha^2\epsilon^2 - 16\alpha\epsilon^2)\Delta\omega + 16\alpha^2\epsilon^2 - 32\alpha\epsilon^2)$。由特征值实部小于零可得振幅死亡稳定区如下:

(1) 如果 $T \leqslant 0$ 且 $Q \leqslant 0$,则 $1 - \dfrac{\epsilon(1+\alpha)}{2} < 0$,即

$$\epsilon > \frac{2}{1+\alpha},$$
$$\epsilon \leqslant \frac{(\Delta\omega+4)\Delta\omega}{2\sqrt{8\alpha-4\alpha^2-4}+(4\alpha-2\alpha^2-2)\Delta\omega+\alpha\Delta\omega^2} \quad (T<0),$$
$$\Delta\omega \geqslant \frac{-16+8(1-\alpha)\epsilon+(1+\alpha)^2\epsilon^2}{2(\alpha\epsilon+4-\epsilon)} \quad (Q<0), \quad (5.53)$$

(2) 如果 $T \leqslant 0$ 且 $Q > 0$, 此时 $\lambda_{1,2,3,4}$ 为实数, 由 $1 - \dfrac{(1+\alpha)\epsilon \pm \sqrt{Q}}{2} < 0$ 得

$$\epsilon \leqslant \frac{(\Delta\omega + 4)\Delta\omega}{2\sqrt{8\alpha - 4\alpha^2 - 4 + (4\alpha - 2\alpha^2 - 2)\Delta\omega + \alpha\Delta\omega^2}} \quad (T < 0),$$

$$\Delta\omega \geqslant \frac{-16 + 8(1-\alpha)\epsilon + (1+\alpha)^2\epsilon^2}{2(\alpha\epsilon + 4 - \epsilon)} \quad (Q > 0),$$

$$\Delta\omega > \frac{4\epsilon + 4\alpha\epsilon + 2\alpha^2\epsilon^2 - 4\alpha\epsilon^2 + 2\epsilon^2 - 20 \pm \sqrt{U}}{2(5 + \alpha\epsilon^2 - \alpha\epsilon - \epsilon)} \tag{5.54}$$

其中 $U = (\alpha^4 - \alpha^3 - 4\alpha^2 - \alpha + 1)\epsilon^4 + (\alpha^3 + 13\alpha^2 + 13\alpha + 1)\epsilon^3 - (11\alpha^2 + 47\alpha + 11)\epsilon^2 + 35(1+\alpha)\epsilon - 25$。

(3) 如果 $T > 0$, 则 $Q = S \pm \text{j}2\sqrt{T}$ 是复数, 则此时特征值的实部可以写成

$$\text{Re}\lambda = 1 - \frac{(1+\alpha)\epsilon}{2} \pm \sqrt{(S + \sqrt{S^2 + 16T^2})/2}, \tag{5.55}$$

则振幅死亡区域可以写成

$$1 - \frac{(1+\alpha)\epsilon}{2} \pm \sqrt{(S + \sqrt{S^2 + 16T^2})/2} < 0,$$

$$\epsilon > \frac{(\Delta\omega + 4)\Delta\omega}{2\sqrt{8\alpha - 4\alpha^2 - 4 + (4\alpha - 2\alpha^2 - 2)\Delta\omega + \alpha\Delta\omega^2}} \quad (T < 0). \tag{5.56}$$

为了更形象地观察振幅死亡的理论区域, 图 5.65 给出了 $\alpha = -0.2, 0, 0.3, 0.6$ 时 $\Delta\omega$-ϵ 参数区间的振幅死亡临界线。理论结果与图 5.64 中的结果吻合。当 $\Delta\omega = 0$ 时, 相当于是全同耦合振子系统, 由方程 (5.52) 的特征值实部小于零, 可得振幅死亡区域的临界线如图 5.66(a) 和 5.66(b) 所示:

(1) $\epsilon > \dfrac{2}{\alpha + 1}$(线 1),

(2) $\epsilon < \dfrac{5}{3 - \alpha}$(线 2),

(3) $\epsilon < \dfrac{5}{3\alpha - 1}$(线 3),

振幅死亡区域为上面三条线合围而成的区域, 图 5.66(c)、5.66(d) 中数值计算的结果与理论结果相吻合。

5.5 双通道耦合下的振荡死亡

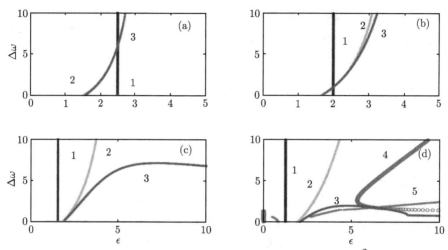

图 5.65 参数空间 $\Delta\omega$ 和 ϵ 下振幅死亡理论区域临界线,线 1 为 $\epsilon = \dfrac{2}{1+\alpha}$,线 2 是 $Q=0$ 的边界线,线 3 是 $\mathrm{Re}(\lambda)=0$ 的临界线,圆点线 4 为 $T=0$ 的临界线,线 5 是方程 (5.56) 中的 $\mathrm{Re}(\lambda)=0$ 的临界线。(a) $\alpha=-0.2$; (b) $\alpha=0$; (c) $\alpha=0.3$; (d) $\alpha=0.6$

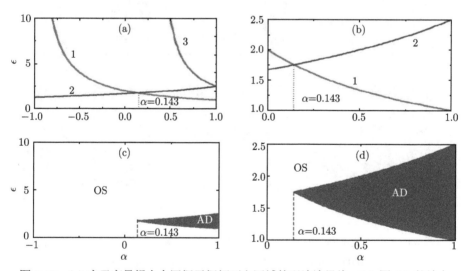

图 5.66 (a) 交叉变量耦合全同振子振幅死亡区域的理论边界线; (b) 图 (a) 的放大图; (c)、(d) 与图 (a)、(b) 对应的数值计算的振幅死亡区域

5.5.3 交叉变量反馈耦合混沌系统

考查交叉变量耦合混沌 Sprott 振子系统[143],

$$\dot{x}_{1,2} = x_{1,2}y_{1,2} - \omega_{1,2}z_{1,2} + \epsilon(t)(x_{2,1} - x_{1,2}),$$
$$\dot{y}_{1,2} = x_{1,2} - y_{1,2},$$
$$z_{1,2} = \omega_{1,2}x_{1,2} + az_{1,2} + \alpha\epsilon(t)(z_{2,1} - z_{1,2}), \tag{5.57}$$

取参数 $\omega_1 = 1$, 当 $a \in (0,2)$ 时系统处于混沌态, 而当 $a \in (-2,0)$ 时系统为固定态, $a = 0.3$, 单个系统处于混沌态。图 5.67 给出了不同的第二个通道的打开率 α 下, 参数空间 $\Delta\omega$ 和 ϵ 的系统状态图, 其中白色区域为振荡区, AD 区为振幅死亡区, B 区为系统到无穷大的区域。同样地, 随着第二个通道打开率的增加, 耦合系统的振幅死亡区域不断增加, 而系统到无穷的区域不断地被压缩。

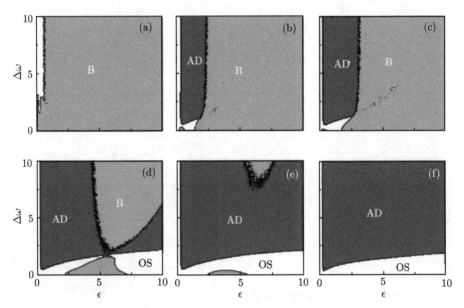

图 5.67 交叉变量耦合混沌振子振幅死亡区域的理论边界线。(a) $\alpha = -0.6$; (b) $\alpha = -0.03$; (c) $\alpha = 0$; (d) $\alpha = 0.016$; (e) $\alpha = 0.019$; (f) $\alpha = 0.02$

总之, 在单通道耦合的周期或混沌系统中, 增加另一吸引耦合作用通道时, 耦合系统的振幅死亡区域会被扩大, 而振荡死亡区域会被压缩。同时耦合系统的从振幅死亡到振荡死亡过渡的过程也会相应地发生变化。若增加另一排斥耦合作用通道时, 随着耦合强度的增加, 振幅死亡区域被压缩, 而振荡死亡区间增大。

5.6 梯度耦合下的振荡死亡

梯度耦合作用是指子单元之间的相互作用是有方向的，某个方向的作用强度大于另一个方向的作用强度。如在流体动力学中，如果水流通道中存在斜坡，流体之间的相互作用就是有向的。在电磁场作用下的等离子体系统中的相互作用也是有向的。梯度耦合作用对时空混沌的控制具有显著的影响[127,128]。同时梯度耦合作用可以使耦合系统的同步能力得到提升[113-117]。存在一个最优的梯度耦合作用强度窗口，使耦合系统具有最大的同步能力。梯度耦合作用还可以使因时间延迟作用引起的振荡死亡区域最小[118]，即梯度耦合有利于阻止时延引起的系统停振现象。梯度耦合作用如何影响频率失配引起的振幅死亡还不清楚。因此，本节将讨论梯度耦合作用下，耦合振子系统的振幅死亡现象，结果表明梯度耦合作用对耦合振子系统的振幅死亡的影响与耦合系统的边界条件有关。当耦合系统为无流边界时，梯度耦合作用的增加会使耦合非全同振子的振幅死亡区域扩大；而当耦合系统为周期边界条件时，梯度耦合作用的增加，会使耦合非全同振子系统的振幅死亡区域先增加后减小，存在最优梯度耦合强度，使耦合非全同振子系统具有最大的振幅死亡区间。考查梯度耦合非全同振子系统模型[61]，

$$\dot{x}_i = f(X_i) + (\epsilon+r)(X_{i+1}-X_i) + (\epsilon-r)(X_{i-1}-X_i), \quad i=1,2,\cdots,N, \quad (5.58)$$

其中，X_i 是系统的 m 维状态变量，ϵ 和 r 分别为系统的扩散耦合和梯度耦合作用强度。扩散耦合非全同振子系统的振荡猝灭动力学行为在第 3 章已做详细讨论，本节重点讨论梯度耦合作用对耦合振子振荡猝灭动力学行为的影响。分别讨论无流边界条件 $X_{N+1}(t)=0, X_0(t)=0$ 和周期分界条件 $X_{N+1}(t)=X_1(t), X_0(t)=X_N(t)$ 两种情形。

5.6.1 无流边界条件

以耦合金兹堡–朗道振子为例，

$$\dot{z}_i(t) = (1+\mathrm{j}\omega_i - |z_i(t)|^2)z_i(t) + (\epsilon+r)(z_{i+1}(t)-z_i(t))$$
$$+(\epsilon-r)(z_{i-1}(t)-z_i(t)), \quad i=1,2,\cdots,N, \quad (5.59)$$

其中，ω_i 为振子 i 的自然频率参数，ϵ 为对称耦合强度，而 r 为流耦合强度。简单起见，假设其自然频率的取值为

$$\omega_i = \omega_1 + (i-1)\Delta\omega, \quad i=1,2,\cdots,N, \quad (5.60)$$

其中 $\omega_1 = 1$，耦合系统具有固定点 $O(0,0,0,0)$，其雅可比矩阵可以写成

$$J = \begin{pmatrix} 1-2\epsilon+j\omega_1 & \epsilon+r & 0 & 0 \\ \epsilon-r & 1-2\epsilon+j\omega_2 & \epsilon+r & 0 \\ 0 & \epsilon-r & 1-2\epsilon+j\omega_3 & \epsilon+r \\ 0 & \cdots & \cdots & \cdots \\ 0 & 0 & \epsilon-r & 1-2\epsilon+j\omega_N \end{pmatrix}, \quad (5.61)$$

则固定点的稳定性可由雅可比矩阵的特征值实部是否小于零确定。然而，当系统的尺寸 N 较大时，很难获得特征值的表达式，因此只能通过数值方法计算特征值的大小，从而确定耦合系统的振幅死亡的稳定区。图 5.68 给出了不同的振子数 N 和不同的梯度耦合强度 r 时，耦合振子系统在参数 $\Delta\omega$-ϵ 空间的振幅死亡稳定区的临界线。由图 5.68 可知，耦合振子系统的振幅死亡区是由 $\epsilon > 0.5$ 和相应的 r 对应的临界线包围的区域。对于所有的系统尺寸 N，随着梯度耦合作用增加，振幅死亡的区域均通过减少频率失配值 $\Delta\omega$ 而逐渐增加。定义参量 $R(r) = 1 - \dfrac{S(r)}{S(0)}$，其中 $S(r)$ 表示梯度耦合强度 r 对应的振荡区的面积，$S(0)$ 表示只有扩散耦合（无梯度耦合）时振荡区域的面积。若 $R(r) = 0$，则说明梯度耦合强度为 r 时，系统的振荡死亡区域与只有扩散耦合作用时一样大。而当 $R(r) = 1$ 时，说明梯度耦合强度为 r 时，振幅死亡区为整个 $\epsilon > 0.5, \Delta\omega > 0$ 的区域。把此时的梯度耦合强度记为临界值 r_c。对于给定某一小于 r_c 的梯度耦合强度，耦合振子系统的振幅死亡区域与振子尺寸 N 有关，随着 N 增加，振幅死亡区域在 $\Delta\omega$ 方向收缩，而在 ϵ 方向扩大。由图 5.70(a) 可知，随着梯度耦合强度 r 增加，对于所有的 N，$R(r)$ 均增加，直到 $r > r_c$ 时，$R(r) = 1$，其中 r_c 随着系统尺寸 N 的增加而线性增加，如图 5.69(b)。当系统尺寸 N 较小，如取 $N = 3$ 时，雅可比矩阵的特征值可以解析求解为

$$\begin{aligned}\lambda_1 &= 1 - 2\epsilon + j(1+\Delta\omega), \\ \lambda_{2,3} &= 1 - 2\epsilon \pm \sqrt{2\epsilon^2 - 2r^2 - \Delta\omega^2} + j(1+\Delta\omega).\end{aligned} \quad (5.62)$$

由特征值实部小于零可得振幅死亡稳定区为：

(1) 区域 I，

$$\begin{aligned}\Delta\omega^2 &\geqslant 2(\epsilon^2 - r^2), \\ \epsilon &> 0.5.\end{aligned} \quad (5.63)$$

(2) 区域 II，

$$\begin{aligned}\Delta\omega^2 &< 2(\epsilon^2 - r^2), \\ \Delta\omega^2 &> 1 - 2(\epsilon-1)^2 - 2r^2, \\ \epsilon &> 0.5.\end{aligned} \quad (5.64)$$

5.6 梯度耦合下的振荡死亡 · 131 ·

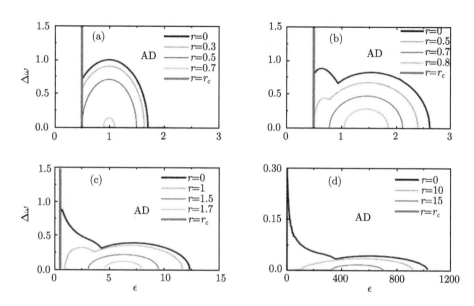

图 5.68 耦合振子系统在参数 $\Delta\omega$-ϵ 空间的振幅死亡稳定区的临界线。
(a) $N=3, r=0, 0.3, 0.5, 0.7, r=r_c$; (b) $N=4, r=0, 0.5, 0.7, 0.8, r=r_c$;
(c) $N=10, r=0, 1, 1.5, 1.7, r=r_c$; (d) $N=100, r=0, 10, 15, r=r_c$(扫描封底二维码可看彩图)

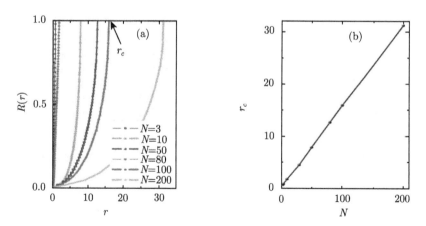

图 5.69 (a) 不同 N 时,$R(r)$ 随 r 变化关系图; (b) r_c 随系统尺寸 N 变化关系图 (扫描封底二维码可看彩图)

当任意给定 $r=0.3$ 时,可以画出区域 I 和区域 II 对应的振幅死亡临界线如图 5.70(a) 所示。该理论结果与数值计算结果所得到振幅死亡区域相吻合,如图 5.70(b) 所示。另外根据方程 (5.64),可知当 $r=r_c$ 时,振幅死亡区域应为所有

$\epsilon > 0.5$, $\omega > 0$ 的区域，即有 $1 - 2(\epsilon - 1)^2 - 2r^2 \leqslant 0$，可得 $r_c = \sqrt{0.5}$。取 $N = 4$ 时，雅可比矩阵的特定值可以解析求解为

$$\lambda_{1,2} = 1 - 2\epsilon \pm 0.5\sqrt{Q_1} + \mathrm{j}(1 + 1.5\Delta\omega),$$
$$\lambda_{2,3} = 1 - 2\epsilon \pm 0.5\sqrt{Q_2} + \mathrm{j}(1 + 1.5\Delta\omega), \tag{5.65}$$

其中，$Q_{1,2} = 6\epsilon^2 - 6r^2 - 5\Delta\omega^2 \pm \sqrt{(\epsilon^2 - r^2 - 2\Delta\omega^2)(\epsilon^2 - r^2 - 0.4\Delta\omega^2)}$，由特征值实部小于零可得振幅死亡稳定区为：

(1) 区域 I，

$$\Delta\omega^2 \geqslant \frac{\epsilon^2 - r^2}{0.4},$$
$$\epsilon > 0.5. \tag{5.66}$$

(2) 区域 II，

$$\Delta\omega^2 \leqslant \frac{\epsilon^2 - r^2}{2},$$
$$\Delta\omega^2 > \frac{2}{9}(\sqrt{U} - 10 - 3r^2 + 40\epsilon - 37\epsilon^2),$$
$$\epsilon > 0.5, \tag{5.67}$$

其中，$U = 1189\epsilon^4 - 2240\epsilon^3 + 1584\epsilon^2 - 512\epsilon + 64 - 27r^4 - (138\epsilon^2 - 192\epsilon + 48)r^2$。

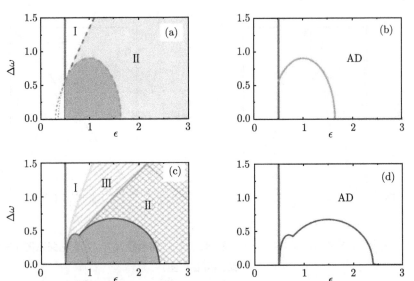

图 5.70 (a) $N = 3, r = 0.3$ 时参数 $\Delta\omega$-ϵ 空间的振幅死亡稳定区的理论临界线；(b) 与图 (a) 对应的振幅死亡区域数值计算临界线；(c) $N = 3, r = 0.5$ 时参数 $\Delta\omega$-ϵ 空间的振幅死亡稳定区的理论临界线；(d) 与图 (c) 对应的振幅死亡区域数值计算临界线

5.6 梯度耦合下的振荡死亡

(3) 区域III,

$$\frac{\epsilon^2 - r^2}{2} < \Delta\omega^2 < \frac{\epsilon^2 - r^2}{0.4},$$

$$\Delta\omega^2 > \frac{1}{2}(\sqrt{V} - 5 - 3r^2 + 20\epsilon - 17\epsilon^2),$$

$$\epsilon > 0.5, \tag{5.68}$$

其中, $V = 124\epsilon^4 - 264\epsilon^3 + 210\epsilon^2 - 72\epsilon + 9 + 4r^4 + (16\epsilon^2 - 24\epsilon + 6)r^2$。同样地, 以 $r = 0.5$ 为例, 可以得到理论计算的振幅死亡的区域 I、II、III 如图 5.70(c) 所示。其结果与数值计算结果完全吻合, 如图 5.70(d) 所示。同理可以确定振幅死亡区域达到最大值时所需的临界梯度耦合强度 r_c。由式 (5.67), 可令 $\frac{2}{9}(\sqrt{U} - 10 - 3r^2 + 40\epsilon - 37\epsilon^2) = 0$, 方程的解为

$$\epsilon = 1 \pm \frac{\sqrt{5}}{5} \pm \sqrt{0.7 + 0.3\sqrt{5} - (1 + 0.4\sqrt{5})r^2}, \tag{5.69}$$

由 ϵ 为实数的条件可得 $0.7 + 0.3\sqrt{5} - (1 + 0.4\sqrt{5})r^2 \geqslant 0$, 即得 $r_c = \sqrt{\dfrac{0.7 + 0.3\sqrt{5}}{1 + 0.4\sqrt{5}}} = 0.8507$。

5.6.2 周期边界条件

依然以金兹堡–朗道振子模型式 (5.59) 为例讨论周期边界条件下, 梯度耦合作用对耦合系统振幅死亡的影响。其雅可比矩阵可以写成

$$J = \begin{pmatrix} 1-2\epsilon+\mathrm{j}\omega_1 & \epsilon+r & 0 & \epsilon-r \\ \epsilon-r & 1-2\epsilon+\mathrm{j}\omega_2 & \epsilon+r & 0 \\ 0 & \epsilon-r & 1-2\epsilon+\mathrm{j}\omega_3 & \epsilon+r \\ 0 & \cdots & \cdots & \cdots \\ \epsilon+r & 0 & \epsilon-r & 1-2\epsilon+\mathrm{j}\omega_N \end{pmatrix}, \tag{5.70}$$

通过数值计算不同系统尺寸 N 时, 参数 $\Delta\omega$-ϵ 空间的振幅死亡区域, 如图 5.71 所示。当耦合振子的尺寸较小时, 如 $N = 3, 4$ 时, 随着梯度耦合强度的增加, 振幅死亡的区间逐渐减少。而当耦合振子的尺寸 $N \geqslant 5$ 时, 随着梯度耦合强度的增加, 振幅死亡的区间会先增加后逐渐减少, 存在一个临界梯度耦合强度 r_c, 当 $r > r_c$ 时, 耦合振子系统的振幅死亡区域会小于只有扩散耦合时的振幅死亡区域。同时, 也存在最优的梯度耦合强度 r_o, 使耦合振子系统在 $r = r_o$ 时有最大的振幅死亡区域。为了更直观地确定梯度耦合强度变化对耦合振子的振幅死亡的区域的影响, 我们定义参量 $R'(r) = 1 - \dfrac{S(0)}{S(r)}$, 其中 $S(r)$ 是当梯度耦合强度为 r 时, 耦合振子系统在 $\epsilon \in (0.5, 20), \Delta\omega \in (0, 20)$ 区间的振幅死亡区域的面积。显然有 $R'(0) = 0$,

如果 $R'(r) > R'(0)$,则说明梯度耦合作用下,耦合振子系统的振幅死亡区域比只有扩散耦合时的更小。而当 $\dfrac{\mathrm{d}R'(r)}{r} < 0$ 说明增加梯度耦合强度 r 会使耦合振子系统的振幅死亡区域扩大。于是临界梯度耦合强度 r_c 可由 $R'(r_c) = 0$ 确定。而最优梯度耦合强度则可以由式 $\dfrac{\mathrm{d}R'(r)}{\mathrm{d}r} = 0$ 确定。不同尺寸 N 时,$R'(r)$-r 的关系由图 5.72 所示。r_c 和 r_o 均随着耦合振子系统尺寸 N 增加而增加,如图 5.73 所示。

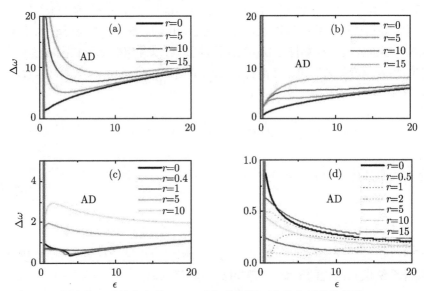

图 5.71 耦合振子系统在参数 $\Delta\omega$-ϵ 空间的振幅死亡稳定区的临界线。(a) $N = 3, r = 0, 5, 10, 15$; (b) $N = 4, r = 0, 5, 10, 15$; (c) $N = 10, r = 0, 0.4, 1, 5, 10$; (d) $N = 100, r = 0, 0.5, 1, 2, 5, 10, 15$(扫描封底二维码可看彩图)

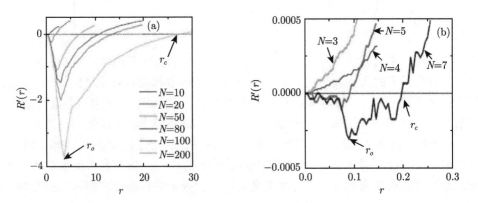

图 5.72 $R'(r)$-r 的关系图。(a) $N = 10, 20, 50, 80, 100, 200$; (b) $N = 3, 4, 5, 7$(扫描封底二维码可看彩图)

5.6 梯度耦合下的振荡死亡

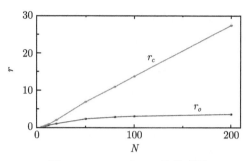

图 5.73 r_c, r_o 与 N 的关系图

对于较小的 $N=4$ 时,我们同样可以理论计算出雅可比矩阵的特征值为

$$\lambda_{1,2} = 1 - 2\epsilon \pm 0.5\sqrt{T_1} + j(1+1.5\Delta\omega),$$
$$\lambda_{2,3} = 1 - 2\epsilon \pm 0.5\sqrt{T_2} + j(1+1.5\Delta\omega), \tag{5.71}$$

其中 $T_{1,2} = 8\epsilon^2 - 8r^2 - 5\Delta\omega^2 \pm 4\sqrt{\Delta\omega^4 - 4\Delta\omega^2(\epsilon^2 - r^2) + 4(\epsilon^2 + r^2)^2}$。由特征值实部要小于零可得振幅死亡的区域为:

(1) 区域 I,

$$\Delta\omega^2 > \frac{4}{9}(2\epsilon^2 - 2r^2 + 2\sqrt{r^4 + 34\epsilon^2 r^2 + \epsilon^4}),$$
$$\epsilon > 0.5, \tag{5.72}$$

(2) 区域 II,

$$\Delta\omega^2 < \frac{4}{9}(2\epsilon^2 - 2r^2 + 2\sqrt{r^4 + 34\epsilon^2 r^2 + \epsilon^4}),$$
$$\Delta\omega^2 \geqslant \frac{2}{3}(20\epsilon - 18\epsilon^2 - 2r^2 - 5 + G). \tag{5.73}$$

其中,$G = 2\sqrt{81\epsilon^4 - 144\epsilon^3 + 100\epsilon^2 - 32\epsilon + 4 + (18\epsilon^2 + 16\epsilon - 4)r^2 + r^4}$。

图 5.74(a)、5.74(c) 分别给出了 $N=4, r=5, 10$ 时参数 $\Delta\omega$-ϵ 空间的振幅死亡稳定区的理论临界线。对应于式 (5.72) 和式 (5.73) 所确定的两个振幅死亡区域。图 5.74(b)、5.74(d) 中给出的数值计算结果与理论结果相吻合。为了便于理论分析,耦合振子的自然频率设为随空间线性增加的分布模式。当自然频率分布不是均匀增加,而是随机分布时,梯度耦合作用对振子系统振幅死亡的影响如何?为了探讨这一结论,我们以周期边界条件下的耦合振子系统为例,将自然频率设为 $\omega_i = \omega_1 + (i-1)\Delta\omega + \xi$,其中 ξ 均值为零,方差为 σ 的高斯噪声,即有 $<\xi_i(t)>=0, <\xi_i(t)\xi_k(t')>=\sigma\delta_{i,k}\delta(t-t')$。

任意给定两组方差为 $\sigma = 2$ 的噪声作用在自然频率上,数值计算出耦合振子的振幅死亡区域,如图 5.75(a)、5.75(b) 所示。与没有加噪声时的振幅死亡区域相比,

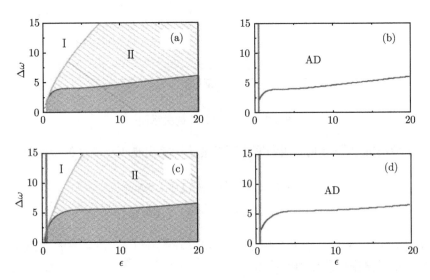

图 5.74 (a)$N = 4, r = 5$ 时参数 $\Delta\omega$-ϵ 空间的振幅死亡稳定区的理论临界线;(b) 与 (a) 对应的振幅死亡区域数值计算临界线;(c)$N = 4, r = 10$ 时参数 $\Delta\omega$-ϵ 空间的振幅死亡稳定区的理论临界线;(d) 与 (c) 对应的振幅死亡区域数值计算临界线

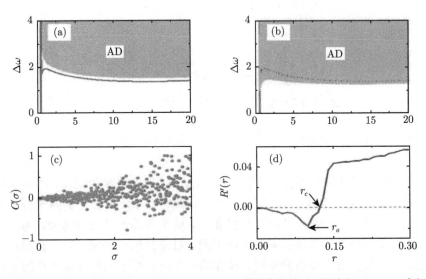

图 5.75 (a)、(b) 频率受任意给定两组方差 $\sigma = 2$ 的噪声影响时,耦合振子 $\Delta\omega$-ϵ 空间的振幅死亡稳定区,黑线为没有噪声时的振幅死亡稳定区;(c) $C(\sigma)$ 随噪声方差 σ 变化关系图;(d) $R'(r)$ 与 r 的关系图,其中 $R'(r)$ 计算时参数范围为 $\epsilon \in (0.5, 1.5)$, $\Delta\omega \in (0, 2)$

对于给定的梯度耦合作用强度 r，加不同的噪声时耦合振子的振幅死亡区域可能变得更大，也可能变得更小。为了更好地描述噪声对耦合振子振幅死亡区域的影响，我们定义参量 $C(\sigma) = 1 - \dfrac{S(\sigma)}{S(0)}$，其中 $S(\sigma)$ 是给定方差为 σ 的噪声时在参数区间 $\epsilon \in (0.5, 1.5), \Delta\omega \in (0, 2)$ 内非振幅死亡区域的面积。因此，$C(\sigma)$ 表示振幅死亡区间在噪声作用下被扩大。图 5.75(c) 中我们计算了不同方差 σ 的噪声作用下对应的参量 $C(\sigma)$ 与 σ 之间的关系。可知，随着噪声方差增加，振幅死亡的区域涨落也相应地增加，且从统计意义上看，振幅死亡的区域有小幅度增加。

下面我们讨论耦合混沌振子系统中，梯度耦合作用对振幅死亡区域的影响，考查耦合 Rossler 振子，

$$\dot{x}_i = \omega y_i - z_i + \epsilon(x_{i+1} + x_{i-1} - 2x_i),$$
$$\dot{y}_i = \omega x_i + a y_i,$$
$$\dot{z}_i = b + z_i(x_i - c), \quad i = 1, 2, \cdots, N, \tag{5.74}$$

其中参数取 $a = 0.165, b = 0.2, c = 10$，自然频率设置与式 (5.60) 一致，以 $N = 10$ 为例，结果表明，随着梯度耦合强度的增加，耦合混沌振子系统中的振幅死亡区域也是先增加，然后再减少。同样地，根据参量 $R'(r)$ 随梯度耦合强度 r 的变化关系 (图 5.75(d))，$R'(r)$ 先由零变负，然后在 $r = r_o = 0.1$ 时达到最小值，然后逐渐增加，当 $r = r_c = 0.124$ 时，$R'(r) = 0$。存在最优梯度耦合强度 r_o 使耦合振子系统的振幅死亡区域最大。同时，也存在临界梯度耦合强度 r_c，当 $r > r_c$ 时，梯度耦合增加不再影响振幅死亡的区域。

总之，梯度耦合作用对耦合振子的振幅死亡区间有显著影响，且其影响与边界条件相关。当耦合系统为无流边界条件时，梯度耦合会单调地增加振幅死亡区域，直到梯度耦合大于某一与系统尺寸有关的临界值时，耦合振子的振幅死亡区域不再受梯度耦合强度的影响。在周期边界条件下，梯度耦合作用在增加时，耦合振子的振幅死亡区域会先增加后减少。存在一个最优的梯度耦合强度 r_o，使耦合振子的振幅死亡区域达到最大值。

5.7 平均场耦合作用下的振荡死亡

自然界中许多系统，如生物 [17,18,108]、生态 [110]、物理 [52] 等，子系统之间的相互作用都表现为通过平均场的方式实现的，即任意一个子系统均受到整个系统的某个状态量的均值的作用。耦合系统在平均场作用下可以形成自组织动力学行为，如各种形式的同步。夏日里聚集在树上的萤火虫在同伴的闪光中同步地发出亮光 [96]，音乐厅里的听众同步地鼓掌 [97]，具有电流偏置条件下的约瑟夫结阵列中的

电压以相同频率振动[98],天空中的鸟群,海中的鱼群自发地组成一只大型动物的轮廓向前运动的聚群行为[99]。耦合振子系统中,如果我们不仅考虑耦合振子的频率之间的锁定关系,还考查耦合振子的幅度在平均场耦合作用的变化情形。发现平均场耦合作用下,耦合系统会出现振幅死亡或振荡死亡现象。如 Banerjee 等[35]在具有时延的平均场耦合系统中观察到振幅死亡和同步态,而 Chakraborty 等[104]在平均场耦合锁相环电路中观察到振荡死亡现象。

5.7.1 耦合周期振子系统

对于耦合周期振子系统[52],

$$\dot{z}_i(t) = (1 + j\omega_i - |z_i(t)|^2)z_i(t) + \epsilon(Q\bar{z}(t) - \alpha \mathrm{Re}(z_i(t))), \quad i = 1, 2, \cdots, N, \quad (5.75)$$

其中,$z_i(t) = x_i(t) + jy_i(t)$,$\bar{z}(t) = \dfrac{1}{N}\sum_{i=1}^{N}\mathrm{Re}(z_i(t))$ 是耦合振子系统实部的平均场,$\omega_i = \omega$ 为振子单元的自然频率,ϵ 是耦合强度,控制参数 Q 确定平均场的作用强度 ($Q \in [0,1]$),$Q = 0$ 为自反馈耦合系统。简单起见,先以 $N = 2$ 为例,则耦合振子系统有固定点 $O(0,0,0,0)$、不均匀固定点 $F_{IHSS}(x^*, y^*, -x^*, -y^*)$ 和非普通固定点 $F_{NHSS}(x^\dagger, y^\dagger, x^\dagger, y^\dagger)$,其中 $x^* = -\dfrac{\omega y^*}{\omega^2 + \epsilon\alpha(y^*)^2}$,$y^* = \pm\sqrt{\dfrac{(\epsilon\alpha - 2\omega^2 + \sqrt{\epsilon^2\alpha^2 - 4\omega^2})}{2\epsilon\alpha}}$,$x^\dagger = -\dfrac{\omega y^\dagger}{\epsilon(\alpha - Q)(y^\dagger)^2 + \omega^2}$,$y_1^\dagger = \pm\sqrt{\dfrac{\epsilon(1-Q) - 2\omega^2 + \sqrt{\epsilon^2(1-Q)^2 - 4\omega^2}}{2\epsilon(1-Q)}}$,基于特征值分析和利用 XPPAUT 软件做系统分岔图,可以分析平均场作用下,耦合系统的动力学行为的变化情况。固定点 $O(0,0,0,0)$ 的雅可比矩阵的特征值为

$$\lambda_{1,2} = 1 - \frac{1}{2}(\epsilon(1-Q) \pm \sqrt{\epsilon^2(1-Q)^2 - 4\omega^2}),$$
$$\lambda_{3,4} = 1 - \frac{1}{2}(\epsilon \pm \sqrt{\epsilon^2 - 4\omega^2}), \quad (5.76)$$

可知,固定点 O 会经过两次叉型分岔,其中第一次叉型分岔后,固定点 O 会通过对称性破缺走向非均匀固定点 F_{IHSS},分岔点与参数 Q 无关,为 $\epsilon_{PB1} = 1 + \omega^2$。经第二次叉型分岔可以产生非普通的固定点 F_{NHSS},分岔点为 $\epsilon_{PB2} = \dfrac{1+\omega^2}{1-Q}$,该固定点走向稳定后会产生非普通的振幅死亡。当令特征值实部为零,可以求出固定点 O 产生霍普夫分岔的临界点为:$\epsilon_{HB1} = 2$,$\epsilon_{HB2} = \dfrac{2}{1-Q}$。由耦合系统在参数 ϵ 上的分岔图 5.76(a) 可知,$Q = 0.3$,$\omega = 2$ 时,随着耦合强度的增加,耦合系统依次经过两次霍普夫分岔,并在 $\epsilon = 2.6$ 处产生振幅死亡如图 5.76(b)。然后经叉型分岔在 $\epsilon = 5$ 产生振荡死亡如图 5.76(c)。再经过第二次叉型分岔在 $\epsilon = 7.142$ 处产生

5.7 平均场耦合作用下的振荡死亡

非均匀固定点如图 5.76(d)。这些非均匀固定点通过亚临界叉型分岔在 $\epsilon = 8.05$ 处变成稳定固定点产生非普通振幅死亡。此时非普通振幅死亡与之前产生的非均匀固定点解同时稳定，因此可以观察到振荡死亡与非普通的振幅死亡共存现象。这种共存现象最早在文献 [50] 中也报道过。

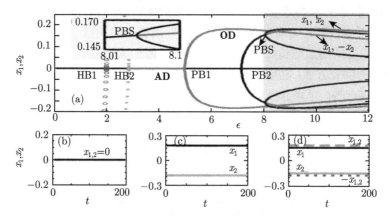

图 5.76 (a) $Q = 0.3, \omega = 2$ 时，平均场耦合系统的两个变量 $x_{1,2}$ 的分岔图；系统的变量 $x_{1,2}$ 的时序图，(b) $\epsilon = 4$ 振幅死亡，(c) $\epsilon = 7$ 振荡死亡，(d) $\epsilon = 10.92$ 非普通振幅死亡

下面讨论平均场的控制量 Q 对耦合振子系统动力学行为的影响。增加 Q，第二次霍普夫分岔点 ϵ_{HB2} 会向第一次叉型分岔点 ϵ_{PB1} 靠近，从而使振幅死亡的区域减少。对于给定的频率 $\omega(\omega > 1)$，当 $Q = Q^* = \dfrac{\omega^2 - 1}{\omega^2 + 1}$ 时，ϵ_{HB2} 与 ϵ_{PB1} 相碰。此时，振幅死亡区域消失，如图 5.77(a) 所示为 $Q = 0.6, \omega = 2$ 时的分岔图。当 $Q > Q^*$，$\epsilon_{HB2} > \epsilon_{PB1}$，此时普通振幅死亡通过亚临界霍普夫分岔变稳定，当 $Q = 0.7$ 时，该亚临界霍普夫分岔点为 $\epsilon_{HBS} = 5.341$，该临界点可以通过对固定点 F_{IHSS} 的雅可比矩阵特征值的求得，

$$\epsilon_{HBS} = \frac{-2(1+Q) + 4\sqrt{1 + \omega^2(1-Q)(3+Q)}}{(1-Q)(3+Q)}, \tag{5.77}$$

第二次霍普夫分岔所产生的不稳定极限环在 $\epsilon_{PBC} = 5.8$ 处通过叉型分岔后变成稳定极限环，在 ϵ_{PBC} 和 ϵ_{HBS} 之间，稳定极限环和振荡死亡，不稳定极限环共存。图 5.78 中，给出了 $\omega = 2$ 时，Q-ϵ 参数空间的状态图。图中有四种状态，包括极限环、振幅死亡、振荡死亡、振荡死亡与非普通的振幅死亡共存。

总之，耦合振子的耦合方式对耦合振子系统走向各种形式的振荡猝灭有显著的影响。例如，吸引耦合作用易使两个耦合系统的动力学行为趋于同步，而与之相比，排斥耦合作用易使两个耦合振子系统趋于反向同步。而当同时存在吸引与排斥耦合作用相互竞争时，耦合振子系统会最终走向振荡死亡。在无流边界条件下，当

引入具有不对称性的梯度耦合作用时，不对称耦合作用会使耦合振子系统的振幅死亡区域扩大。而在周期边界条件下，不对称的梯度耦合作用会使耦合振子系统的振幅死亡区间先扩大后缩小。而交叉变量耦合作用则会使耦合全同振子系统实现振幅死亡。根据相空间重构理论可知，交叉变量耦合可以等效成具有时间延迟的同变量耦合作用，因而其对耦合振子系统动力学的影响，可以看成是存在时间延迟时的耦合振子系统。而开关耦合和周期信号调制耦合作用则可以提高耦合系统的控制效率，即通过周期性地施加控制信号，使耦合振子系统达到同步或振幅死亡。除了以上介绍的耦合方式，在实际系统中，还可以更多其他的耦合方式，如非线性耦合、平均场耦合等。对耦合振子振荡死亡的研究还有待进一步深入。

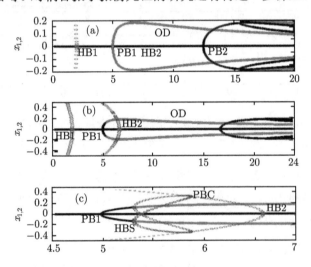

图 5.77 平均场耦合系统的两个变量 $x_{1,2}$ 的分岔图。(a) $Q=0.6, \omega=2$; (b) $Q=0.7$, $\omega=2$; (c) 图 (b) 的放大图

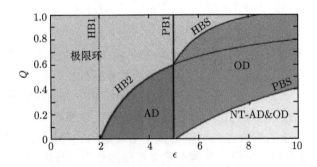

图 5.78 $\omega=2$ 时，Q-ϵ 参数空间的状态图

5.7.2 耦合混沌振子系统

对于耦合混沌振子系统，如 Rossler 振子[33,76]，在平均场耦合作用下，如式 (5.78)

$$\begin{aligned}\dot{x}_{1,2}(t) &= -y_{1,2}(t) - z_{1,2}(t) + \epsilon(Q\overline{x(t)} - x_{1,2}(t)), \\ \dot{y}_{1,2}(t) &= x_{1,2}(t) + ay_{1,2}(t), \\ \dot{z}_{1,2}(t) &= b + z_{1,2}(t)(x_{1,2}(t) - c),\end{aligned} \quad (5.78)$$

其中，参数 $a = b = 0.1, c = 18$，此时单个系统处于混沌态。$\overline{x(t)}$ 为所有振子 $x_i(t)$ 的平均值，Q 为平均场耦合作用强度，耦合系统具有固定点

$$\begin{aligned} x^* &= [rc \pm \sqrt{(rc)^2 - 4rab}]/2, \\ y^* &= -x^*/a, \\ z^* &= -b/(x^* - c), \end{aligned} \quad (5.79)$$

其中 $r = 1 + a\epsilon(Q-1)$。通过对固定点 (x^*, y^*, z^*) 作线性化分析可得固定点线性化矩阵的特征值为

$$\begin{aligned} \lambda_{1,2} &= [a - \epsilon \pm \sqrt{(a+\epsilon)^2 - 4}]/2, \\ \lambda_{3,4} &= [a - \epsilon + Q\epsilon \pm \sqrt{(a+\epsilon - Q\epsilon)^2 - 4}]/2, \\ \lambda_{5,6} &= -c, \end{aligned} \quad (5.80)$$

根据所有特征值实部小于零可得到在 Q-ϵ 参数空间中的振荡死亡区域，并可确定振荡死亡区域的边界临线。同时，根据耦合振子系统的数值计算结果，在 Q-ϵ 参数空间存在非同步区（Ⅰ），同步区（Ⅱ）以及振荡死亡区（Ⅲ）。当 $Q = 1$ 时，平均场耦合作用最强，随着耦合强度的增加，耦合振子系统从非同步态走向同步态。而当 Q 较小时，随着耦合强度的增加，耦合系统从非同步态到同步态最过进入振荡死亡态。为了进一步观察平均场强度变化对耦合振子系统动力学的影响，固定点 $\epsilon = 0.2$，并减小 Q，由耦合系统的前四大李雅谱诺夫指数可知，当 Q 减小时，耦合系统的最大李雅谱诺夫指数会从正变到零，最后变负，如图 5.79(b) 所示。可知随着 Q 减小，耦合振子系统从混沌态（如图 5.79(c)）走向周期态，最后在 $Q < Q_c = 0.5$ 时走向振荡死亡态，如图 5.79(d) 所示。

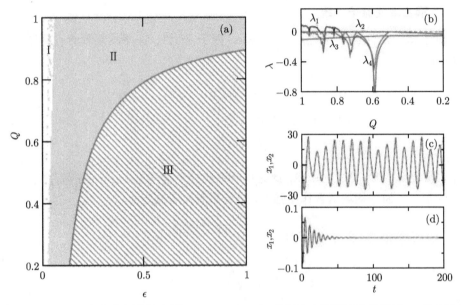

图 5.79 (a) Q-ϵ 参数空间的状态图；(b) $\epsilon = 0.2$ 时，前四大李雅谱诺夫指数随 Q 的变化关系；(c)、(d) $Q = 1, 0.4$ 时系统的时间序列

第6章 网络结构对振幅死亡的影响

以互联网为代表的的信息与计算机科学的发展,使人类社会迈进了网络时代,从互联网到万维网,从电力网到交通网,从生物体中的神经网络到新陈代谢网络,无一不反映系统中各单元之间错综复杂的相互作用。系统的功能不仅跟网络中的单元的动力学行为相关,还与复杂网络的结构参数和单元之间的相互作用方式密切相关。虽然复杂网络的结构错综复杂,但通过构建相应的数学模型,可以将复杂网络分为规则网络和随机网络以及介于两者之间的网络。其中规则网络包括全连接网络、环形网络、链形网络、星形网络和二维格子网络等;而随机网络是指按某种确定的统计特性生成的网络,以 ER 模型[165]生成的网络为主要代表。介于两者之间的网络主要有小世界网络[166,167]和无标度网络[168]。本章我们将讨论复杂网络结构对相互作用的耦合系统的振荡猝灭动力学的影响。

6.1 复杂网络基础知识

用网络的方法描述相互作用的系统源于 1736 年德国数学家欧拉对哥尼斯堡七桥问题的解决。从此,人们在熟悉而简单的规则网络结构如近邻耦合、全局耦合、星形耦合的基础上提出随机网络的概念。而 Watts 和 Strogatz 等[166,167]则发现现实世界的复杂网络既非简单的规则网络也不是完全随机的网络,而是具有显著的小世界特性,即一般的复杂网络结构具有很小的平均最短路径和很高的聚类系数。如社会关系网、万维网、新陈代谢网络、蛋白质相互作用网络等[170,171]。而 Barabasi 和 Albert[168]则发现现实世界的复杂网络结构还具有无标度特性,即网络中各节点的度分布表现出强的不均匀性,度分布为幂律分布,他们基于节点增长与度优先两个机制构建模型,并生成具有无标度特性的复杂网络。此后人们进一步研究发现小世界网络和无标度网络是复杂网络中的两种极端情况下的网络结构。而自然界中的许多网络同时具有小世界特性和无标度特性,进而采用部分节点以度优先、而另一部分节点随机生长的连接机制构建同时具有小世界和无标度两种特性的复杂网络模型[169]。

6.1.1 W-S 小世界网络模型

W-S 小世界网络生成的方法可简单描述为[166]:(1) 开始生成一个节点数为 N 的 k 近邻耦合振子环。为了使网络的度较小,$\ln(N) \ll k \ll N$;(2) 以一定的概率

p 对每条边断边重连,并防止出现节点自连接。通过改变参数 p,可以改变网络的属性。当 $p=0$ 时,网络保持原来的规则网络,如图 6.1(a) 所示。当 $p=1$ 时,几乎所有边均会断边重连,网络接近于完全随机的网络,如图 6.1(c) 所示。当 $p \in (0,1)$ 时,网络为小世界网络,如图 6.1(b) 所示。不同的 p 所生成的网络具有不同的度分布,图 6.2 给出了 $N=1000$ 时,不同的断边重连概率下,网络的度分布曲线。

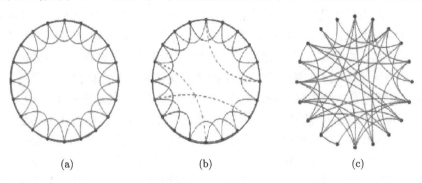

图 6.1 $N=20$ 时,(a) $p=0$ 时的规则网络;(b) $p \in (0,1)$ 时的小世界网络;(c) $p=1$ 时的随机网络

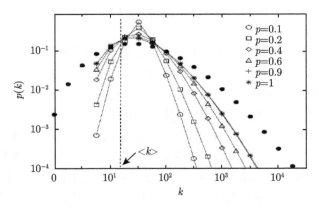

图 6.2 $N=1000$ 时,(a) $p=0$ 时的规则网络;(b) $p \in (0,1)$ 时的小世界网络;(c) $p=1$ 时的随机网络

6.1.2 BA 无标度网络模型

对于 BA 无标度网络模型,生成方法可描述为[168]:(1) 首先从 m_0 个节点构成的初始网络开始,每一时间步长,增加 1 个节点,并将该节点与现有节点连不同的 m 条边;(2) 连接 m 条边时,与某节点 i 连边的概率 $\Pi(k_i)$ 与该节点的度 k_i 成

正比，如式 (6.1)。

$$\Pi(k_i) = \frac{k_i}{\sum_{1}^{m_0+t-1} k_i}, \quad i = 1, 2, \cdots, m_0 + t - 1, \tag{6.1}$$

经 t 步后，网络中的总节点数为 $N = m_0 + t$，总边数约为 mt，$\sum_i k_i = 2mt - m$。任意节点 i 的度随时间的演化方程可写成

$$\frac{\partial k_i}{\partial t} = m\Pi(k_i) = \frac{k_i}{2t}. \tag{6.2}$$

所生成的网络的度分布如图 6.3(a) 所示。其度分布满足公式

$$P(k) \sim 2m^{1/\beta} k^{-\gamma}, \tag{6.3}$$

其中 $\beta = 1/2$，为确定每个节点度随时间演化的参量，即节点 i 的度随时间演化满足方程 $k_i(t) = m\left(\dfrac{t}{t_i}\right)^{\beta}$，其中 $\beta = 1/2$，t_i 为节点 i 度为 m 时所对应的步数，$\gamma = 1 + 1/\beta = 3$。

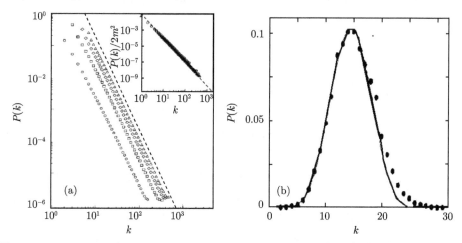

图 6.3 $N = 300\,000$ 时，(a) $m_0 = m = 1, 3, 5, 7 (\bigcirc, \square, \diamond, \triangle)$ 时，无标度网络的度分布，其中 $\gamma = 2.9$；(b) 随机网络的度分布

6.2 规则网络中的振幅死亡

规则网络的结构相对简单，对它的研究可追溯到 1736 年的欧拉七桥问题。规则网络结构中比较常见的有近邻网络、全局网络、星形网络。其中总节点数为 N

的近邻耦合中，每个节点左右均有 p 个邻居节点与之相连接，每个节点的度为 $2p$，其中 p 为大于 0 但小于 $\frac{N-1}{2}$ 的整数。全局网络则表示网络中的任意一个节点均与网络中的其他节点相连。星形网络中有一个节点的邻居为 $N-1$，而其他节点的邻居为 1。

6.2.1 近邻耦合振子中的振幅死亡

考查近邻耦合振子模型[21]，

$$\dot{z}_i(t) = (1 + \mathrm{j}\omega_i - |z_i(t)|^2)z_i(t) + \epsilon(z_{i+1} + z_{i-1} - 2z_i), \quad i = 1, 2, \cdots, N, \tag{6.4}$$

采用周期边界条件，其中自然频率 ω_i 为均匀分布 $g(\omega) = \frac{1}{\Delta\omega}$，$\Delta\omega = \mathrm{Max}|\omega_i - \omega_k|(i, k = 1, 2, \cdots, N)$，$\epsilon$ 为耦合作用强度，没有耦合作用时每个振子具有一个不稳定固定点，$|z_i| = 0$，和以 ω_i 为频率的周期振荡极限环，$|z_i| = 1$。当耦合强度大于一定值 ϵ_c 时，可以使不稳定固定点稳定。通过对固定点做线性稳定性分析，固定点的雅可比矩阵 A 的特征值无法解析给出，但可确定它的迹的实部为 $\mathrm{Re}(\mathrm{Tr}A) = N(1 - 2\epsilon)$，由此可得固定点稳定的必要条件为 $\epsilon > 0.5$。为了便于确定耦合系统走向振幅死亡的过程，可以定义参量平均相关能量，

$$E = \frac{1}{N}\left\langle \sum_{i=1}^{N} |z_i|^2 \right\rangle, \tag{6.5}$$

其中 $\langle \bullet \rangle$ 为对时间求平均。同时定义另一参量振荡振子比例 $P_a = \frac{N_a}{N}$，其中 N_a 为处于振荡的振子 ($|z_i| \neq 0$) 的数量。当 $0 < P_a < 1$ 时说明部分振子处于振幅死亡。当 E，N_a 均为零时，说明所有振子均处于振幅死亡。取 $N = 1000$，分别计算不同的 $\Delta\omega$ 下，E，P_a 随耦合强度 ϵ 的变化关系，如图 6.4 所示，当 $\Delta\omega$ 较小时，随着耦合强度增加，E 和 P_a 均无法到达零；而当 $\Delta\omega$ 较大时，E 和 P_a 可在一定的耦合强度范围内达到零，即在一定耦合强度范围内耦合振子系统处于振幅死亡态。此时，耦合振子系统走向振幅死亡过程经历了三个不同的阶段，第一阶段，当耦合强度 $\epsilon \leqslant 0.5$ 时，$P_a = 1$，对于所有不同的 $\Delta\omega$，E 均相等，此时系统不存在处于振幅死亡的振子。$\epsilon > 0.5$，P_a 从 1 突然掉到小于 1 的数，此时部分振子处于振幅死亡，而其他振子还处于振荡态，称为部分振幅死亡状态[186]。当耦合振子为部分振幅死亡态时，处于振幅死亡的振子的数量随着 $\Delta\omega$ 的增加而相应地增加，如图 6.4 所示。第二阶段是耦合强度为 $\epsilon \in (0.5, 1)$ 区间，当频率失配足够大时，不同的 $\Delta\omega$ 下，E 和 P_a 随耦合强度 ϵ 变化的规律基本一致。第三阶段为 $\epsilon > 1$，E 和 P_a 随耦合强度 ϵ 变化缓慢，对于较大的 $\Delta\omega$，耦合系统先达到完全振幅死亡，也就是说达到完全振幅死亡所需的临界耦合强度 ϵ_c 随 $\Delta\omega$ 增加而相应地减少，同时也受自

6.2 规则网络中的振幅死亡

然频率的分布的影响。这与全局耦合振子中振幅死亡与自然频率分布无关的结论不同。主要是因为在近邻耦合中,频率的空间位置影响系统的空间对称性,而在全局耦合中,频率的空间位置对耦合系统的整体对称性没有影响。从而不影响振幅死亡所需临界耦合强度。为了更全面地理解耦合振子系统走向完全振幅死亡的过程,图 6.4(c)、6.4(d) 给出了 E 和 P_a 随 $\Delta\omega$ 变化的关系,结果表明达到完全振幅死亡所需的最小 $\Delta\omega$ 随耦合强度的增加而减少。当耦合强度较小时,无论 $\Delta\omega$ 多大,耦合系统没有处于振幅死亡的振子,例如 $\epsilon=0.49$ 时,对所有的 $\Delta\omega$,$P_a=1$。通过观察不同耦合强度下,耦合振子在复平面的分布,可以清楚地确定耦合振子系统走向完全振幅死亡的过程。以 $N=10000$,$\Delta\omega=30$ 为例,当耦合强度很小时,所有振子均分布在一个环上,如图 6.5(a) 所示。当耦合强度增加时,环的半径逐渐减小,当耦合强度 $\epsilon>0.3$ 时,振子形成第二个环形和其他一些杂散的点。在走向完全振幅死亡的三个阶段中,不同的集团起不同的作用。第一个阶段,第一个环随着耦合强度逐渐缩小,直至 $\epsilon=0.5$ 时碰到 $|z|=0$。而第二个环上的振子则仅在第二个阶段时开始缩小并在 $\epsilon=1$ 时碰到 $|z|=0$。而第三个阶段中是杂散的振子逐渐收缩并与 $|z|=0$ 碰撞,最后形成完全振幅死亡。三个阶段中,振子走向完全振幅死亡的过程可以清楚地由耦合振子振幅的分布 (图 6.6) 示出。图 6.5(a) 中的第一个环对应于图 6.6(a) 中的尖峰,并在 $\epsilon=0.5$ 时,第一个峰碰到 $|z|=0$,如图 6.6(d) 所示。图 6.5(c) 中的第二个环则在 $\epsilon=1$ 时碰到 $|z|=0$,如图 6.6(f) 所示。因此耦合振子走向完全振幅死亡前经历两个过渡过程,第一个过程形成部分振幅死亡,而第

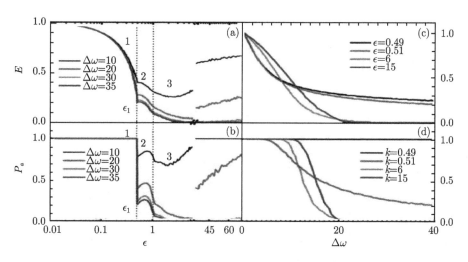

图 6.4 (a) E 随耦合强度 ϵ 变化关系;(b) E 随 $\Delta\omega$ 变化关系;(c) P_a 随耦合强度 ϵ 变化关系;(d) 随 $\Delta\omega$ 变化关系。来自文献 [21](扫描封底二维码可看彩图)

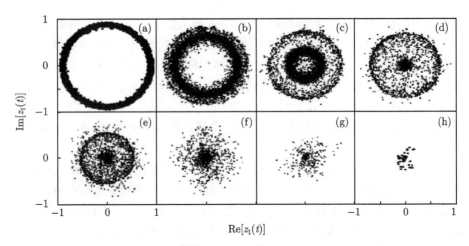

图 6.5 耦合振子在复平面的相图 [21]。(a)$\epsilon = 0.1$；(b) $\epsilon = 0.3$；(c) $\epsilon = 0.45$；(d) $\epsilon = 0.5$；(e) $\epsilon = 0.7$；(f) $\epsilon = 1$；(g) $\epsilon = 4$；(h) $\epsilon = 2.5$

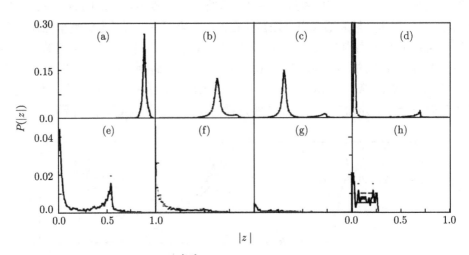

图 6.6 耦合振子的振幅的分布图 [21]。(a)$\epsilon = 0.1$；(b) $\epsilon = 0.3$；(c) $\epsilon = 0.45$；(d) $\epsilon = 0.5$；(e) $\epsilon = 0.7$；(f) $\epsilon = 1$；(g) $\epsilon = 4$ (幅度放大了 100 倍)；(h) $\epsilon = 2.5$

二个过程加强部分振幅死亡。第一个环形成时，可以看出大部分振子均处于环上，而杂散的点较少。在第三个阶段，杂散的点没有形成分布峰，而振幅较大的最后才达到振幅死亡。振幅分布从宏观上给出了耦合振子走向振幅死亡的过渡过程。为了更进一步弄清走向振幅死亡的微观过程，图 6.7 给出了不同位置上的耦合振子的瞬时振幅的分布情况随耦合强度增加时的变化。为了便于观察，只取了第 4000～5000 振子的振幅分布，当耦合强度从 0 逐渐增加时，大部分振子处于一个平台上，平台整体向下移动，同时少量振子保持振幅不变而形成一些尖峰。当 $\epsilon = 0.5$ 时，平台移到等于零处，而少量处于尖峰的振子依然保持大振幅。这些振子之间的频率较接近而形成同步子集团，从而抵抗振幅的减少。

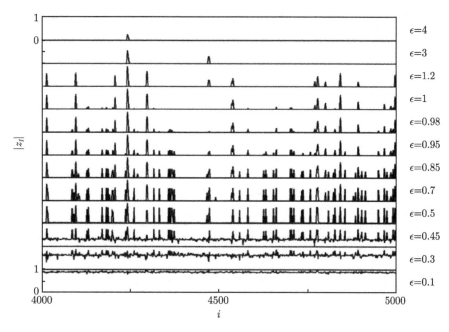

图 6.7 耦合振子的振幅分布图 [21]

下面讨论为什么当耦合强度 $\epsilon > 0.5$ 时，耦合系统中的大部分振子会走向振幅死亡。将式 (6.4) 写成 $\dot{z}_i(t) = (1 - 2\epsilon + j\omega_i - |z_i|^2)z_i(t) + \epsilon(z_{i+1} + z_{i-1})$，如果 $\epsilon(z_{i+1} + z_{i-1}) = 0$，则第 i 个振子的振幅会随着耦合强度的增加而减小，当 $\epsilon = 0.5$ 时，有 $|z_i| = 0$ 变成稳定解。在实际耦合系统中，由于当耦合强度增加接近 0.5 时，除了同步集团内的振子外，其他振子之间相关性很弱，即 $\epsilon(z_{i+1} + z_{i-1})$ 几乎接近于零，从而对振子 i 的影响很弱。所以当耦合强度 $\epsilon \geqslant 0.5$ 时，没有处于同步集团的振子就会到振幅死亡态。在第二个阶段 $\epsilon \in (0.5, 1)$，具有较大振幅的振子形成第二个环，并且这个环上的振子走向振幅死亡的过程也是通过同步先失稳走向振幅死亡的。同第一阶段类似，在同步失稳过程中，总有一些频率更接近的振子同步失稳更难，在第二个环碰零后这些点之间依然存在同步，从而形成杂散的振子。在第三阶段，这些杂散的同步小集团最后失稳走向振幅死亡，在这个过程中，耦合振子系统是通过同步集团数量的减少而使系统走向完全振幅死亡的。因此，什么耦合强度下可以达到完全振幅死亡，由最后一个同步子集团失稳所需耦合强度决定。最后一个同步子集团的失稳与频率的分布相关。因此可以解释达到完全振幅死亡所需的临界耦合强度与频率分布有关的机制。为了说明走向振幅死亡的普适性，分别在不同

频率分布 $\Delta\omega$ 下，计算第一、二个环的半径随耦合强度的变化关系，如图 6.8(a) 所示。由图可知对于所有的 $\Delta\omega$，两个环的半径服从统一的标度律 $r_{1,2} \propto (\epsilon_{c1,2}-\epsilon)^{0.5}$，其中 $\epsilon_{c1}=0.5, \epsilon_{c2}=1$。两个阶段的相变过程均为二阶相变。耦合系统走向部分振幅死亡的区域如图 6.8(b) 所示。

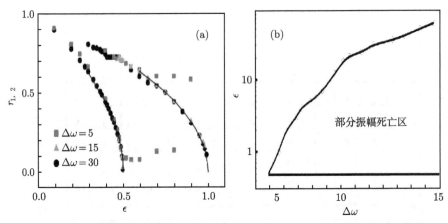

图 6.8 (a) 参量 $r_{1,2}$ 随 ϵ 的变化关系图；(b) 部分振幅死亡的参数区域 [21]

6.2.2 频率分布对振幅死亡影响

对于近邻耦合振子系统，频率的空间分布对耦合振子系统达到振幅死亡所需参数会有显著的影响 [62]。耦合振子模型依然与式 (6.4) 相同，但采用无流边界条件。其频率分布采用随空间线性增加的方式，

$$\omega_i = \frac{i-1}{N-1}\Delta\omega + \Delta\omega^*\xi_i, \quad i=1,2,\cdots,N, \tag{6.6}$$

其中 ξ_i 为 $[-0.5, 0.5]$ 之间均匀分布的噪声，N 为耦合振子的总数。$\Delta\omega^*$ 为噪声作用强度，当 $\Delta\omega^*=0$ 时，频率分布为等间距的线性增长模式。以 $\Delta\omega=6, N=100$ 为例，可以看到耦合作用下，中间振子的振幅会先变为零，而两边的振子的振幅不为零，从而产生部分振幅死亡现象，如图 6.9(a) 所示。当在频率分布中引入噪声后，设 $\Delta\omega=6, \Delta\omega^*=0.2\Delta\omega$，耦合振子的部分振幅死亡现象被破坏，所有振子的 $\langle|z_i|^2\rangle$ 均不为零，如图 6.9(b) 所示。其耦合后的平均频率为多个平台，说明此时耦合振子系统存在多个同步子集团，从图 6.10 中的时空图也可以看出多个同步子集团。为了进一步确定频率分布对振幅死亡的影响，图 6.11 给出了平均相关能量 $E=\frac{1}{N}\left\langle\sum_{i=1}^{N}|z_i|^2\right\rangle$ 随噪声强度 $\frac{\Delta\omega^*}{\Delta\omega}$ 的变化关系。当初始的频率差异较小时，如 $\Delta\omega=0.75$，频率分布噪声加入后，对耦合振子的平均相关能量 E 没有显著的影响。而当初始的频率差异较大时，如 $\Delta\omega=3$，频率分布噪声的加入对耦合振子的平均

相关能量 E 影响明显，会使它先增加，后减少，存在一个最优的噪声强度 $\Delta\omega_c^*$ 使耦合系统的平均相关能量 E 有最大值。此外当 $\Delta\omega > 9$ 时，当噪声强度 $\Delta\omega^*$ 增加到一定值时会使平均相关能量 E 变成零，即使耦合振子系统产生完全振幅死亡。

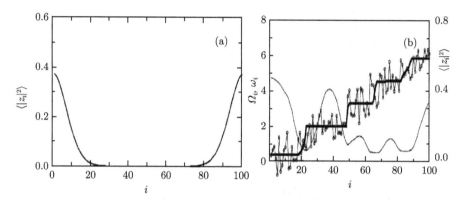

图 6.9 (a) 线性增加频率分布时，耦合振子的 $\langle |z_i|^2 \rangle$ 的空间分布[62]；(b) 当在频率分布中加入噪声后，耦合振子的 $\langle |z_i|^2 \rangle$，自然频率 ω_i 和耦合后的平均频率 Ω_i 的空间分布

频率失配的空间分布对耦合振子系统振幅死亡的机制分析。文献 [172] 在控制同步斑图形成时指出频率失配的空间分布对耦合振子系统振幅死亡的影响机制主要有两种，一种是频率失配的引入改变了吸引子的类型，另一种是频率失配引入对吸引子改变不大，而只是改了双稳态各自的吸引域。这里主要是由第一种机制引起的。频率失配的引入改变了耦合振子的同步集团的结构，如图 6.10 所示。

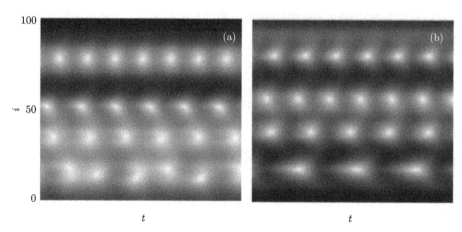

图 6.10 (a)、(b) 两组不同噪声影响下，耦合振子的 z 变量的实部的时空分布图[62]

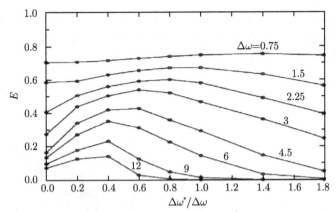

图 6.11　平均相关能量 E 随噪声强度 $\dfrac{\Delta\omega^*}{\Delta\omega}$ 的变化关系 [62]

6.2.3　全局耦合振子中的振幅死亡

考查全局耦合振子网络 [158],

$$\dot{z}_i(t) = (1 + j\omega_i - |z_i(t)|^2)z_i(t) + \frac{\epsilon}{N}\sum_{k=1}^{N}(z_k - z_i), \quad i = 1, 2, \cdots, N, \qquad (6.7)$$

定义平均场量 $\bar{z} = \dfrac{1}{N}\sum_{k=1}^{N} z(k)$,则上式可写成

$$\dot{z}_i(t) = (1 + j\omega_i - |z_i(t)|^2)z_i(t) + \epsilon(\bar{z} - z_i), \quad i = 1, 2, \cdots, N, \qquad (6.8)$$

于是可以把全局耦合振子系统看成是两个振子之间的耦合,其中一个是平均场量。可以把平均场量定义成 $\bar{z} = Re^{j\phi}$,则式 (6.8) 可以写成

$$\begin{aligned}\dot{r}_i &= (1 - r_i^2 - \epsilon)r_i + \epsilon R\cos(\phi - \theta_i),\\ \dot{\theta}_i &= \omega_i + \frac{\epsilon R}{r_i}\sin(\phi - \theta_i), \quad i = 1, 2, \cdots, N,\end{aligned} \qquad (6.9)$$

其中 $r_i = \sqrt{x_i^2 + y_i^2}$,当振子数 N 足够大时,自然频率 ω_i 可以认为是服从一定分布 $g(\omega)$ 的随机数,假设频率的均值为零。如果平均值不为零,可以通过对 z_i 做变换,使之变成平均频率为零的 z_i',其中 $z_i' = z_i e^{-j\bar{\omega}t}$。对于给定的频率分布,耦合系统有两个参量,即耦合强度 ϵ 和频率分布 $g(\omega)$ 的宽度 $\Delta = \dfrac{1}{\pi g(0)}$,则可以观察耦合振子系统所有 ϵ 和 Δ 下的动力学行为。当耦合强度较小,且频率分布范围较窄时,可以认为系统全在单位圆上运动,所以不考虑幅度的变化,可以将方程简化成

$$\dot{\theta}_i = \omega_i + \frac{\epsilon}{N}\sum_{k=1}^{N}\sin(\theta_k - \theta_i), \quad i = 1, 2, \cdots, N, \qquad (6.10)$$

6.2 规则网络中的振幅死亡

可以选用几种典型的概率密度函数：

(1) 均匀分布：

$$g(\omega) = \begin{cases} \dfrac{1}{\pi\Delta}, & |\omega| < \dfrac{\pi\Delta}{2}, \\ 0, & |\omega| > \dfrac{\pi\Delta}{2}. \end{cases}$$

(2) 三角分布：

$$g(\omega) = \begin{cases} \dfrac{\pi\Delta - |\omega|}{\pi^2\Delta^2}, & |\omega| < \pi\Delta, \\ 0, & |\omega| > \pi\Delta. \end{cases}$$

(3) 高斯分布：

$$g(\omega) = \frac{1}{\pi\Delta} \exp\left(-\frac{\omega^2}{\pi\Delta^2}\right). \tag{6.11}$$

(4) 洛伦兹分布：

$$g(\omega) = \frac{\Delta}{\pi(\omega^2 + \Delta^2)}. \tag{6.12}$$

当频率分布为均匀分布时，耦合系统在参数空间 ϵ-Δ 的相图 6.12 可知耦合振子系统有锁相态、部分锁相态、振荡死亡态、非相关态和不稳定态，其中不稳定态里有混沌态、振荡态和霍普夫分岔产生的极限环态。不同的自然频率分布对耦合振子系统振幅死亡的区域影响不同。对于振幅死亡的稳定性，可通过在固定点 $z_i = 0$ 处线性化得其线性化方程为

$$\frac{\mathrm{d}z_i}{\mathrm{d}t} = (1 - \epsilon + \mathrm{j}\omega)z_i + \epsilon\langle z \rangle, \quad i = 1, 2, \cdots, N, \tag{6.13}$$

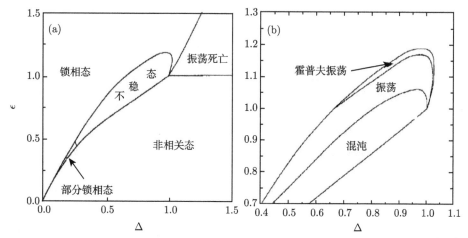

图 6.12 (a) 耦合系统在参数空间 ϵ-Δ 的相图；(b) 图 (a) 中不稳定态的放大区域 [158]

其特征值可由其特征矩阵 A 确定，

$$\text{Re}(\text{Tr}A) = N(1-\epsilon) + \epsilon = N - (N-1)\epsilon, \tag{6.14}$$

则固定点稳定的必要条件是 $\text{Re}(\text{Tr}A) \leqslant 0$，即 $\epsilon \geqslant \dfrac{N}{N-1}$。在热力学极限 $N \to \infty$ 下，有固定点稳定的必要条件为 $\epsilon > 1$，根据 A 的特征方程[①]，可得固定点稳定的另一必要条件是 $\displaystyle\int_{-\infty}^{\infty} \dfrac{\epsilon-1}{(\epsilon-1)^2+\omega^2} g(\omega) \mathrm{d}\omega < \epsilon^{-1}$。因此，固定点的稳定性区域为由以上两个条件所确定的区域，由 $\displaystyle\lim_{\epsilon\to 1^+}\int_{-\infty}^{\infty} \dfrac{\epsilon-1}{(\epsilon-1)^2+\omega^2} g(\omega)\mathrm{d}\omega = \pi g(0)$。对于以上给出的三种频率分布，有 $\pi g(0) = 1$，所以振荡死亡稳定区的左下边界点为 $\Delta = 1$，$\epsilon = 1$，在 ϵ-Δ 空间中具有非相关区、振荡死亡区，如图 6.13 所示。

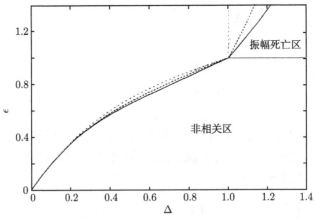

图 6.13　四种不同分布下，均匀分布 (实线)、高斯分布 (虚线)、三角分布 (点)、洛伦兹分布 (点线)，耦合系统在参数空间 ϵ-Δ 的相图

6.3　小世界网络中的振幅死亡

根据 W-S 小世界模型，小世界网络是由规则网络的基础上随机地按一定概率断边重连或按一定概率加边生成的。当随机断边重连小量节点后，网络的平均最短路径会大大减少。当考虑小世界网络中的耦合振子的振幅死亡[58]，采用模型

$$\dot{z}_i(t) = (0.5 + \mathrm{j}\omega_i - |z_i(t)|^2)z_i(t) + \epsilon \sum_{m=1}^{k/2}(z_m - z_i), \quad i=1,2,\cdots,N, \tag{6.15}$$

[①] Matthews P C, Mirollo R E and Strogatz S H. Dynamicsofalargesystemofcoupled nonlinear oscillators. Physica D, 1991, 52: 293-331.

6.3 小世界网络中的振幅死亡

其中，$\omega_i = \dfrac{i-1}{N-1}\Delta\omega$，$\Delta\omega = \omega_N - \omega_1$，当相互连接的网络为近邻耦合时，耦合系统的动力学行为如图 6.9(a) 所示，此时中间的振子处于振荡死亡，而两边的振子为振荡态。当增加断边重连概率 $p > 0$ 后，网络结构由规则网络变成小世界特性的网络。随着重连概率 p 的增加，如 $p = 0.02$ 时，原来处于振幅死亡的振子也会处于振荡态，部分振幅死亡态被破坏。而当 $p = 0.3$ 时，整个耦合振子系统处于振幅死亡态；当 $p = 0.7$ 时，整个耦合振子系统又处于振荡态，如图 6.14 所示。为了全面地确定重连概率对耦合振子振荡死亡的影响，图 6.15(a) 给出了耦合振子系统断

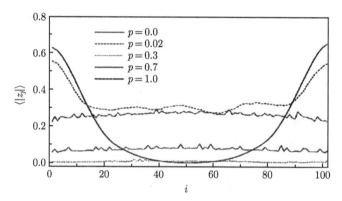

图 6.14 不同重连概率下，振子的振幅的空间分布

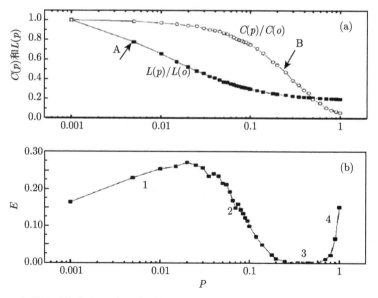

图 6.15 (a) 小世界网络的归一化聚类系数和归一化平均最短路径随断边重连概率的变化关系图；(b) 耦合振子系统的平均相关能量随网络断边重接概率的变化关系图

边重连后,不同重连概率下形成的小世界网络的归一化聚类系数和归一化平均最短路径与重连概率的关系图。随着 p 增加,聚类系数先缓慢减少,然后在 $p=0.1$ 后急剧下降,而平均最短路径则先线性减少,然后再变成缓慢减少。当断边重连概率处于图 6.15 中 AB 之间时,网络具有明显的小世界特性。由图 6.15(b) 中所示,$\Delta\omega=5, \epsilon=2$ 时的耦合振子的平均相关能量 (见式 (6.5)) 随 p 的变化关系可知,随着 p 增加,平均相关能量显示四段:第一段为线性增加;第二段为线性减小;第三段为零;第四段为线性增加。由此可知,第一阶段中,少量的增加一些随机边可以消除规则网络中的部分振幅死亡,存在最优的重连概率 $p=0.02$,使耦合振子系统的平均相关能量达到最大值,此时网络具有较大的平均聚类系数和较小的平均最短路径,即网络具有小世界特性。在第三阶段,中等的重连概率 $p \in [0.3, 0.6]$ 可以使耦合系统处于完全振幅死亡态,即平均相关能量为零。在第四阶段,当重连概率接近 1 时,随机性使耦合振子系统产生同步态而使耦合振子系统的完全振幅死亡失稳,向同步振荡态。下面讨论最大频率失配量 $\Delta\omega$ 和耦合强度对振幅死亡的影响。当耦合强度固定 $\epsilon=2$,增加 $\Delta\omega$ 时,可以使振幅死亡消除效应和第四阶段的同步区减少,但使完全振幅死亡区域增加,如图 6.16(a) 所示。而当固定 $\Delta\omega=5$,增加耦合强度 ϵ 时,增加耦合强度会减少振幅死亡消除效应,但增加同步区域的大小,而对完全振幅死亡区域的影响较小,只是使它往更小的 p 整体移动。

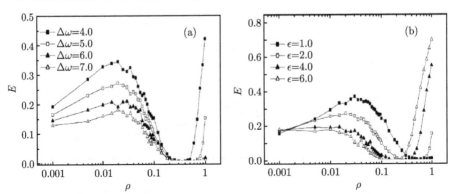

图 6.16 (a)$\epsilon=2$ 时,不同的频率失配 $\Delta\omega$ 下,(b)$\Delta\omega=5$ 时,不同耦合强度下,耦合振子系统的平均相关能量随重连概率 p 的变化关系

6.4 无标度网络中的振幅死亡

无标度网络具有很强的度分布不均匀性,即度大的点较少,但节点的度值非常大。本节将讨论其网络结构对耦合振子系统走向振幅死亡的影响[59]。考察耦合振

6.4 无标度网络中的振幅死亡

子系统,

$$\dot{z}_i(t) = (r^2 + j\omega_i - |z_i(t)|^2)z_i(t) + \frac{\epsilon}{N}\sum_{m=1}^{N} a_{i,m}(z_m - z_i), \quad i = 1, 2, \cdots, N, (6.16)$$

其中 $r = 0.5$ 为单个振子的振幅,$A = \{a_{i,m}\}$ 为复杂网络的连接矩阵,如果节点 i, m 之间有连接,则 $a_{i,m} = 1$,否则 $a_{i,m} = 0$,则第 i 个节点的度 $k_i = \sum_{m=1}^{N} a_{i,m}$,$\omega_i$ 为 $[1, 50]$ 内随机分布的值。我们利用 BA 模型[168] 生成平均度为 $<k> = 6$,最大度为 $k_{\max} = 120$,最小度为 $k_{\min} = 3$,大小为 $N = 1000$ 的无标度网络,其度分布服从幂律分布 $P(k) \sim k^{-3}$。为了刻画耦合振子系统随着耦合强度增加走向振幅死亡过程,我们依然采用式 (6.5) 定义的参量平均相关能量 E 和处于振幅死亡的振子数量 N_d 来描述。由于耦合振子处于振幅死亡时可能受噪声的影响而使其振幅不能完全等于零,因此我们定义阈值 $Z_0 \ll 1$,如果振子的振幅 $Z = \langle z_i \rangle < Z_0$,则认为该振子 i 处于振幅死亡态。对于具体的环境和不同的场景,其所受的噪声是不同的,所以 Z_0 的取值应依据具体问题而确定[21,58]。利用四阶龙格–库塔法对耦合振子系统方程 6.16 求解,取时间步长为 $h = 0.001$,去除暂态时间 $T' = 10^3$。图 6.17(a) 给出了平均相关能量随耦合强度的变化关系。随着耦合强度增加,平均相关能量通过三个阶段趋于零。第一个阶段,$\epsilon \in [0, 0.16]$,平均相关能量随耦合强度增加而指数地下降 (指数约为 -9);第二阶段,$\epsilon \in [0.16, 0.2]$,平均相关能量下降速度加大;第三阶段,$\epsilon \in [0.2, 0.25]$,平均相关能量下降的速度再次变大 (指数约为 -335)。相应地,我们分别取振幅阈值 $Z_0 = 10^{-2}, 10^{-10}$,并统计振幅小于阈值的振子的数量 N_d。由 N_d 随耦合强度的变化关系图 6.17(b) 可知,N_d 随耦合强度增加呈现台阶状的变化关系,当阈值较小时,台阶数较大,而阈值较小时,台阶数变小。这意味着振子走向振幅死亡过程具有显著的成团走向振幅死亡的特征。为了更清楚地确定耦合振子系统走向振幅死亡的过程,我们把耦合振子中的节点按度 k 从小到大的顺序排列,并把各节点的振幅记录下来。当耦合强度非常小时,所有振子的振幅均等于 r,而与振子所处节点的度的大小无关。当耦合强度增加时,所有振子的幅度开始同时减小,但不同节点减小的速度不同。减小的速度与所处节点的度正相关。因此在耦合强度较小时幅度均匀分布的振子在耦合强度增加后变成非均匀的台阶状分布。如图 6.18(a) 中,耦合强度为 $\epsilon = 0.05$ 时耦合振子振幅分布中,除少量振子由于相互之间处于同步态而使幅度较大外,其他度相同的振子的振幅基本处于同一个平台上。由于度分布的不均匀性,从而按度从小到大分布可以看到多个幅度逐级减小的不同平台,这些平台呈现台阶状,且每个平台上有少量振幅较大的尖刺。幅度最高的平台为度较小的振子的振幅。当耦合强度继续增加时,具有大的度的振子的平台基本在零附近,基本不再随耦合强度增加而减小,而度较小的振子的平台会逐渐整体下降。最后按度从大到小的顺序,不同的平台会逐级降至为

幅度为零的平台。当耦合强度约为 $\epsilon' \approx 0.16$ 时，最后一个平台 (度最小的振子构成的平台) 降落到幅度为零的平台。这对应于第一个阶段的结束。这种平台的降落对应于图 6.17(b) 中 N_d 的平台的形成。在第一个阶段中，所有不同步的振子的振幅基本上具有非常小的振幅 (约为 10^{-4})。第一阶段中，形成台阶状的结构的内在机制可以解释如下：基于平均场理论，可将方程 (6.16) 写成

$$\dot{z}_i(t) = (r^2 - \epsilon k_i + \mathrm{j}\omega_i - |z_i|^2)z_i(t) + G_i(t), \quad i=1,2,\cdots,N, \tag{6.17}$$

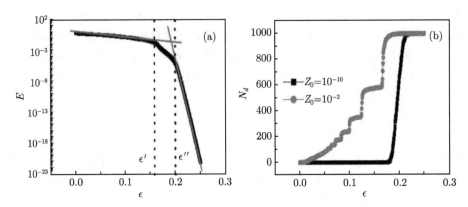

图 6.17 (a) 平均相关能量随耦合强度的变化关系；(b) 不同阈值 Z_0 下，振幅死亡振子的数量 N_d 随耦合强度的变化关系

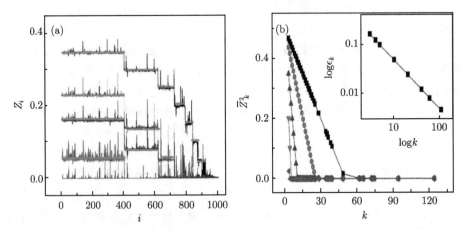

图 6.18 (a) 从上往下对应耦合强度为 $\epsilon = 0.05, 0.09, 0.1, 0.15, 0.16$ 时，不同耦合振子的幅度的空间分布，其中振子按度从小到大的顺序排列；(b) 度相同的节点的幅度的平均值与度 k 的关系图，插图为临界耦合强度与度 k 的关系

其中，$G_i(t) = \epsilon \sum\limits_{m=1}^{N} a_{im} z_m$ 是节点 i 从它的邻居点收到的所有耦合作用，当耦合强度

6.4 无标度网络中的振幅死亡

ϵ 较小时,节点的邻居大部分处于非同步态,因而 G_i 是一个小量而可以忽略。对于度大的节点 i 更是如此。因此,式 (6.17) 可以写成 $\dot{z}_i(t) = (r^2 - \epsilon k_i) + j\omega_i - |z_i|^2)z_i(t)$,由 $\dot{z}_i(t) = 0$,可得

$$|z_i|^2 = r^2 - \epsilon k_i, \quad i = 1, 2, \cdots, N, \tag{6.18}$$

因此,对于给定的耦合强度 ϵ,节点的振幅只与节点的度有关。图 6.18(a) 中的各平台的振幅与该平台对应的节点度正相关的结果与此理论结果一致。由式 (6.18) 可以算出度为 k 的节点的平均振幅为 $\overline{z_k} = \sqrt{r^2 - \epsilon k}$,此结论与图 6.18(b) 中所给的结果一致。同时对于给定度为 k 的振子所处的平台降落到振幅为零的平台所需的临界耦合强度可由 $\overline{z_k} = 0$ 求得,

$$\epsilon_k = \frac{r^2}{k}, \tag{6.19}$$

该结论与图 6.18(b) 中的插图结果相互印证。以上理论是基于弱耦合作用下的结果,在耦合强度增加时,网络中节点之间将会形成一定的相关性,此时 G_i 不可以被忽略了。理论所获得的振幅平台将会被同步的振子影响,而在平台上形成一系列的尖峰。由于耦合振子的频率是随机给出的,因此频率接近的振子之间较容易形成同步 [173],从而形成小同步集团,一旦形成同步集团,这些振子就较难达到振幅死亡 [21,62],处于同步的振子由于具有不同的邻居,因而具有不同的振幅。由于这些同步集团中的振子具有不同的度,因此随机地分布在不同的平台上而形成随机尖峰。

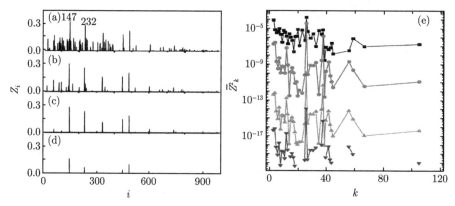

图 6.19 第二阶段中,不同耦合强度下耦合振子的幅度的空间分布,(a) $\epsilon = 0.18$,(b) $\epsilon = 0.19$,(c) $\epsilon = 0.21$,(d) $\epsilon = 0.22$;(e) 度相同的振子的振幅的均方值与度的关系

在第二个阶段,形成了多个具有不同大小的同步子集团,处于同步集团的振子的振幅明显要大于其他度相同的非同步集团的振子振幅。随着耦合强度的增加,同

步集团的数量和大小均不断地减少。同步集团的稳定性与振子之间的频率失配密切相关,而与节点的度的大小,以及节点所处的同步集团的大小关系不大。例如,图 6.19(a) 中第 147 号和第 232 号振子之间的频率失配为 10^{-3},它们均具有最小的度 $k=3$,它们在耦合强度很小时便达到同步,在耦合强度很大时依然保持同步,直到完全振幅死亡。随着耦合强度的增加,这两个节点上的振子的振幅一直处于最大。与第一个阶段相比,第二阶段的节点振幅与节点的度不再相关,如图 6.19(e) 所示。在第二阶段末,同步集团的数量非常少,且每个同步集团的振子数也很少,且这些振子之间具有较小的频率失配,因此可以有较好的同步稳定性。这些振子在第三个阶段起重要的作用。在第三个段,有不同步的振子的迅速死亡和同步振子的逐渐走向振幅死亡共存,这一过程可从图 6.19(c)、6.19(d) 表现出来。其中第 147 号和第 232 号振子一直具有大的振幅,而其他振子振幅非常小,和第二阶段一样,振子的振幅与度的大小无关,如图 6.19(e) 中,不同的度的振子的平均振幅基本相等。当同步最稳定的振子失稳时,整个耦合振子达到完全振幅死亡。无标度网络中,耦合振子系统走向振幅死亡的过程的三个阶段不仅在耦合周期系统中可以看到,也可以在耦合混沌振子系统中看到,具有普适性。以耦合 Rossler 为例,其中 ω_i 在 $[1,3]$ 区间均匀分布。图 6.20 给出了随着耦合强度增加,耦合振子系统的振幅经历三个阶段时的空间分布,其中图 6.20(a)、6.20(b) 为第一阶段,图 6.20(c)、6.20(d) 为第二阶段,图 6.20(e)、6.20(f) 为第三阶段。显然,走向振幅死亡的过程与周期耦合振子系统走向振幅死亡的过程非常相似。

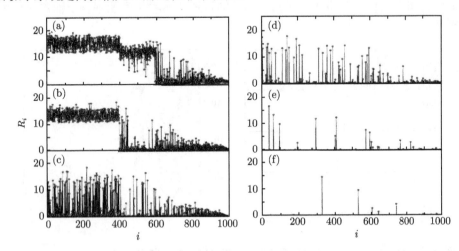

图 6.20 Rossler 系统中,不同耦合强度下耦合振子的幅度 $R_i = \langle \sqrt{x_i^2(t)+y_i^2(t)} \rangle$ 的空间分布。(a) $\epsilon = 0.039$; (b) $\epsilon = 0.05$; (c) $\epsilon = 0.055$; (d) $\epsilon = 0.06$; (e) $\epsilon = 0.065$; (f) $\epsilon = 0.07$

总之,对于度分布不均匀的复杂网络中的耦合振子系统,不同的度分布,不同的网络大小下，均可以看到类似的分阶段走向振幅死亡的过程，且振幅的大小分布存在台阶状的结构。这些结构的形成与复杂网络的度分布不均匀性密切相关。同时也反映了耦合振子系统中振子之间的耦合作用使系统同步和频率失配下使振子系统走向振幅死亡之间的竞争密切相关。耦合振子的度分布在走向振幅死亡的第一个阶段起主导作用。而在相互作用强度较大时，则耦合与频率失配的竞争起主导作用。

第7章 耦合振子的爆发式死亡态和奇异死亡态

大量耦合振子相互作用下，耦合振子系统会随着耦合强度的增加而产生各种形式的相变。相变过程不仅与耦合系统的网络结构相关，同时也与耦合振子系统的动力学特征有关。常见的相变有二阶连续相变和一阶不连续相变。我们常把一阶相变称为爆发式相变，如爆发式渗流[175]，爆发式同步[176−178,193]，爆发式死亡[174,179,180]。爆发式相变是指系统的序参量在某一点产生突然的跳变，往往会表现出迟滞双稳态现象。

7.1 耦合振子的爆发式振荡死亡态

7.1.1 耦合周期振子的爆发式振荡死亡态

考查耦合周期振子系统中的爆发式振荡死亡，采用模型[179]

$$\dot{z}_i(t) = (1 + j\omega_i - |z_i(t)|^2)z_i(t) + \frac{\epsilon|\omega_i|}{N}\sum_{m=1}^{N}(z_m - z_i), \quad i = 1, 2, \cdots, N, \quad (7.1)$$

其中，ϵ 为耦合作用强度，取振子数 $N = 500$，ω_i 为耦合振子的自然频率，其所服从的概率密度函数可以分别是均匀分布、三角分布、洛伦兹分布。注意到耦合作用权上加了与自然频率相关的权重，即自然频率大的振子具有更大的耦合作用。由于耦合系统中的各个振子的自然频率不同，且在空间随机分布，因此耦合作用也是非均匀分布的。该耦合作用形式上为全局耦合，但不同振子之间的耦合强度大小不同。利用龙格–库塔法对耦合振子系统求解，并分别定义序参量 $Re^{j\psi} = \sum_{i=1}^{N}\frac{z_i(t)}{N}$，和 $R_\theta e^{j\phi} = \sum_{i=1}^{N}\frac{e^{j\phi}\theta_i}{N}$，其中 θ_i 表示第 i 个振子的相位，$R \in [0,1]$ 表示耦合振子动力学的幅度之间的相关性，而 $R_\theta \in [0,1]$ 仅表示耦合振子系统的相位之间的相关性。数值计算结果如图 7.1 所示，对于不同的频率分布，随着耦合强度逐渐增加，两个序参量 R 和 R_θ 均在耦合强度大于某一临界值 (前向跳变点) 时从零突然跳变到某一大于零的值，此时耦合振子系统产生爆发式振荡死亡，表明耦合振子系统从不相关态突然变成部分相关态。同样地，当耦合强度从某一较大的值逐渐减小时，序参量会从较大的值在另一个临界值 (后向跳变点) 处突然跳回到零。两个跳变点不重合，在两个点之间形成迟滞双稳态区域，耦合振子的相变具有典型的一阶相变

7.1 耦合振子的爆发式振荡死亡态

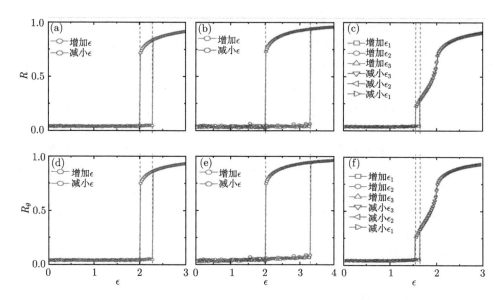

图 7.1 不同频率分布下，序参量 R 随耦合强度的变化关系。(a) 三角分布；(b) 洛伦兹分布；(c) 均匀分布；(d) 三角分布；(e) 洛伦兹分布；(f) 均匀分布 (扫描封底二维码可看彩图)

特征，如图 7.1 所示。根据三种频率分布下，耦合振子的平均频率随耦合强度的变化关系如图 7.2(a)~7.2(c) 所示，走向爆发式死亡的过程可以分成三类：(1) 普通爆发

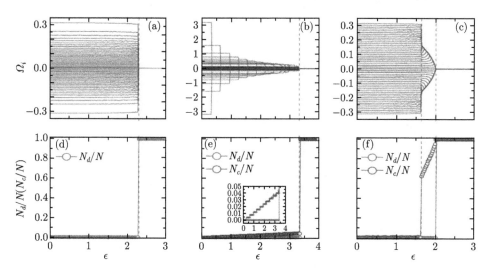

图 7.2 不同频率分布下，耦合振子的平均频率随耦合强度的变化关系，(a) 三角分布，(b) 洛伦兹分布，(c) 均匀分布；不同频率分布下，耦合振子系统的振子死亡率 $\frac{N_d}{N}$ 和成团率 $\frac{N_c}{N}$ 随耦合强度的变化，(d) 三角分布，(e) 洛伦兹分布，(f) 均匀分布 (扫描封底二维码可看彩图)

式振荡死亡；(2) 分层爆发式振荡死亡；(3) 聚团爆发式振荡死亡。其中普通爆发式振荡死亡出现在频率分布为三角分布的情形。耦合振子的平均频率随耦合强度增加到某一临界值时突然整体变成零，如图 7.2(a) 所示，对应的振子振荡死亡率也突然从 0 跳到 1，如图 7.2(d) 所示。从耦合振子的相图 7.3(a) 可以看出，随着耦合强度增加，所有振子的振幅收缩到单位圆之内，但没有振荡死亡，振子均处于正时针方向旋转 (红点) 或逆时针方向旋转 (蓝点)。只有当耦合强度达到临界耦合强度时，所有振子才突然收到两个不同的固定点上 (图 7.3(d))。耦合强度再增加时，两个固定点会改变位置，如图 7.3(g) 所示。分层爆发式振荡死亡出现在频率分布为洛伦兹分布的情形。耦合振子的平均频率随耦合强度的增加会分层地从大的数值转变到小的数值。此时耦合振子形成两个小的同步子集团，每个子集团以小频率作振荡。由于这些分层的振子数量较小，如图 7.2(e) 中成团率缓慢增加，所以在平均频率分层减小时对耦合振子的序参量影响不大。最后当耦合强度大于临界值时，

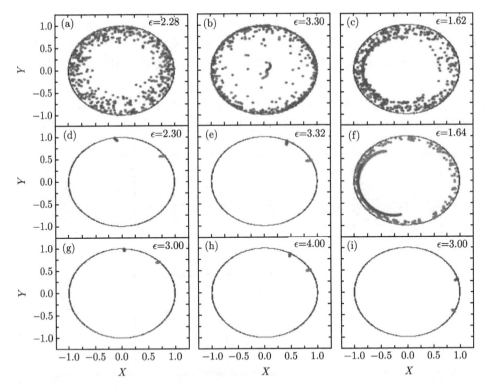

图 7.3 频率三角分布下，不同耦合强度的耦合振子的相图，(a) $\epsilon=2.28$，(d) $\epsilon=2.3$，(g) $\epsilon=3.0$；频率洛伦兹分布下，不同耦合强度的耦合振子的相图，(b) $\epsilon=3.3$，(e) $\epsilon=3.32$，(h) $\epsilon=4.0$；频率均匀分布下，不同耦合强度的耦合振子的相图，(c) $\epsilon=1.62$，(f) $\epsilon=1.64$，(i) $\epsilon=3.0$(扫描封底二维码可看彩图)

7.1 耦合振子的爆发式振荡死亡态

所有平均频率突然跳到零，从而产生序参量的突变。由耦合振子的相图可以清楚地看出大部分振子收缩在单位圆内的附近，少量振子在原点附近形成两个小振幅集团(图 7.3(b))。当耦合强度超过临界值时，所有振子突然收缩到固定点上(图 7.3(e)、7.3(h))。聚团爆发式同步对应于频率均匀分布的情形。随着耦合强度的增加到第一相变临界点 $\epsilon_{f1} = 1.64$，相对较大频率的振子突然形成两个同步子集团。这两个同步子集团旋转方向相反。由于加入到这两个同步子集团的振子的数量较多，所以对序参量具有显著的影响。随着耦合强度进一步增加，其他杂散的振子逐渐加入到这两个同步子集团，如图 7.2(d) 中的成团率随耦合强度的变化关系。当耦合强度达到第二临界耦合强度 $\epsilon_{f2} = 2.02$ 时，两个同步子集团的平均频率变为零。由于在这一阶段杂散振子是逐渐加入到同步子集团的，所以对应的相变过程为连续相变。从耦合振子相图可知，当耦合强度增加时，耦合振子收缩到单位圆内(图 7.3(c))。当耦合强度超过第一临界耦合强度时，耦合振子通过吸引杂散点形成两个同步子集团(图 7.3(f))。当耦合强度超过第二临界耦合强度时，所有振子达到振荡死亡(图 7.3(i))。为了理论分析爆发式同步产生的机制，方程 (7.1) 可以写成形式

$$\dot{r}_i(t) = (1 - \epsilon\omega_i - r^2)r_i + \frac{\epsilon|\omega_i|}{N}\sum_{m=1}^{N} r_m \cos(\theta_m - \theta_i),$$

$$\dot{\theta}_i = \omega_i + \frac{\epsilon|\omega_i|}{N}\sum_{m=1}^{N} \frac{r_m}{r_i}\sin(\theta_m - \theta_i), \quad i = 1, 2, \cdots, N, \qquad (7.2)$$

代入序参量可得

$$\dot{r}_i(t) = (1 - \epsilon\omega_i - r^2)r_i + \epsilon|R\omega_i|\cos(\psi - \theta_i),$$

$$\dot{\theta}_i = \omega_i + \frac{R\epsilon|\omega_i|}{r_i}\sin(\psi - \theta_i), \quad i = 1, 2, \cdots, N, \qquad (7.3)$$

其中，$\psi(t) = \psi(0) + <\Omega> t$，$\Omega$ 是振子的平均有效频率。对于对称的频率分布函数 $g(\omega)$，有 $\Omega = 0$，定义变量 $\eta_i = \theta_i - \psi$，则方程 (7.3) 可写成

$$\dot{r}_i(t) = (1 - \epsilon\omega_i - r_i^2)r_i + \epsilon|R\omega_i|\cos\eta_i,$$

$$\dot{\eta}_i = \omega_i - \frac{R\epsilon|\omega_i|}{r_i}\sin\eta_i, \quad i = 1, 2, \cdots, N, \qquad (7.4)$$

当所有振子处于锁相态时有 $\dot{\eta}_i = 0$，可得

$$\eta_{i\pm}^* = \begin{cases} \arcsin\left(\dfrac{r_i}{\epsilon R}\right), & \omega_i > 0, \\ -\arcsin\left(\dfrac{r_i}{\epsilon R}\right), & \omega_i < 0, \end{cases} \qquad (7.5)$$

所以，当耦合振子系统处于锁相态时，系统会有两支关于实轴对称的解，即会形成两个集团。当耦合强度增加时，两支解会靠近实轴，并在耦合强度趋于无穷大时，

两支解相互碰撞。因此，当耦合强度较大时，可以把耦合系统看成是两个集团中心的两个振子 (r,η_+) 和 (r,η_-) 之间的耦合，且两个振子的频率一正一负，则系统方程可以写成

$$\begin{aligned}\dot{r}(t)&=(1-\epsilon\omega-r^2)r+\epsilon r\omega(1+\cos(\eta_+-\eta_-))/2,\\ \dot{\eta}_+&=\omega+\epsilon\omega\sin(\eta_--\eta_+)/2,\\ \dot{\eta}_-&=-\omega+\epsilon\omega\sin(\eta_+-\eta_-)/2,\end{aligned} \quad (7.6)$$

令 $\Theta=\eta_+-\eta_-$，有

$$\begin{aligned}\dot{r}(t)&=(1-\epsilon\omega-r^2)r+\frac{\epsilon r\omega}{2}(1+\cos\Theta),\\ \dot{\eta}_+&=\omega+\frac{\epsilon\omega}{2}\sin(\eta_--\eta_+),\\ \dot{\Theta}&=2\omega-\frac{\epsilon\omega}{2}\sin(\Theta),\end{aligned} \quad (7.7)$$

Θ 只有在 $\epsilon>2$ 时有固定点解 Θ^*，其中，$\sin\Theta^*=\dfrac{2}{\epsilon}$，于是幅度方程的稳态解可写成

$$(1-\epsilon\omega-r^{*2})r^*+\epsilon r^*\omega(1+\cos(\Theta^*))/2=0, \quad (7.8)$$

当 $\epsilon\to\infty$，$\Theta^*\to0$，于是有 $\cos\Theta^*=1$，且 $1-r^{*2}=0$。此时，可以计算参量，

$$R=\mathrm{Re}\left(\frac{1}{N}\sum_{i=1}^{N}r_i\mathrm{e}^{\mathrm{j}\eta_i}\right)=\frac{r^*}{2}(\cos\eta_+^*-\cos\eta_-^*), \quad (7.9)$$

代入 $r^*=1$，得

$$R_{1,2}(\epsilon)=\sqrt{0.5\pm\sqrt{0.25-\epsilon^{-2}}}, \quad (7.10)$$

由于序参量为实数 R，所以上面的解只有在 $\epsilon\geqslant2$ 时存在，即振荡死亡存在的条件。当耦合强度逐渐减小时，上面两个解相应地相互靠近，最后在 $\epsilon=2$ 处发生碰撞，而产生鞍结点分岔，该点对应于后向相变点 ϵ_b，该点的值与频率分布无关。

7.1.2 平均场耦合振子的爆发式死亡态

许多生物和化学系统的功能实现与大量振子之间通过平均场耦合作用下的自组织行为来实现的。考虑平均场耦合振子系统 [174]，

$$\begin{aligned}\dot{X}_i(t)&=F(X_i)+\epsilon\Gamma S_i,\\ \dot{S}_i&=-\gamma_i S_i-\epsilon\Gamma^T X_i+\eta(Q\overline{S}-S_i),\quad i=1,2,\cdots,N,\end{aligned} \quad (7.11)$$

7.1 耦合振子的爆发式振荡死亡态

其中，$X \in R^m$ 为状态变量，S_i 为各耦合振子相互作用的媒介变量，子系统与媒介变量之间的相互作用强度为 ϵ，$\gamma > 0$ 为媒介变量的阻尼系数，矩阵 Γ 为 m 维的列向量，其元素为 0 或 1，确定反馈耦合到媒介的哪个状态量上。Γ^T 为 m 维行向量，确定取哪个维度的状态变量加到媒介上。η 为扩散耦合作用系数，Q 为平均场耦合作用强度。其中 S_i 表示实现振子之间交流作用时，可以在媒介中自由扩散的粒子，这些粒子的动力学行为可由动力学方程确定，对于不同问题，其表现形式不同，如在细菌合成时，它代表可透过细胞膜在各细胞之间扩散的自动诱导剂[108]。在 B-Z 化学反应中①，它代表自催化液间扩散的化学物质[181]。以耦合金兹堡–朗道振子为例，

$$\dot{x}_i = (r - x_i^2 - y_i^2)x_i - \omega_i y_i + \epsilon s_i,$$
$$\dot{x}_j = (r - x_i^2 - y_i^2)y_i - \omega_i x_i,$$
$$\dot{s}_i = -\gamma_i s_i - \epsilon x_i + \eta(Q\bar{s} - s_i), \quad i = 1, 2, \cdots, N. \tag{7.12}$$

为了确定耦合对振子振幅的影响，定义参量 $a(\epsilon) = \dfrac{1}{N}\sum_{i=1}^{N}(\langle x_{i,\max}\rangle - \langle x_{i,\min}\rangle)$ 为耦合强度等于 ϵ 时耦合振子的平均振幅差。归一化的参量 $A(\epsilon) = \dfrac{a(\epsilon)}{a(0)}$。当耦合振子系统处于振幅死亡时有 $A(\epsilon) = 0$。取参数 $\gamma = 1, \omega = 2, Q = 0.5, \eta = 1, N = 100$，通过数值计算可得耦合振子系统在参数空间 r 和 ϵ 的相图 7.4(a) 所示。耦合振子

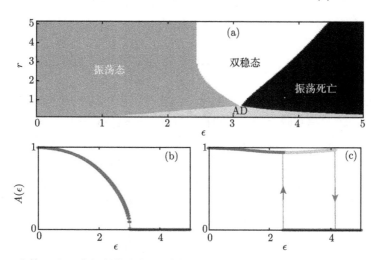

图 7.4 (a) 参数 r 和 ϵ 空间的耦合振子系统状态图；(b) $r = 0.75$ 时参量 $A(\epsilon)$ 随耦合强度的变化关系；(c) $r = 4$ 时参量 $A(\epsilon)$ 随耦合强度的变化关系

---

① Hudson J L, Mankin J C. Chaos in the Belousov-Zhabotinskii reaction. J. Chem. Phys., 1981, 74 (11): 6171-6177.

系统具有振荡态、振幅死亡态、振荡死亡态、振荡和振荡死亡双稳态四种态。当 $r \leqslant 0.75$ 时，随着耦合强度的增加，耦合振子系统从振荡态走向振幅死亡态，然后再到振荡死亡态，如图 7.4(b) 所示。当 $r > 0.75$ 时，随着耦合强度的增加，耦合振子系统从振荡态走向双稳态，然后再到振荡死亡态，如图 7.4(c) 所示。同时 Q, η 值的大小也会影响耦合振子的动力学行为。图 7.5(a)、7.5(b) 分别给出了对于给定参数 r 时，Q 或 η 和 ϵ 空间的耦合振子系统状态图。由图可知随着 Q 的增加，耦合振子振荡态与振荡死亡两态共存区会增加。而当 $\eta < 1.65$ 时，随着 η 增加，振荡态和振荡死亡两态共存区逐渐减少。

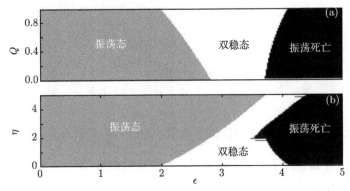

图 7.5 (a) $r = 3.5, \eta = 1$，参数 Q 和 ϵ 空间的耦合振子系统状态图；(b) $r = 3.5, Q = 0.5$，参数 η 和 ϵ 空间的耦合振子系统状态图

7.2 幅度奇异态与死亡奇异态

奇异态是在非局域耦合条件下耦合全同相振子或混沌振子系统中形成的同步区域与不同步区域相互隔离的一种斑图。因其可能是生物领域中鸟类和海洋生物的"半脑睡眠"现象[188](海豚在睡觉时总是只有一个半脑的脑神经细胞处于休息状态，而同时另一个半脑的脑神经细胞仍然处于活跃状态) 的内在机制倍受人们的关注，并成为非线性动力学领域的一个热点问题。按照其空间斑图的特征可将奇异态分为行波奇异态[182]、呼吸奇异态[183]、螺旋波奇异态[184]、多团簇奇异态[185]。按照处于相关态的量可将奇异态分成相位奇异态和幅度奇异态。其中前者是指耦合振子系统在一定条件下出现相位锁定区和不锁定区的空间交替分布，而其振幅不具有相关性。而后者则是指耦合振子的相位处于相关态，而其振幅具有相关区和非相关区的空间交替分布。文献 [189] 指出幅度奇异态只是系统的暂态，经过一段时间后，幅度奇异态最终会走向完全同步态。通过引入时间延迟耦合，可以大大提高幅度奇异态的存在时间[190]。而在考虑到噪声作用时，随着噪声增强，幅度奇异

7.2 幅度奇异态与死亡奇异态

态的存在时间则会减少[105]。引入吸引与排斥耦合作用竞争后, 耦合振子系统会在同步态、奇异态、奇异死亡态和成团振荡态之间变化[194]。在局域耦合振子系统中, 通过引入非全同的参数, 可以使幅度奇异态变稳定, 但当对一部分振子进行扰动时也会使幅度奇异态失稳[141]。当在耦合混沌系统中引入排斥耦合作用, 随着耦合强度的增加, 耦合系统会从时空混沌态到幅度奇异态再到奇异死亡态转变。其中奇异死亡态[196] 是指耦合振子处于振荡死亡时, 振子分成空间相关态和空间非相关态两个区域, 且两个区域交替出现。其中空间相关态中的振子全部处于同一支固定点上, 而空间非相关态中的振子随机地分布在两支固定点上。在平均场耦合作用下, 耦合系统也可以走向死亡奇异态[197]。

7.2.1 幅度奇异态

考查局域耦合周期振子系统[141],

$$\dot{z}_i(t) = (1 + j\omega - |z_i(t)|^2)z_i(t) + \frac{\epsilon}{2}(\text{Re}(z_{i-1})$$
$$+ \text{Re}(z_{i+1}) - 2\text{Re}(z_i)), \quad i = 1, 2, \cdots, N, \tag{7.13}$$

取周期边界条件, $\omega = 2, N = 100$, 对于给定耦合强度 $\epsilon = 11$, 由于暂态幅度奇异态与系统的初始条件密切相关, 为了观察到暂态幅度奇异态, 初始条件设为 $(x_i, y_i) = (+1, -1), i = 1, 2, \cdots, N/2$, $(x_i, y_i) = (-1, +1), i = N/2 + 1, \cdots, N$。抛去 10^8 的暂态后, 取 5×10^3 之后的一段时空图 7.6(a), 可以看出耦合振子系统处于

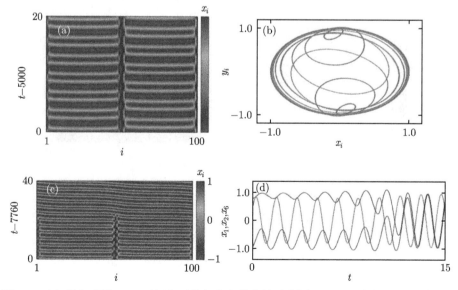

图 7.6 (a) 暂态时间 5000 时间之后的幅度奇异态的时空图; (b) x-y 相图; (c) 暂态时间 7760 之后的幅度奇异态时空图; (d) 振子 1,2,6 的时间序列 (扫描封底二维码可看彩图)

幅度奇异态，即振子 $4 \sim 46$ 具有相同的振幅，且为大振幅的极限环；振子 $47 \sim 52$ 具有不同的振幅，随机地处于上、下两个小振幅极限环，如图 7.6(b) 所示。注意到当把暂态时间由 5000 变成 7660 时，可以看到幅度奇异态会在 $t = 20$ 时变成行波态，如图 7.6(c) 所示，处于大振幅或小振幅的振子经过一段时间后会全部过渡到同步振荡态，如图 7.6(d) 所示，从而说明该幅度奇异态为暂态。

7.2.2 死亡奇异态

当增加局域耦合振子中，每个振子的邻居数时，耦合振子的幅度奇异态会过渡到死亡奇异态[196]，

$$\dot{z}_i(t) = (1 + j\omega - |z_i(t)|^2)z_i(t) + \frac{\epsilon}{2P} \sum_{k=i-P}^{i+P} (\operatorname{Re}(z_k(t)) - \operatorname{Re}(z_i(t))), \quad i = 1, 2, \cdots, N, \quad (7.14)$$

取 $N = 100, \omega = 2, \epsilon = 14$，$2P$ 为每个振子的邻居数，当 $P = 1$ 时耦合系统与式 (7.13) 一致，耦合强度较大时可以产生暂态幅度奇异态，而当 $P = 40$ 时，暂态幅度奇异态变成死亡奇异态，如图 7.7(a)、7.7(b) 所示。其中振子 $6 \sim 46$ 处于正的固定点，振子 $55 \sim 95$ 处于负的固定点，而其振子随机分布在正、负固定点。通过引入平均场耦合作用，耦合振子系统会产生死亡奇异态[52]，采用的振子模型为

$$\dot{z}_i(t) = (1 + j\omega - |z_i(t)|^2)z_i(t) + \epsilon(Q\bar{z} - \operatorname{Re}(z_i)), \quad i = 1, 2, \cdots, N, \quad (7.15)$$

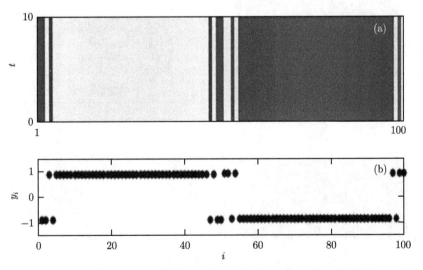

图 7.7 (a) $P = 40, \omega = 2$ 时，暂态时间 1000 时间之后的死亡奇异态的时空图；(b) 某个时刻变量 y 的值的空间分布图

7.2 幅度奇异态与死亡奇异态

其中，$\bar{z} = \frac{1}{N} \sum_{i=1}^{N} \text{Re}(z_i)$，$Q \in [0,1]$ 为平均场的衰减系数。当 $\omega = 2$，$Q = 0.4$，$\epsilon = 8$ 时，可以得到死亡奇异态，如图 7.8(a)、7.8(b) 所示。且平均场耦合作用下的耦合振子系统产生死亡奇异态的参数区域为 $\epsilon > 5$，如图 7.8(c) 所示。当 $Q < 0.6$ 时，随着耦合强度 ϵ 的增加，耦合系统从同步振荡态走向振幅死亡态，最后走向死亡奇异态。而当 $Q > 0.6$ 时，随着耦合强度 ϵ 的增加，耦合系统会直接从同步态走向死亡奇异态，如图 7.8 所示。

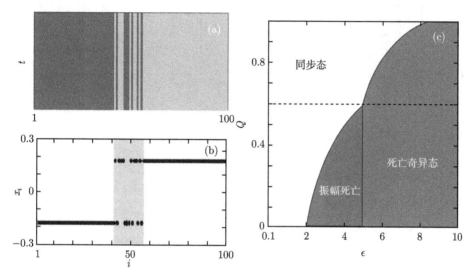

图 7.8 (a) 暂态时间 5000 时间之后的幅度奇异态的时空图；(b) 某个时刻变量 y 的值的空间分布图；(c) 参数空间 Q-ϵ 的系统状态图

7.2.3 稳定幅度奇异态

由于幅度奇异态一般为暂态，系统最终要走向行波态和同步态。如何获得稳定的幅度奇异态是一个具有挑战性的工作。研究表明，通过对初始条件加上适量的扰动，可以使幅度奇异态变成稳定；通过引入适量的时间延迟也可以使幅度奇异态的暂态时间延长。我们发现通过引入排斥耦合作用，可以使混沌系统中的幅度奇异态变成稳定[193]。

1. 扰动初始条件稳定幅度奇异态

在式 (7.13) 中给定的初始条件的基础上，分别在第一组初始条件的右边界和第二组初始条件的左边界上引入扰动 $(x_i - i\Delta, y_i + i\Delta)$，当引入适当的扰动时，原来是暂态幅度奇异态可以变成稳定的幅度奇异态。如当 $\Delta = 0.001$，且扰动 5 个振子时，可以看到暂态幅度奇异态变成稳定幅度奇异态，如图 7.9(a) 所示。图中两块大幅度同步振荡区被小幅度振荡区所分隔。小幅度振荡振子一部分处于上面的振荡态，一部分处于下面的振荡态，如图 7.9(b) 所示。

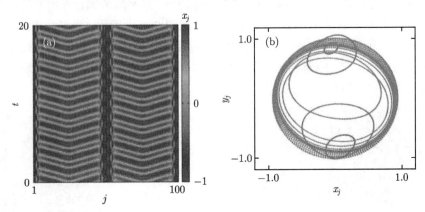

图 7.9 (a) 10^8 时间后的稳定幅度奇异态的时空图；(b) x-y 相图 (扫描封底二维码可看彩图)

2. 时间延迟稳定幅度奇异态

考虑时延耦合振子系统[190]，

$$\dot{z}_i(t) = (1 + j\omega - |z_i(t)|^2)z_i(t) + \frac{\epsilon}{2P}\sum_{k=i-P}^{i+P}(\text{Re}(z_k(t-\tau)) - \text{Re}(z_i(t))), \quad i = 1, 2, \cdots, N, \tag{7.16}$$

取参数 $\omega = 2$，前半振子初始条件取 $(x_i, y_i) = (-0.9, 0.9)$，后半振子初始条件取 $(x_i, y_i) = (0.9, 0.9)$，$P = 16, N = 100, \epsilon = 7$。当没有时间延迟时，耦合振子系统可以出现暂态幅度奇异态，如图 7.10(a)、7.10(b) 所示。而引入时间延迟 $\tau = \pi$ 时，可以得到对称幅度奇异态、非对称幅度奇异态、部分幅度奇异态和部分振荡死亡态，如图 7.10(c)~7.10(f) 给出了 $t = 4800 \sim 5000$ 的时空图。可知所有幅度奇异态的暂态时间均大幅提高。幅度奇异态的平均存活时间随着时间延迟的增加而相应地增加，如图 7.11 所示。

3. 噪声驱动对幅度奇异态的影响

当在耦合振子系统中加入噪声驱动[105]，

$$\dot{z}_i(t) = (1 + j\omega - |z_i(t)|^2)z_i(t) + \frac{\epsilon}{2P}\sum_{k=i-P}^{i+P}(\text{Re}(z_k(t)) - \text{Re}(z_i(t))) + \sqrt{2D}\xi_i(t), \quad i = 1, 2, \cdots, N, \tag{7.17}$$

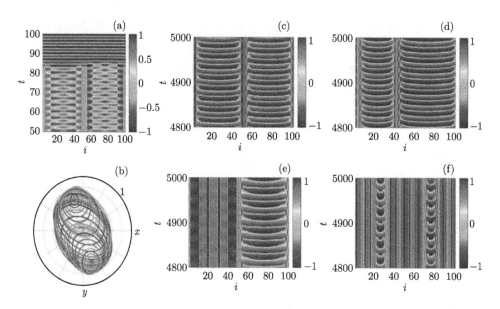

图 7.10 (a) 没有时间延迟时耦合系统的暂态幅度奇异态；(b) 与 (a) 对应的振子相图，时间延迟 $\tau = \pi$ 时，幅度奇异态的时空图；(c) 对称幅度奇异态 $\epsilon = 11, P = 5$；(d) 非对称幅度奇异态 $\epsilon = 11, P = 4$；(e) 部分幅度奇异态 $\epsilon = 13, P = 19$；(f) 部分振荡死亡态 $\epsilon = 15, P = 4$(扫描封底二维码可看彩图)

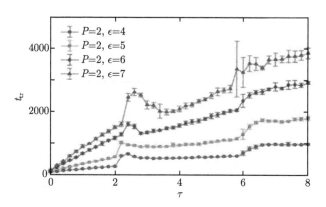

图 7.11 $P = 2, \epsilon = 4, 5, 6, 7$ 时对应的幅度奇异态的暂态时间随时间延迟的变化关系

其中，$\xi_i(t)$ 是加性高斯白噪声[191]，即有 $\langle \xi_i(t)\xi_k(t')\rangle = \delta_{ik}\delta(t-t')$，$\langle \xi_i(t)\rangle = 0$。对有噪声驱动的微分方程的求解方法可以采用文献 [192] 中的方法。当没有噪声驱动时，耦合系统在特定的初始条件下，会出现暂态幅度奇异态。下面讨论加上噪声驱动后，驱动强度增加对幅度奇异态暂态时间的影响。对于不同的噪声强度，对 50 组不同的初始条件下的幅度奇异态的暂态时间做统计，结果表明，当噪声驱动强度

增加时，幅度奇异态的暂态时间随线性减小，如图 7.12(a) 所示。其减小的斜率随着耦合强度的增加而增加，如图 7.12(a) 中的插图所示。而对于给定的噪声强度，随着耦合强度的增加，幅度奇异态的暂态时间会相应地增加，如图 7.12(b) 所示。为了更全面地确定噪声对幅度奇异态的暂态时间的影响，在参数空间 ϵ-P 上观察某一给定初始条件下，不同的噪声强度下幅度奇异态的暂态时间分布，如图 7.13 所示。

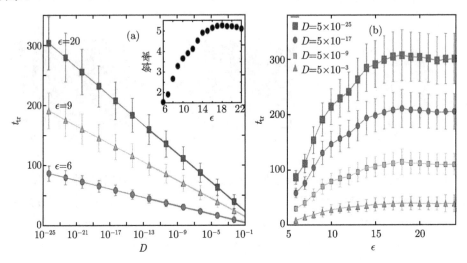

图 7.12 $N=100, \omega=2, p/N=0.04$，(a) 不同耦合强度下，幅度奇异态暂态时间随噪声强度变化的关系图。插图为大图中的曲线斜率随耦合强度的变化关系；(b) 不同噪声强度下，幅度奇异态暂态时间随耦合强度的变化关系图

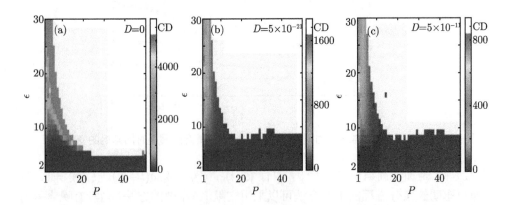

图 7.13 $N=100, \omega=2$，不同噪声强度 D 下，在参数空间 ϵ-P 中的幅度奇异态的暂态时间。(a) $D=0$；(b) $D=5\times 10^{-21}$；(c) $D=5\times 10^{-11}$（扫描封底二维码可看彩图）

7.2.4 排斥耦合实现稳定幅度奇异态

1. 排斥耦合混沌系统中的幅度奇异态

为了获得稳定的幅度奇异态，我们在近邻耦合混沌振子系统中引入排斥耦合作用 [193]，

$$\dot{x}_i(t) = \sigma(y_i(t) - x_i(t)) + \frac{\epsilon}{2P}\sum_{k=i-P}^{i+P}(x_k(t) - x_i(t)), i = 1, 2, \cdots, N,$$
$$\dot{y}_i(t) = \rho x_i(t) - y_i(t) - x_i(t)z_i(t),$$
$$\dot{z}_i(t) = x_i(t)y_i(t) - \beta z_i(t), \tag{7.18}$$

其中参量 $\sigma=10, \rho=28, \beta=2$，单个系统处于混沌态。$\epsilon<0$ 为排斥耦合强度，采用周期边界条件。当只考虑两个振子耦合时，若耦合强度很小，则振子具有双涡旋吸引子，且吸引子具有反射对称性，即振子具有对称的吸引子，如图 7.14(a)、7.14(e) 所示。当耦合强度增加到 $\epsilon=-3.26$ 时，耦合振子系统的双涡旋吸引子会在其中一个涡旋上待更长时间，而在另一个涡旋上待更小的时间，此时反射对称性产生破缺，如图 7.14(b)、7.14(f) 所示。耦合强度进一步增加时，振子会变成单涡旋的吸引子，且两个振子分别处于关于原点对称的两个旋转中心，但两个单涡旋吸引子形状不同。继续增加耦合强度，耦合振子会走向振荡死亡态，两个振子分别稳定到一对固定点 $+D$ 和 $-D$ 上。当考虑 $N=100$ 时不同的 $r=\dfrac{P}{N}$ 时，随着耦合强度的增

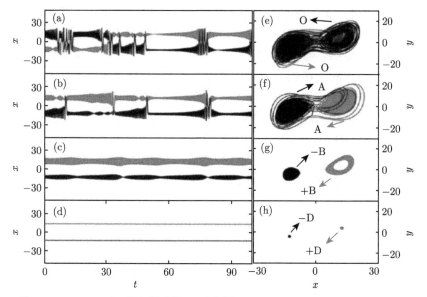

图 7.14 $N=2$ 时，耦合振子的 x 时序图。(a) $\epsilon=-3.16$；(b) $\epsilon=-3.26$；(c) $\epsilon=-3.35$；(d) $\epsilon=-3.46$ 和相对应的 $x\sim y$ 相图 (e)-(h)(扫描封底二维码可看彩图)

加，耦合振子系统会产生丰富的动力学行为，如图 7.15 所示，包括非相关时空混沌态 (I 区)、具有不同团数的幅度奇异态 (II 区)、死亡奇异态 (III 区)、大幅度振荡行波态 (IV 区) 和溢出态 (NaN 区)。当耦合强度很小时，耦合振子系统处于非相关时空混沌态，而当耦合强度很大时，耦合系统会走向大幅度振荡行波态，最后溢出到无穷大。当耦合强度为中间值时，可以看到耦合系统处于幅度奇异态，即一部分振子具有单涡旋吸引子，而另一部分振子具有双涡旋吸引子，它们在空间交替出现，如图 7.15(a)、7.15(e) 所示。而当耦合强度更大些时，耦合振子系统会走向死亡奇异态，即振子由空间相关态和空间无关态两部分组成。在空间相关区，所有振子趋于同一支固定点，而在空间非相关区，振子随机地分布在两支固定点，如图 7.15(b)、7.15(f) 所示。下面我们讨论耦合作用范围 r 对动力学行为的影响，先考查 $P=1$ 时的情形。当耦合强度较小时，耦合振子系统处于时空混沌态，所有振子处于双涡旋吸引子，这个吸引子保持反射对称性。当耦合强度增加到 $\epsilon = -3.05$ 时，其中的一些振子如图 7.16(a)、7.16(e) 中虚线框中区域，具有不对称的双涡旋混沌吸引子 A，而另一些振子如图 7.16(a)、7.16(e) 中蓝色框中的振子的吸引子依然保持反射对称性处于 O 态，从而产生空间对称性破缺，并产生两种斑图结构 AA 和 OO。当耦合强度增加到 $\epsilon = -3.2$ 时，具有非对称吸引子的振子会变成单沿旋吸引子 +B 或 −B，如图 7.16(b)、7.16(f) 中的虚线框所示，而原来具有反射对称性的振子会通过对称性破缺变成非对称双涡旋结构 A，如图 7.16(b)、7.16(f) 中虚线框所示。此时耦合系统有 AA, +B−B, OO 三种斑图结构。当耦合强度 $\epsilon = -3.35$ 时，斑图结构 AA 被 +B−B 所取代，而 OO 结构依然存在 (图 7.16(c)、7.16(g))，从而形成幅度奇异态。与方程 (7.13) 中的幅度奇异态相比，这里的幅度奇异态稳定，它不会最终趋于行波态和同步态。当耦合强度 $\epsilon = -4.9$ 时，+B−B 和 OO 斑图最终会变成死亡奇异态，即空间存在相关区 +D−D+D−D 和不相关区 +D−D−D+D，如图 7.16(d)、7.16(h) 中的方框。当 $p=4$ 时，随着耦合强度的增加，耦合振子系统同样会从时空混沌态走向幅度奇异态，然后再到死亡奇异态。所不同的是，耦合振子由 +B+B 和 −B−B 中间隔着 AA 斑图，如图 7.17(a) 中蓝色区域所示。当耦合强度增加时，相关区会增加，而非相关区缩小最后变成幅度奇异态，如图 7.17 所示。由 +B+B 和 −B−B 中间的 AA 结构会随着耦合强度的增加而加入到 +B+B 或 −B−B，最后形成 +B+B 和 −B−B 结构，如图 7.17(c) 中的粉色方框，以及 +B+B 和 −B−B 之间隔着 AA 结构的斑图，如图 7.17(c) 中的虚线框。当耦合强度再增加，耦合振子系统形成斑图 +D+D 和 −D−D 斑图结构，如图 7.17(d) 中方框所示。当 P 增加时，耦合振子系统中形成的相关态 +B 或 −B 和非相关态 O 或 A 的区域的宽度均会相应地增加，而对应的区域的数量会减少，如图 7.18 给出的耦合强度为 $\epsilon = -6$ 时，$P = 4, 8, 18, 36$ 时的时空斑图。幅度相关区的数量 N_c 与 P 之间

7.2 幅度奇异态与死亡奇异态

成幂律关系,如图 7.19 所示, $\frac{N_c}{N} = \alpha P^{-\gamma}$,其中 $\alpha = 0.98$, $\gamma = 0.84 \pm 0.01$。此外这一幂律关系不随振子 N 变化而变化,对于所有的振子数 N, $\frac{N_c}{N}$ 与 P 的关系曲线相重合,如图 7.19 中的插图所示。下面重点讨论死亡奇异态随参数的变化情况,随着耦合强度的增加,幅度奇异态最终会走向死亡奇异态。当耦合振子系统处于死亡奇异态时,振子的的最终状态为处于 +D+D 或 -D-D 态,此时 +D+D 的团族数量与幅度奇异态相关区团族数量一致。耦合强度的增加使幅度奇异态进入到死亡奇异态时,并没有改变 +D+D 团族的数量。对于给定的耦合强度 $\epsilon = -7.5$ 时,随着 P 的增加,+D+D 团族的数量依然按照幂律关系减少。+D+D 团族的区域宽度 ΔD 则随 P 的增加而相应地变宽。注意到随着 P 的增加,N_c 和 ΔD 均会出现平台,如图 7.20(a) 所示,每个 +D+D 团族中变量 x 的最大值与最小值之差 Δx 在对应的每个平台内会从大变小,到下一个平台时又从小值突然跳到大的值,然后再逐渐减小,如图 7.20(b) 所示,随着 P 的增加而周期性地变化。每个死亡奇异态团族随 P 变化的过程可由图 7.20(c)~7.20(f) 中 $P = 19, 24, 38, 45$ 时对应的某时刻变量 x 的分布图清楚地反映出来。

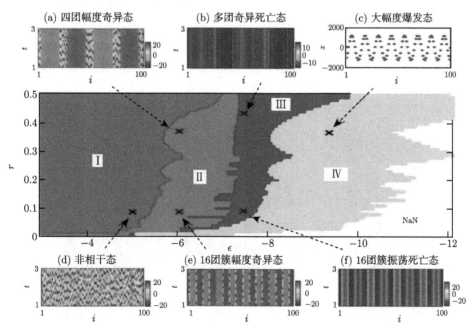

图 7.15 参数空间 r-ϵ 的状态图。耦合系统的时空图,(a) $P = 35, \epsilon = -6$;(b)$P = 44, \epsilon = -7.5$;(c)$P = 35, \epsilon = -9$;(d)$P = 8, \epsilon = -5$;(e)$P = 8, \epsilon = -6$;(f)$P = 8, \epsilon = -7.5$(扫描封底二维码可看彩图)

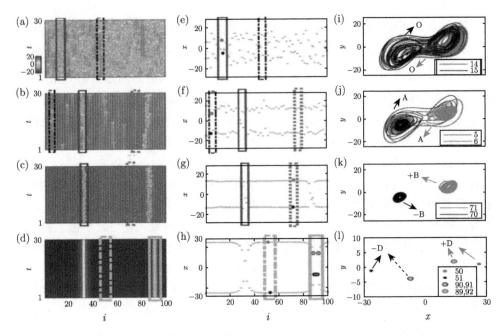

图 7.16 $P=1$ 时,耦合系统的时空图。(a) $\epsilon=-3.05$; (b) $\epsilon=-3.2$; (c) $\epsilon=-3.35$; (d) $\epsilon=-4.9$; (e)~(h) 分别对应于图 (a)~(d) 时的某一时刻的振子状态的空间分布; (i)~(l) 分别对应于图 (e)~(h) 中方框中圆点所标注的振子的 x-y 相图 (扫描封底二维码可看彩图)

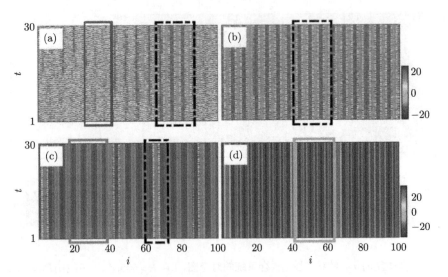

图 7.17 $P=4$ 时,耦合系统的时空图。(a) $\epsilon=-4.8$; (b) $\epsilon=-5.1$; (c) $\epsilon=-5.9$; (d) $\epsilon=-6.75$(扫描封底二维码可看彩图)

7.2 幅度奇异态与死亡奇异态

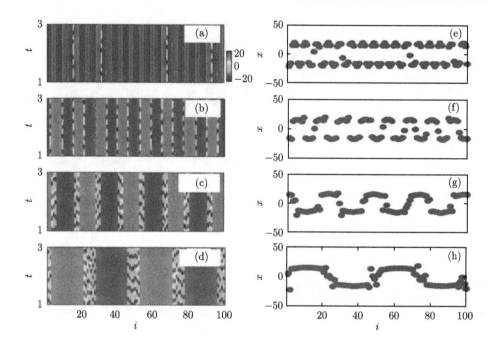

图 7.18　$\epsilon = -6$ 时，耦合系统的时空图，(a)$P = 4$，(b)$P = 8$，(c)$P = 18$，(d)$P = 36$；(e)~(h) 与图 (a)~(d) 对应的某时刻的 x 的空间分布图 (扫描封底二维码可看彩图)

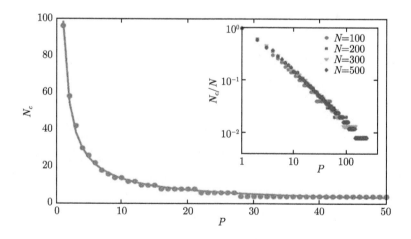

图 7.19　耦合振子中相关区域的数量 N_c 随 P 的变化关系，插图为双对数坐标下，不同振子数 N 对应的 $\dfrac{N_c}{N}$ 随 P 的变化关系

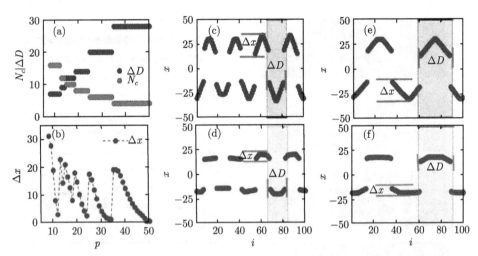

图 7.20 (a) 耦合振子中 +D+D 的团族的数量 N_c 以及团族的区域宽度 ΔD 随 P 的变化关系; (b) 耦合振子中 +D+D 的团族的变量 x 的最大值与最小值之差; 不同 P 下耦合振子变量 x 在某一时刻的空间分布, (c)$P=19$, (d)$P=24$, (e)$P=38$, (f)$P=45$(扫描封底二维码可看彩图)

处于死亡奇异态时, 各个振子的固定点态可以通过令方程 (7.18) 中的 $\dot{x}_i = 0, \dot{y}_i = 0, \dot{z}_i = 0$ 得到,

$$y_i^* = \frac{\rho \beta x_i^*}{\beta + x_i^{*2}},$$

$$y_i^* = \frac{(\sigma + \epsilon)x_i^*}{\sigma} - \frac{\epsilon \overline{x_{in}^*}}{\sigma}, \quad i = 1, 2, \cdots, N, \tag{7.19}$$

其中, $\overline{x_{in}^*} = \frac{1}{2P} \sum_{k=i-P, k \neq 0}^{i+P} x_k^*$, 其值完全由固定点的空间分布确定。由于 +D+D 和 −D−D 态并不是完全对称的, 无法准确地确定 x_{in}^* 的值。但所有的固定点值应该停在由方程 (7.19) 所确定的曲线上, 如图 7.21 中我们画出了所有可能的 x_{in}^* 对应的 y_1^*。可以看出所有的固定点均落在曲线上, 且分布的宽度 Δx 与 P 有关, $P = 19, 24, 38, 45$ 时对应的值分别是 $\Delta x = 18.09, 2.57, 15.78, 1.43$。为了更好地确定幅度奇异态, 采用文献 [199] 中定义的参量 SI 来描述, 其定义如下: 令 $\Delta z_i(t) = z_i(t) - z_{i+1}(t)$, 并把 N 个振子分成 m 组, 每组有 $n = \frac{N}{m}$ 个振子, 则可以计算每一组的标准差为

$$\delta(i) \leqslant \sqrt{\frac{1}{n} \sum_{k=n(i-1)+1}^{ni} (\Delta z_k(t) - \langle z(t) \rangle)^2}, \quad i = 1, 2, \cdots, m, \tag{7.20}$$

7.2 幅度奇异态与死亡奇异态

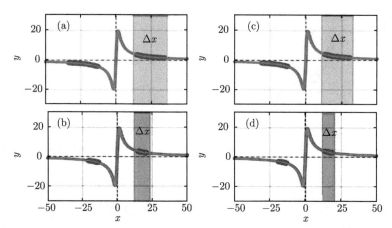

图 7.21 $\epsilon = -7.5$ 时，所有固定点 x_i^*-y_i^* 的分布，红线为方程 (7.19) 确定的曲线。(a) $P = 19$; (b) $P = 24$; (c) $P = 38$; (d) $P = 45$(扫描封底二维码可看彩图)

其中 $\langle z(t) \rangle = \dfrac{1}{n} \sum\limits_{i=1}^{n} \Delta z_i(t)$ 是 n 个振子的 $z(t)$ 平均值，则有

$$SI = \frac{1}{m} \sum_{i=1}^{m} (\Theta(\delta(i) - \delta_0)), \tag{7.21}$$

其中，

$$\Theta(x) = \begin{cases} 1, & x > 0, \\ 0, & x \leqslant 0, \end{cases} \tag{7.22}$$

$m = 50$，当振子 i 与其同组的其他振子具有很强的相关性时，$\delta(i) = 0.1$，而如果振子 i 与其同组的其他振子没有明显的相关性时，$\delta(i) > 2$，因此设置的门限值 $\delta_0 = 1$。则当 $SI = 1$ 说明振子不相关，而 $SI = 0$ 说明具有很强相关性。$SI \in (0,1)$ 对应于幅度奇异态。图 7.22(a) 给出了 $P = 35$ 时 SI 随 ϵ 的变化关系。利用准静态法分别增加和减小耦合强度 ϵ 并计算参量 SI，可知在区间 $\epsilon \in [-7.18, -5.33]$ 具有两态共存现象。当耦合强度为 $\epsilon = -5.5$ 时，时空混沌态与幅度奇异态共存，如图 7.22(b)、7.22(c) 所示；当耦合强度为 $\epsilon = -6$ 时，耦合振子系统为两个共存的幅度奇异态，它们具有不同的非相关区域，如图 7.22(d)、7.22(e) 所示；而当耦合强度为 $\epsilon = -6$ 时，幅度奇异态和死亡奇异态共存，如图 7.22(f)、7.22(g) 所示。同时，系统处于死亡奇异态时，$+D$ 和 $-D$ 的空间分布完全由初始条件来确定，从而使相关区和非相关区的大小因初始条件不同而不同。图 7.23(a)、7.23(b) 为 $P = 45, \epsilon = -7.5$ 时，两组不同的初始条件下的死亡奇异态斑图，不同初始条件下，耦合振子系统的死亡奇异态中相关区与非相关区的宽度不同。

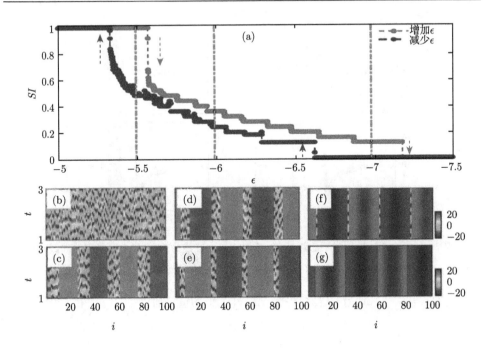

图 7.22 (a) $P=35$ 时，SI 随 ϵ 的变化关系图；(b)、(c) $\epsilon=-5.5$ 时，时空混沌态与幅度奇异态；(d)、(e) $\epsilon=-6$ 时两个共存的幅度奇异态；(f)、(g) $\epsilon=-6$ 时幅度奇异态和死亡奇异态共存 (扫描封底二维码可看彩图)

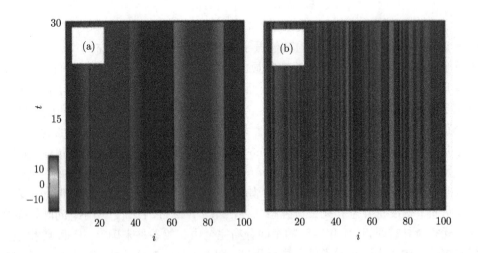

图 7.23 (a)、(b) $\epsilon=-7.5$，$P=45$ 时，两组不同初始条件下的死亡奇异态斑图 (扫描封底二维码可看彩图)

7.2 幅度奇异态与死亡奇异态

2. 排斥耦合周期系统中的幅度奇异态

考查非局域耦合周期系统金兹堡–朗道振子[195],

$$\dot{z}_i(t) = (1 + j\omega_i - |z_i(t)|^2)z_i(t) + \frac{\epsilon}{2P_1} \sum_{k=i-P_1}^{i+P_1} \text{Re}(z_k - z_i)$$

$$+ j\frac{\sigma\epsilon}{2P_2} \sum_{k=i-P_2}^{i+P_2} \text{Im}(z_k - z_i), \qquad (7.23)$$

当 $\sigma = -1$ 时,耦合振子系统存在两种耦合作用相互竞争,即实部是通过吸引耦合作用,而其虚部为排斥耦合作用。P_1、P_2 分别为实部和虚部耦合作用的左边的邻居数,可以定义耦合作用范围为 $r_i = P_i/N$。当 $\sigma = 1$ 时,两个通道的耦合均为吸引耦合作用,此时耦合系统在特定的初始条件下可以产生暂态幅度奇异态[141]。例如,当初始条件设置为 $(x_i, y_i) = (+1, -1), i = 1, 2, \cdots, N/2, (x_i, y_i) = (-1, +1), i = N/2+1, \cdots, N, \epsilon = 2.02, N = 100, \omega = 2, r_i = 0.01$ 时,可以看到暂态幅度奇异态,如图 7.24(a) 所示。其中有幅度相同的区域和幅度不同的区域构成。两个区域的振子对应的相图,如图 7.24(c) 所示,其中实线为幅度相同区的振子的大幅度振动的相图,而虚线为幅度不同的振子的小幅度振动的相图。当 $\sigma = -1$ 时,相当于在其中一个耦合通道引入排斥耦合作用,此时耦合系统在随机给定初始条件下,也可以形成幅度奇异态,如图 7.24(b) 所示。随机初始条件下,刚开始所有振子开始随机地振动,随着时间演化,耦合系统开始分成相关区 (对应于图 7.24(d) 中的实线大幅度振动相图) 和不相关区 (对应于图 7.24(d) 中的虚线小幅度振动相图)。在吸引与排斥耦合竞争下,随着耦合强度的增加,耦合振子系统会从行波态走向幅度奇异

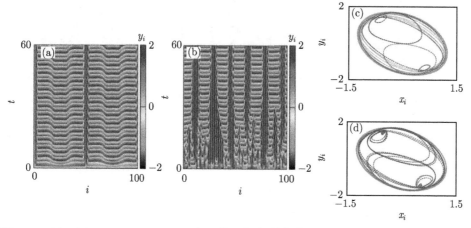

图 7.24　(a)、(b) $\epsilon = -7.5$, $P = 45$ 时,两组不同初始条件下的死亡奇异态斑图;(c) 与 (a) 中对应的振子的相图;(d) 与 (b) 对应的振子的相图 (扫描封底二维码可看彩图)

态, 最后到死亡奇异态。图 7.25 分别给出了耦合强度 $\epsilon = 1.9$, $\epsilon = 2.02$, $\epsilon = 2.6$ 时, 系统对应的行波态、幅度奇异态和死亡奇异态。当耦合作用范围 r_i 较大, 如 $r_1 = 0.4$, $r_2 = 0.34$ 时, 随着耦合强度的增加, 耦合周期振子系统会从幅度奇异态过渡到集群振荡死亡态再到死亡奇异态。如图 7.26 分别给出了 $\epsilon = 1.7, 2.0, 2.3$ 时, 耦合系统出现幅度奇异态, 集群振荡死亡态, 死亡奇异态的时空图和相应的某一时刻状态量的空间分布图。总之, 大量振子相互作用的耦合振子系统中, 由于个体

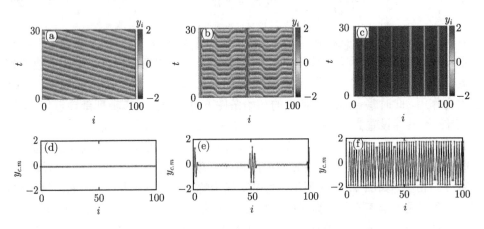

图 7.25 $N = 100$, 耦合强度分别为 $\epsilon = 1.9, 2.02, 2.6$ 时系统的时空图, (a) 行波态, (b) 幅度奇异态, (c) 死亡奇异态; (d)、(e)、(f) 分别是与图 (a)、(b)、(c) 对应的变量 y 的最大值的空间分布图 (扫描封底二维码可看彩图)

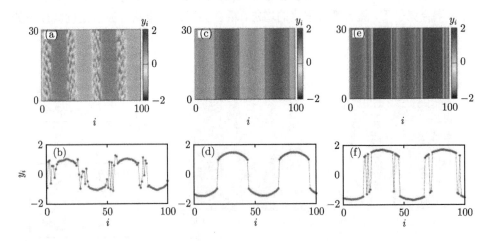

图 7.26 $N = 100$, 耦合强度分别为 $\epsilon = 1.7, 2.0, 2.3$ 时系统的时空图。(a) 幅度奇异态, (c) 集群振荡死亡态, (e) 死亡奇异态; (b)、(d)、(f) 分别是与图 (a)、(c)、(e) 对应的变量 y 某一时刻的空间分布图 (扫描封底二维码可看彩图)

之间的差异和耦合作用使系统变成有序之间的竞争会产生各种空间斑图结构分布。这些结构不仅跟个体差异的空间分布有关, 还与相互作用的网络结构参数有关。耦合系统可能产生爆发式同步、爆发式死亡、幅度奇异态和死亡奇异态, 甚至还有可能存在玻璃态 (一部分时间同步而另一部分时间不同步的振子集团与同步集团、不同步集团共存的态)。而这些动力学状态均是大量振子自组织动力学行为的表现。

第 8 章 总 结

由大量子单元构成的系统或群体在个体的相互作用下会产生丰富的自组织动力学行为,如各种形式的同步和振荡猝灭等。而对这些自组织动力学行为产生机制的理解为确定自然界中许多涌现和集群现象的本质具有重要的理论指导意义。本书以简单的耦合非线性振子系统为模型,通过数值计算、电路实验和理论分析等方法,重点探讨了耦合非线性振子系统中,各种耦合方式、频率失配的空间分布、耦合作用通道的特性和相互作用的网络结构参数对振荡猝灭动力学行为的影响。同时还分析了大量振子系统在相互作用下走向振荡猝灭的过渡过程中产生爆发式振荡死亡、幅度奇异态和死亡奇异态。本书首先对耦合振子系统各种耦合作用下的振荡猝灭现象的研究背景和相关进展进行了回顾。通常,人们认为耦合振子系统在相互作用下产生振荡猝灭的条件是:耦合振子的频率失配、时间延迟、交叉变量耦合、平均场耦合。本书对本人从博士期间开始到目前所有与耦合振子振荡猝灭相关的文章做了相应的总结。研究工作基于现有的耦合振子系统振荡猝灭稳定性分析理论,通过数值计算和电路实验深入讨论了耦合振子系统中,振子本身的动力学特性、耦合通道的特征、耦合作用的方式、耦合作用的网络结构等方面的因素对耦合振子系统走向振荡猝灭的条件和产生的相关丰富动力学行为进行了分析。本书的主要创新点有:

(1) 我们发现了耦合混沌振子系统中因对称性破缺而产生的部分振幅死亡,即两个耦合振子中,其中一个振子一部分变量不振荡,而另一些变量产生振荡且另一个振子的所有变量均保持振荡。研究表明这种部分振荡死亡现象是由于耦合作用下,耦合振子系统从平移对称性破缺到反射对称性破缺,最后由于其中一个吸引子膨大后与不稳定固定点发生碰撞,而产生切分岔最后产生部分振幅死亡。

(2) 在无时间延迟的扩散耦合混沌全同振子系统中观察到了振幅死亡现象,并且观察到振荡死亡和同步态两态共存现象,这与以往耦合混沌振子系统中通过交叉变量耦合或时间延迟耦合产生的振荡死亡机理完全不同。通过引入排斥耦合作用,可以使两个完全相同的耦合振子走向振荡死亡态。并详细讨论了同时具有吸引与排斥耦合作用竞争对耦合振子动力学行为的影响。

(3) 讨论了耦合振子系统频率的空间排列对耦合非全同振子系统的振幅死亡动力学行为的影响,发现了不同频率空间排列下,实现振幅死亡所需的临界耦合强度会分别服从幂律分布和双对数正态分布这一普适规律。并进一步确定了实现振幅死亡的最优频率空间分布。确定频率空间分布对振幅死亡临界耦合强度的影响机制是由频率分布的不均匀性和耦合产生的有序同步竞争的结果。并进一步讨论了耦合振子的边界条件对不同频率空间分布下振幅死亡所需临界耦合强度分布函数的影响。

(4) 讨论了梯度耦合作用对耦合振子链或环的振幅死亡的影响。发现梯度耦合作用对耦合振子系统的振幅死亡的影响与耦合系统的边界条件有关。当耦合系统为无流边界时 (耦合振子链),梯度耦合作用的增加会使耦合非全同振子的振幅死亡区域扩大; 而当耦合系统为周期边界条件时 (耦合振子环),梯度耦合作用的增加, 会使耦合非全同振子系统的振幅死亡区域先增加后减小, 存在一个最优梯度耦合强度, 使耦合非全同振子系统具有最大的振幅死亡区间。

(5) 讨论了耦合通道的幅频特性对耦合振子振荡死亡的影响。以幅度受限耦合通道为例, 发现当两个振子的耦合通道幅度受限时, 当耦合通道的受限幅度值小于某一临界值时, 耦合振子系统会产生振荡死亡现象。当耦合强度较大时, 耦合通道存在幅度受限时, 振荡死亡会和反向同步振荡态共存, 且随着受限幅度值的增加, 反向同步振荡态的吸引域会增加, 即受限幅度值越大, 系统越容易处于反向同步振荡态。

(6) 在前人开关耦合作用对振幅死亡影响研究的基础上, 我们引入受正弦信号调制的耦合强度作用。结果表明, 耦合强度受周期信号调制后, 调制的幅度和调制频率对耦合振子系统的振幅死亡的稳定性有很大的影响。随着调制幅度的增加, 耦合振子系统的振幅死亡区域先增加后减小。达到最大振幅死亡区间所需的调制幅度与调制频率成线性增长关系。小幅度的调制有利于增加振幅死亡区域。当耦合强度在正、负值之间周期变化时, 振幅死亡区域会分裂成两块区域, 通过噪声测试, 发现上面区域对应的振幅死亡态比下面的区域的振幅死亡态具有更强的稳定性。

(7) 考虑到滤波器既能影响信号的幅度, 又可能会使信号产生时间延迟。我们通过耦合通道中引入有源低通滤波器, 考查有源低通滤波器对耦合振子系统动力学行为的影响。当有源器件为衰减电路时, 随着滤波器的截止频率的减小, 可以使振幅死亡的区域扩大, 而使振荡死亡的区域减少, 同时还发现在某些参数区间可以产生振荡死亡与振荡态两态共存的双稳态现象。而当有源器件为放大电路时, 随着滤波器的截止频率的减少, 振幅死亡和振荡死亡的区域均相应的增加。且也会产生振荡态与振荡死亡两态共存现象。此外, 在某些区域还可以看到耦合振子系统会从对称的振荡死亡态走向非对称的振荡死亡态, 然后再走向非对称的振荡态。

(8) 在前人讨论规则网络和小世界网络结构对振荡死亡动力学行为的影响分析的基础上, 分析了具有不均匀结构的无标度网络结构对耦合振子系统走向振幅死亡的影响。结果表明无标度网络中, 随着耦合强度的增加, 耦合振子走向振幅死亡过程中会出现其振幅与其所处节点的度的大小有关, 最后形成分层结构。随着耦合强度从弱向强变化，走向振幅死亡的过程分三个阶段。在第一阶段，处于度较大的节点的耦合振子会先走向振幅死亡，从而形成分层结构，随着耦合强度的增加，每层的振幅接度大的点先降到零的顺序依次逐渐趋于零。第二阶段中，随着耦合强度增加，同步集团的数量逐渐减小而使耦合振子的振幅逐渐减小。第三阶段中，少量同步集团随着耦合强度增加而突然消失，使耦合振子系统全部达到振幅死亡态。

(9) 在非局域耦合系统中，引入排斥耦合作用，可以使耦合振子系统产生幅度奇异态，当耦合强度大于一定值时，幅度奇异态会最后走向死亡奇异态，且我们发现死亡奇异态中团簇的数量会随着局域耦合的作用范围增加而按幂律关系下降，这一规律具有普适性，不随振子数的变化而发生变化。

对于耦合振子系统振荡猝灭的研究，对理解自然界中许多生物系统的功能和结构具有重要的理论指导意义，如基因调控网络中[200]，在细胞膜之间扩散的自诱导剂分子通过与低通滤波器相似的群体效应来相互作用，对系统的动力学行为和生物功能具有较大的影响。同时，在工程上耦合振子振幅死亡理论对桥梁的减振具有现实的指导意义。此外，实际系统中，有很多系统需要维持一定节律的振荡，以实现系统的功能。当系统处于振荡死亡时，需要把处于振荡死亡的振子系统救活。如人体的心脏系统需要维持心律，人的大脑中信息处理时神经元的有节律激发等[201,202,204]。因此如何把处于振荡猝灭的振子系统救活[203]也具有非常现实的意义。

参 考 文 献

[1] Bialek W, Cavagna A, Giardina I, et al. Statistical mechanics for natural flocks of birds [J]. PNAS, 2012, 109 (13): 4786-4791 .
[2] Winfree A T. Biological rhythms and the behavior of populations of coupled oscillators[J]. J. Theor. Biol.,1967,16:15.
[3] Glass L, Mackey M C. From Clocks to Chaos. The Rhythms of Life[M]. Princeton University Press, Princeton, New Jersey, 1988.
[4] Winfree A T. The Geometry of Biological Time [M]. Springer-Verlag, New York, 1980.
[5] Winfree A T. When Time Breaks Down: The Three-Dimensional Dynamics of Electrochemical Waves and Cardiac Arrhythmias[M]. Princeton University Press, Princeton, New Jersey, 1987.
[6] Koseska A, Volkov E, Kurths J. Transition from amplitude to oscillation death via Turing bifurcation[J]. Phys. Rev. Lett.,2013,111: 024103.
[7] Popovych O V, Hauptmann C, Tass P A. Effective desynchronization by nonlinear delayed feedback[J]. Phys. Rev. Lett., 2005,94: 164102.
[8] Tukhlina N, Rosenblum M, Pikovsky A, et al. Feedback suppression of neural synchrony by vanishing stimulation[J]. Phys. Rev. E, 2007, 75: 011918.
[9] Ermentrout G B, Kopell N. Oscillator dath in coupled neural oscillators[J]. SIAM J. Appl. Math, 1989, 50: 125.
[10] Ahn K H. Enhanced signal-to-noise ratios in frog hearing can be achieved through amplitude death[J]. J R Soc Interface, 2013,10: 20130525.
[11] Kim K J, Ahn K H. Amplitude death of coupled hair bundles with stochastic channel noise[J]. Phys. Rev. E, 2014, 89: 042703.
[12] Rayleigh J W S. The Theory of Sound[M].Dover, New York, 1945: 1877-1878.
[13] Crowley M, Epstein I. Experimental and theoretical studies of a coupled chemical oscillator: phase death, multistability and in-phase and out-of-phase entrainment[J]. J. Phys. Chem.,1989, 93: 2496.
[14] Koseska A, Volkov E, Kurths J. Parameter mismatches and oscillation death in coupled oscillators[J]. Chaos, 2010, 20: 023132.
[15] Lee D S, Ryuet J W. Stabilization of a chaotic laser and quenching[J]. Appl. Phys. Lett., 2005, 86: 181104.
[16] Copeland J A. A new mode of operation for bulk negative resistance oscillators[J]. Proc. Lett. IEEE, 1966, 54(10): 1479.
[17] Koseska A, Ullner E, Volkov E, et al. Cooperative differentiation through clustering in multicellular populations[J]. J. Theoret. Biol.,2010, 263: 189.
[18] Ullner E, Zaikin A, Volkov E I, et al. Multistability and clustering in a population of synthetic genetic oscillators via phase-repulsive cell-to-cell communication[J]. Phys. Rev. Lett., 2007, 99: 148103.
[19] Koseska A, Volkov E, Kurths J. Detuning-dependent dominance of oscillation death in globally coupled synthetic genetic oscillators[J]. Europhys. Lett.,2009, 85: 28002.
[20] Atay F M. Total and partial amplitude death in networks of diffusively coupled oscil-

lators [J]. Physica D, 2003, 183: 1-18.

[21] Yang J. Transitions to amplitude death in a regular array of nonlinear oscillators[J]. Phys. Rev. E, 2007, 76: 16204.

[22] Ramana Reddy D V, Sen A, Johnston G L. Time delay effects on coupled limit cycle oscillators at Hopf bifurcation[J]. Physica D, 1999, 129(1-2): 15-34.

[23] Atay F M. Distributed delays facilitate amplitude death of coupled oscillators[J]. Phys. Rev. Lett., 2003, 91: 94101.

[24] Konishi K. Amplitude death in oscillators coupled by a one-way ring time-delay connection[J]. Phys. Rev. E, 2004, 70: 66201.

[25] Reddy D V R, Sen A, Johnston G L. Time delay induced death in coupled limit cycle oscillators[J]. Phys. Rev. Lett., 1998, 80: 5109.

[26] Zou W, Zhan M. Partial time-delay coupling enlarges death island of coupled oscillators[J]. Phys. Rev. E, 2009, 80: 065204.

[27] Prasad A, Dhamala M, Adhikari B M, et al. Amplitude death in nonlinear oscillators with nonlinear coupling[J]. Phys. Rev. E, 2010, 81: 027201.

[28] Konishi K. Amplitude death induced by dynamic coupling[J]. Phys. Rev. E, 2003, 68: 067202.

[29] Karnatak R, Ramaswamy R, Prasad A. Amplitude death in the absence of time delays in identical coupled oscillators[J]. Phys. Rev. E, 2007, 76: 035201.

[30] Liu W Q, Yang J Z, Xiao J H. Experimental observation of partial amplitude death in coupled chaotic oscillators[J]. Chin. Phys., 2006, 15: 2260-2265.

[31] Liu W Q, Xiao J H, Yang J H. Partial amplitude death in coupled chaotic oscillators[J]. Phys. Rev. E, 2005, 72(5): 057201.

[32] 何文平，封国林，高新全，李建平. 无反馈作用下混沌系统的振幅死亡 [J]. 物理学报, 2006, 55: 6392.

[33] Sharma A, Shrimali M D. Amplitude death with mean-field diffusion[J]. Phys. Rev. E, 2012, 85: 057204.

[34] Banerjee T, Ghosh D. Experimental observation of a transition from amplitude to oscillation death in coupled oscillators[J]. Phys. Rev. E, 2014, 89: 062902.

[35] Banerjee T, Biswas D. Amplitude death and synchronized states in nonlinear time-delay systems coupled through mean-field diffusion[J]. Chaos, 2013, 23: 043101.

[36] Kamal N K, Sharma P R, Shrimali M D. Oscillation suppression in indirectly coupled limit cycle oscillators[J]. Phys. Rev. E, 2015, 92: 022928.

[37] Resmi V, Ambika G, Amritkar R E. General mechanism for amplitude death in coupled systems[J]. Phys. Rev. E, 2011, 84: 046212.

[38] Zou W, Zhan M, Kurths J. Role of time scales and topology on the dynamics of complex networks[J]. Phys. Rev. E, 2018, 98: 062209.

[39] Goto Y, Kaneko K. Minimal model for stem-cell differentiation[J]. Phys. Rev. E, 2013, 88: 032718.

[40] Suzuki N, Furusawa C, Kaneko K. Oscillatory protein expression dynamics endows stem cells with robust differentiation potential[J]. PLoS ONE, 2011, 6: e27232.

[41] Ullner E, Koseska A, Kurths J, et al. Multistability of synthetic genetic networks with

repressive cell-to-cell communication[J]. Phys. Rev. E, 2008, 78: 031904.

[42] Koseska A, Volkov E, Kurths J. Detuning-dependent dominance of oscillation death in globally coupled synthetic genetic oscillators[J]. Europhys. Lett, 2009, 85: 28002.

[43] Curtu R. Singular Hopf bifurcations and mixed-mode oscillations in a two-cell inhibitory neural network[J]. Physica D, 2010 ,239: 504.

[44] Zeyer K P, Mangold M, Gilles E D. Experimentally Coupled Thermokinetic Oscillators: Phase Death and Rhythmogenesis[J]. J. Phys. Chem.,2001 ,105: 7216.

[45] Hens C R, Olusola O I, Pal P, et al. Oscillation death in diffusively coupled oscillators by local repulsive link[J]. Phys. Rev. E, 2013, 88: 034902.

[46] Liu W, Volkov E, Xiao J, et al. Inhomogeneous stationary and oscillatory regimes in coupled chaotic oscillators[J]. Chaos, 2012, 22: 033144.

[47] Liu W, Xiao G, Zhu Y, et al. Oscillator death induced by amplitude-dependent coupling in repulsively coupled oscillators[J]. Phys. Rev. E, 2015, 91: 052902.

[48] Chaurasia S S, Yadav M, Sinha S. Environment-induced symmetry breaking of the oscillation-death state[J]. Phys. Rev. E, 2018, 98: 032223.

[49] Bera B K, Hens C, Bhowmick S K, et al. Transition from homogeneous to inhomogeneous steady states in oscillators under cyclic coupling[J]. Phys. Lett. A, 2016, 380(1): 130-134.

[50] Zou W, Senthilkumar D V, Koseska A, et al. The impact of propagation and processing delays on amplitude and oscillation deaths in the presence of symmetry-breaking coupling[J]. Phys. Rev. E, 2013 ,88: 050901(R).

[51] Ponrasu K, Sathiyadevi K, Chandrasekar V K, et al. Conjugate coupling-induced symmetry breaking and quenched oscillations[J]. Europhys. Lett., 2018 ,124: 20007.

[52] Banerjee T, Ghosh D. Transition from amplitude to oscillation death under mean-field diffusive coupling[J]. Phys. Rev. E, 2014 ,89: 052912.

[53] Hens C R , Pal P , Bhowmick S K , et al. Diverse routes of transition from amplitude to oscillation death in, coupled oscillators under additional repulsive link[J]. Phys. Rev. E Stat. Nonlin. Soft Matter Phys., 2014, 89(3):032901.

[54] Zou W, Senthilkumar D V, Zhan M, et al. Reviving oscillations in coupled nonlinear oscillators[J]. Phys. Rev. Lett., 2013 ,111: 014101.

[55] Ghosh D, Banerjee T. Transitions among the diverse oscillation quenching states induced by the interplay of direct and indirect coupling[J]. Phys. Rev. E, 2014, 90: 062908.

[56] Koseska A, Volkov E, Zaikin A, et al. Inherent multistability in arrays of autoinducer coupled genetic oscillators[J]. Phys. Rev. E, 2007, 75: 031916.

[57] Ermentrout G B. Oscillator death in populations of "all to all" coupled nonlinear oscillators[J]. Physica D, 1990, 41: 219-231.

[58] Hou Z, Xin H. Oscillator death on small-world networks[J]. Phys. Rev. E, 2003, 68: 055103(R).

[59] Liu W Q, Wang X G, Guan S, et al. Transition to amplitude death in scale-free networks[J]. New J. Phys., 2009, 11: 093016.

[60] Zou W, Yao C G, Zhan M. Eliminating delay-induced oscillation death by gradient coupling [J]. Phys. Rev. E, 2010, 82: 056203.

[61] Liu W Q, Xiao J H, Li L, et al. Effects of gradient coupling on amplitude death in nonidentical oscillators [J]. Nonlinear Dynam., 2012, 69: 1041-1050.

[62] Rubchinsky L, Sushchik M. Disorder can eliminate oscillator death [J]. Phys. Rev. E, 2000, 62: 6440.

[63] Wu Y, Liu W Q, Xiao J H, et al. Effects of spatial frequency distributions on amplitude death in an array of coupled Landau-Stuart oscillators[J]. Phys. Rev. E., 2012, 85: 056211.

[64] 刘维清, 蓝晶, 钟建环, 朱云. 不同边界条件下频率空间排列对耦合振子振荡死亡的影响 [J]. 2014, 1: 75-82.

[65] Senthilkumar D V, Suresh K, Chandrasekar V K, et al. Experimental demonstration of revival of oscillations from death in coupled nonlinear oscillators[J]. Chaos, 2016, 26: 043112.

[66] Ghosh D, Banerjee T, Kurths J. Revival of oscillation from mean-field-induced death: Theory and experiment[J]. Phys. Rev. E, 2015, 92: 052908.

[67] Chandrasekar V K, Karthiga S, Lakshmanan M. Feedback as a mechanism for the resurrection of oscillations from death states[J]. Phys. Rev. E, 2015, 92: 012903.

[68] Majhi S, Bera B K, Bhowmick S K, et al. Restoration of oscillation in network of oscillators in presence of direct and indirect interactions[J]. Phys. Lett. A, 2016,380(43): 3617-3624.

[69] Kundu S, Majhi S, Karmakar P, et al. Augmentation of dynamical persistence in networks through asymmetric interaction[J]. EPL, 2018, 123: 30001.

[70] Kundu S, Majhi S, Ghosh D. Resumption of dynamism in damaged networks of coupled oscillators[J]. Phys. Rev. E, 2018, 97: 052313.

[71] Ginzburg V L, Landau L D. On the theory of superconductivity[J]. Zh. Eksp. Teor. Fiz., 1950, 20: 1064.

[72] Abrikosov A A. On the magnetic properties of superconductors of the second group[J]. Zh. Eksp. Teor. Fiz., 1956, 11, 32: 1442-1452.

[73] Abrikosov A A. Fundamentals of the Theory of Metals[M]. Amsterdam: North-Holland., 1988: P589.

[74] Shingareva I, Carlos L C. Solving Nonlinear Partial Differential Equations with Maple and Mathematica[M]. New York: Springer, 2011: P28.

[75] Lorenz E N. Deterministic nonperiodic flow[J]. J. Atmos. Sci., 1963, 20 (2): 130-141.

[76] Rossler O E. An equation for continuous chaos[J]. Phys. Lett. A, 1976, 57: 397.

[77] Takashi M. A chaotic attractor from chua's circuit[J]. IEEE Transactions on Circuits and Systems. IEEE. CAS,1984,31 (12): 1055-1058.

[78] Saito T, Nakagawa S. Chaos from a hysteresis and switched circuit[J]. Phil. Trans. Math. Phys. Eng. Sci., 1995, 353(1701):47-57.

[79] Pikovsky A S. Rabinovich M I. A simple self-sustained generator with stochastic behavior[J]. Sov. Phys. Doklady, 1978, 23: 183.

[80] Thompson J M T, Stewart H B. Nonlinear Dynamics and Chaos[M]. John Wiley and

Sons, 2002: 66.

[81] Hindmarsh J L, Rose R M. A model of neuronal bursting using three coupled first order differential equations[C]. Proc. R. Soc. London, Ser. B., 1984, 221: 87-102.

[82] Hodgkin A L, Huxley A F. A quantitative description of membrane current and its application to conduction and excitation in nerve[J]. J. Physiol., 1952, 117 (4): 500-544.

[83] FitzHugh R. Mathematical models of threshold phenomena in the nerve membrane[J]. Bull. Math. Biophysics, 1955, 17: 257-278.

[84] Aronson D G, Ermentrout G B, Kopell N. Amplitude response of coupled oscillators[J]. Physica D,1990, 41: 403-449.

[85] Ma H, liu W, Wu Y, et al. Ragged oscillation death in coupled nonidentical oscillators[J]. Commun. Nonlinear Sci., 2014, 19(8): 2874-2882.

[86] Ma H, Liu W, Wu Y, et al. Effect of spatial distribution on the synchronization in rings of coupled oscillators[J]. Commun. Nonlinear Sci., 2013, 18: 2769-2774.

[87] Xu C, Boccaletti S, Guan S, et al. Origin of Bellerophon states in globally coupled phase oscillators[J]. Phys. Rev. E, 2018, 98: 050202(R).

[88] Zhang J, Li X, Zou Y, et al. Novel transition and Bellerophon state in coupled Stuart – Landau oscillators[J]. Front. Phys., 2019, 14: 33603.

[89] Zou W, Senthilkumar D V, Tang Y, et al. Amplitude death in nonlinear oscillators with mixed time-delayed coupling[J]. Phys. Rev. E, 2013, 88: 032916.

[90] Pecora L M, Carroll T L. Synchronization in chaotic systems[J]. Phys. Rev. Lett.,1990, 64: 821.

[91] Chen L, Qiu C, Huang H. Synchronization with on-off coupling: Role of time scales in network dynamics[J]. Phys. Rev. E, 2009, 79: 045101.

[92] Chen Y, Xiao J, Liu W, et al. Dynamics of chaotic systems with attractive and repulsive couplings[J]. Phys. Rev. E, 2009, 80: 046206.

[93] Deng T, Liu W, Zhu Y, et al. Reviving oscillation with optimal spatial period of frequency distribution in coupled oscillators[J]. Chaos, 2016, 26: 094813.

[94] Zou W, Lu J Q, Tang Y, et al. Control of delay-induced oscillation death by coupling phase in coupled oscillators[J]. Phys. Rev. E, 2011, 84: 066208.

[95] Chen J, Liu W, Zhu Y, et al. The effects of dual-channel coupling on the transition from amplitude death to oscillation death[J]. EPL, 2016, 115(2):20011.

[96] Quart B J. Synchronous rhythmic flashing of fireflies[J]. Rev. Biol., 1988, 63: 265.

[97] Neda Z, Ravasz E, Vicsek T, et al. Physics of the rhythmic applause[J]. Phys. Rev. E, 2000, 61: 6987.

[98] Wiesenfeld K, Colet P, Strogatz S H. Frequency locking in Josephson arrays: Connection with the Kuramoto model[J]. Phys. Rev. E, 1998, 57: 1563.

[99] Ha S Y, Jeong E, Kang M J. Emergent behaviour of a generalized Viscek-type flocking model[J]. Nonlinearity, 2010, 23: 3139.

[100] Zhang X, Shen K. Controlling spatiotemporal chaos via phase space compression[J]. Phys. Rev. E, 2001, 63: 046212.

[101] Gao J, Peng J. Phase space compression in one-dimeionsional cpmplex Ginzburg-

Landau Equation[J]. Chin. Phys. Lett., 2007, 24(6): 1614.
[102] Hu G, Yang J, Liu W. Instability and controllability of linearly coupled oscillators: Eigenvalue analysis[J]. Phys. Rev. E, 1998, 58: 4440.
[103] Liu W, Xiao J, Qian X, et al. Antiphase synchronization in coupled chaotic oscillators[J]. Phys. Rev. E, 2006, 73: 057203.
[104] Chakraborty S, Dandapathak M, Sarkar B C. Oscillation quenching in third order phase locked loop coupled by mean field diffusive coupling[J]. Chaos, 2016, 26: 113106.
[105] Loos S A M, Claussen J C, Scholl E, et al. Chimera patterns under the impact of noise[J]. Phys. Rev. E, 2016, 93: 012209.
[106] Michiels W, Nijmeier H. Synchronization of delay-coupled nonlinear oscillators: An approach based on the stability analysis of synchronized equilibria[J]. Chaos, 2009, 19: 033110.
[107] Mehta M P, Sen A. Death island boundaries for delay-coupled oscillator chains[J]. Phys. Lett. A, 2006, 355: 202.
[108] Garcia-Ojalvo J, Elowitz M B, Strogatz S H. Modeling a synthetic multicellular clock: Repressilators coupled by quorum sensing[J]. Proc. Natl. Acad. Sci. USA, 2004, 101: 10955.
[109] Ghosh D, Banerjee T, Kurths J. Revival of oscillation from mean-field induced death theory and experiment[J]. Phys. Rev. E, 2015, 92: 052908
[110] Banerjee T, Dutta P S, Gupta A. Mean-field dispersion-induced spatial synchrony, oscillation and amplitude death, and temporal stability in an ecological model[J]. Phys. Rev. E, 2015, 91: 052919.
[111] Ermentrout B. Simulating, analyzing, and animating dynamical systems: A guide to Xppaut for researchers and students (software, environments, tools), SIAM Press, 2002. http://www.math.pitt.edu/ bard/xpp/xpp.html.
[112] Menck J, Heitzig J, Marwan N, et al. How basin stability complements the linear-stability paradigm [J]. Nat. Phys., 2013, 9: 89.
[113] Liu W, Xiao J, Yang J. Synchronization in coupled chaotic oscillators with a no-flux boundary condition[J]. Phys. Rev. E, 2004, 70: 066211.
[114] Motter A E, Zhou C S, Kurths J. Enhancing complexnetwork synchronization[J]. Europhys. Lett., 2005, 69: 334.
[115] Motter A E, Zhou C S, Kurths J. Network synchronization, diffusion, and the paradox of heterogeneity[J]. Phys. Rev. E, 2005, 71: 016116.
[116] Wang X, Huang L, Lai Y C, et al. Optimization of synchronization in gradient clustered networks[J]. Phys. Rev. E, 2007, 76: 056113
[117] Wang X, Zhou C, Lai C H. Multiple effects of gradient coupling on network synchronization[J]. Phys. Rev. E, 2008, 77: 056208.
[118] Zou W, Yao C, Zhan M. Eliminating delay-induced oscillation death by gradient coupling[J]. Phys. Rev. E, 2010, 82: 056203.
[119] Bedard C, Kroger H, Destexhe A. Model of low-pass filtering of local field potentials in brain tissue[J]. Phys. Rev. E, 2006, 73: 051911.

[120] Nakashima A M, Borland M J, Abel S M. Measurement of noise and vibration in Canadian forces armoured vehicles[J]. Ind. Health, 2007, 45: 318.

[121] Stark L. Neurological Control Systems: Studies in Bioengineering [M]. Plenum Press, New York, 1968.

[122] Pyragas K, Pyragas V, Kiss I Z, et al. Stabilizing and tracking unknown steady states of dynamical systems[J]. Phys. Rev. Lett., 2002, 89: 244103.

[123] Ma H, Min F, Wang Y. Nonlinear dynamic analysis and surface sliding mode controller based on low pass filter for chaotic oscillation in power system with power disturbance[J]. Chinese J. Phys., 2018, 56 (5): 2488-2499.

[124] Leyva I, Sendina-adal I, Almendral J A, et al. Sparse repulsive coupling enhances synchronization in complex networks[J]. Phys. Rev. E, 2006, 74: 056112.

[125] Mauparna N, Hens C R, Pinaki P. Transition from amplitude to oscillation death in a network of oscillators[J]. Chaos, 2014, 24: 043103.

[126] Qu Z, Shiferaw Y, James N W. Nonlinear dynamics of cardiac excitation-contraction coupling: An iterated map study[J]. Phys. Rev. E, 2007, 75: 011927.

[127] Yang J Z, Hu G, Xiao J H. Hopf bifurcation from chaos and generalized winding numbers of critical modes[J]. Phys. Rev. Lett., 1998, 80: 496.

[128] Xiao J H, Hu G, Yang J Z, et al. Controlling turbulence in the complex Ginzburg-Landau equation[J]. Phys. Rev. Lett., 1998, 81: 5552.

[129] Kim M Y, Sramek C, Uchida A, et al. Synchronization of unidirectionally coupled Mackey-Glass analog circuits with frequency bandwidth limitations[J]. Phys. Rev. E, 2006, 74: 016211.

[130] Soriano M C, Ruiz-Oliveras F, Colet P, et al. Synchronization properties of coupled semiconductor lasers subject to filtered optical feedback[J]. Phys. Rev. E, 2008, 78: 046218.

[131] Liu W M. Criterion of Hopf bifurcations without using eigenvalues[J]. J. Math. Anal. Appl., 1994, 182: 250.

[132] Zakharova A, Kapeller M, Scholl E. Amplitude chimeras and chimera death in dynamical networks[J]. Journal of Physics: Conference Series, 2016, 727: 012018.

[133] Abrams D M, Strogatz S H. Chimera states for coupled oscillators[J]. Phys. Rev. Lett., 2004, 93: 174102.

[134] Barkley D, Tuckerman L S. Computational study of turbulent laminar patterns in couette flow[J]. Phys. Rev. Lett., 2005, 94: 014502.

[135] Motter A E. Nonlinear dynamics: Spontaneous synchrony breaking[J]. Nat. Phys., 2010, 6: 164.

[136] Shima S I, Kuramoto Y. Rotating spiral waves with phase-randomized core in nonlocally coupled oscillators[J]. Phys. Rev. E, 2004, 69: 036213.

[137] Martens E A, Laing C R, Strogatz S H. Solvable model of spiral wave chimeras[J]. Phys. Rev. Lett., 2010, 104: 044101.

[138] Sheeba J H, Chandrasekar V K, Lakshmanan M. Chimera and globally clustered chimera: Impact of time delay[J]. Phys. Rev. E, 2010, 81: 046203.

[139] Hagerstrom A M, Murphy T E, Roy R, et al. Experimental observation of chimeras in coupled-map lattices[J]. Nat. Phys., 2012, 8 (6): 58-61.

[140] Tinsley M R, Nkomo S, Showalter K. Chimera and phase-cluster states in populations of coupled chemical oscillators[J]. Nat. Phys. 2012, 8(6): 62-65.

[141] Premalatha K, Chandrasekar V K, Senthilvelan M, et al. Stable amplitude chimera states in a network of locally coupled Stuart-Landau oscillators[J]. Chaos, 2018, 28: 033110.

[142] Banerjee T, Bandyopadhyay B, Zakharova A, et al. Filtering suppresses amplitude chimeras[J].Frontiers in Applied Mathematics and Statistics, 2019, 5(8): 1.

[143] Sprott J C. Some simple chaotic flows[J]. Phys. Rev. E, 1994, 50: 647.

[144] Liu W, Volkov E, Xiao J, et al. Inhomogeneous stationary and oscillatory regimes in coupled chaotic oscillators[J]. Chaos, 2012, 22: 033144.

[145] Glass L, Mackey M C. Oscillation and chaos in physiological control systems[J]. Science, 1977, 197: 287.

[146] Aviad Y, Reidler I, Zigzag M, et al. Synchronization in small networks of time-delay coupled chaotic diode lasers[J]. OPt. Express, 2012, 20(4): 4352.

[147] Reddy D V R, Sen A, Johnston G L. Time delay induced death in coupled limit cycle oscillators[J]. Phys. Rev. Lett., 1998, 80: 5109-5112.

[148] Buscarino A, Frasca M, Branciforte M, et al. Synchronization of two Rossler systems with switching coupling[J]. Nonlinear Dynam., 2017, 88: 673.

[149] Schroder M, Mannattil M, Dutta D, et al. Transient uncoupling induces synchronization[J]. Phys. Rev. Lett., 2015, 115: 054101.

[150] Li S, Sun N, Chen L,et al. Network synchronization with periodic coupling[J]. Phys. Rev. E, 2018, 98: 012304.

[151] Prasad A. Time-varying interaction leads to amplitude death in coupled nonlinear oscillators[J]. Pramana J. Phys., 2013, 81: 0407.

[152] Suresh K, Shrimali M D, Prasad A , et al. Experimental evidence for amplitude death induced by a time-varying interaction[J]. Phys. Lett. A, 2014, 378(38-39): 2845-2850.

[153] Yadav K, Sharma A, Shrimali M D. Dynamics of nonlinear oscillators with time-varying conjugate coupling[J]. Indian Academy of Sciences Conference Series, 2017, 1:1.

[154] Wolf A, Swift J B, Swinney H L, et al. Determining Lyapunov exponents from a time series[J]. Physica D, 1985, 16: 285.

[155] Yao C, Zhao Q, Zou W. Eliminating amplitude death by the asymmetry coupling and process delay in coupled oscillators[J]. Eur. Phys. J. B., 2016, 89: 29.

[156] Prasad A. Amplitude death in coupled chaotic oscillators[J]. Phys. Rev. E, 2005, 72: 056204.

[157] Prasad A, Kurths J, Dana S K, et al. Phase-flip bifurcation induced by time delay[J]. Phy. Rev. E, 2006, 74: 035204R.

[158] Matthews P C, Mirollo R E, Strogatz S H. Dynamics of a large system of coupled nonlinear oscillators[J]. Physica D, 1991, 52: 293-331.

[159] Liu W, Lei X, Chen J. Effects of periodically modulated coupling on amplitude death

in nonidentical oscillators[J]. Europhys. Lett., 2019, 125: 50004.
[160] Pyragas K. Conditional Lyapunov exponents from time series[J]. Phys. Rev. E, 1997, 56(5):5183-5188.
[161] Fan H, Wang Y, Chen M, et al. Chaos synchronization with dual-channel time-delayed couplings[J]. Sci. China Technol. Sci., 2016, 59(3): 428-435.
[162] Yan W C, Huang Z G, Wang X G, et al. Complex behavior of chaotic synchronization under dual coupling channels[J]. New J. Phys., 2015, 17: 023055.
[163] Zou W, Senthilkumar D V, Tang Y, et al. Stabilizing oscillation death by multicomponent coupling with mismatched delays[J]. Phys. Rev. E, 2012, 86: 036210.
[164] Konishi K. Amplitude death induced by a global dynamic coupling[C]. 2004 International Symposium on Nonlinea,Theory and Its Applications (NOLTA2004) Fukuoka, Japan, Nov. 29-Dec. 3, 2004.
[165] Erdos P, Renyi A. On the evolution of random graphs[J]. Publ. Math. Inst. Hungary Acd. Sci., 1960, 5: 17-60.
[166] Watts D J, Strogatz S H. Collective dynamics of small world networks[J]. Nature, 1998, 393(6684):440-442.
[167] Newman M E J, Watts D J. Renormalization group analysis of the small-world network model[J]. Phys. Lett. A, 1999, 263: 341-346.
[168] Barabasi A L, Albert R. Emergence of scaling in random networks[J]. Science, 1999, 286(5439): 509-512.
[169] Liu Z, Lai Y C, Ye N, et al. Connectivity distribution and attack tolerance of general networks with both preferential and random attachments[J]. Phys. Lett. A, 2002, 303: 337-344.
[170] 方锦清，汪小帆，郑志刚. 一门崭新的交叉科学：网络科学 (上)[J]. 物理学进展, 2007, 27(3): 239-342.
[171] 方锦清，汪小帆，郑志刚. 一门崭新的交叉科学：网络科学 (下)[J]. 物理学进展, 2007, 27(4): 361-448.
[172] Osipov G V, Sushchik M M. Synchronized clusters and multistability in arrays of oscillators with different natural frequencies[J]. Phys. Rev. E, 1998, 58: 7198.
[173] Rosenblum M G, Pikovsky A S, Kurths J. Phase synchronization of chaotic oscillators[J]. Phys. Rev. Lett., 1996, 76: 1804.
[174] Verma U K, Chaurasia S S, Sinha S. Explosive death in nonlinear oscillators coupled by quorum sensing, arXiv:1904.11389v1 [nlin.AO] 24 Apr 2019.
[175] Achlioptas D, Souza R M D, Spencer J. Explosive percolation in random networks[J]. Science, 2009, 323(5920): 1453-1455.
[176] Gomez-Gardenes J, Gomez S, Arenas A, et al. Explosive Synchronization Transitions in Scale-Free Networks[J]. Phys. Rev. Lett., 2011, 106: 128701.
[177] Liu W, Wu Y, Xiao J, et al. Explosive synchronization in the scale-free network with a positive frequency-degree correlation on synchronization transition in scale-free networks[J]. EPL, 2013, 101: 338002.
[178] Chen W, Liu W, Lan Y, et al. Explosive synchronization transition in a ring of coupled

oscillators[J]. Commun. Nonlinear Sci., 2019, 70: 271-281.
[179] Bi H, Hu X, Zhang X, et al. Explosive oscillation death in coupled Stuart-Landau oscillators[J]. EPL, 2014, 108: 50003.
[180] Verma U K, Sharma A, Kamal N K, et al. Explosive death induced by mean-field diffusion in identical oscillators[J]. Sci. Rep., 2017, 7: 7936.
[181] Taylor A, Tinsley M, Wang F, et al. Dynamical quorum sensing and synchronization in large populations of chemical oscillators[J]. Science, 2009, 323: 614.
[182] Xie J, Knobloch E, Kao H C. Multicluster and traveling chimera states in nonlocal phase-coupled oscillators[J]. Phys. Rev. E, 2014, 90: 022919.
[183] Suda Y, Okuda K. Breathing multichimera states in nonlocally coupled phase oscillators[J]. Phys.Rev.E, 2018, 96: 042212.
[184] Schmidt L, Schonleber K, Krischer K, et al. Coexistence of synchrony and incoherence in oscillatory media under nonlinear global coupling[J]. Chaos, 2014, 24: 013102.
[185] Sethia G C, Sen A, Atay F M. Clustered chimera states in delay-coupled oscillator systems[J]. Phys.Rev.Lett., 2008, 100: 144102.
[186] Atay F M. Distributed delays facilitate amplitude death of coupled oscillators[J]. Phys. Rev. Lett.,2003, 91: 094101.
[187] Konishi K, Kokame H, Hara N. Stability analysis and design of amplitude death induced by a time-varying delay connection[J]. Phys. Lett. A, 2010, 374: 733.
[188] Rattenborg N C, Amlaner C J, Lima S L. Behavioral, neurophysiological and evolutionary perspectives on unihemispheric sleep[J]. Neurosci. Biobehav. Rev., 2000, 24, 817-842.
[189] Tumash L, Zakharova A, Lehnert J, et al. Stability of amplitude chimeras in oscillator networks[J]. EPL, 2017, 117: 20001.
[190] Gjurchinovski A, Scholl E, Zakharova A. Control of amplitude chimeras by time delay in dynamical networks[J]. Phys. Rev. E, 2017, 95: 042218.
[191] Risken H. The Fokker-Planck Equation, 2nd ed. Springer,Berlin, 1996.
[192] Kloeden P E, Platen E. Numerical Solutions of Stochastic Differential Equations. Springer, Berlin, 1992: P340.
[193] Xiao G, Liu W, Lan Y, et al. Stable amplitude chimera states and chimera death in repulsively coupled chaotic oscillators [J]. Nonlin. Dyn. Springer, 2018, 93: 1047.
[194] Sathiyadevi K, Chandrasekar V K, Senthilkumar D V, et al. Distinct collective states due to trade-off between attractive and repulsive couplings[J]. Phys. Rev. E, 2018, 97: 032207.
[195] Sathiyadevi K, Chandrasekar V K, Senthilkumar D V. Stable amplitude chimera in a network of coupled Stuart-Landau oscillators[J]. Phys. Rev. E, 2018, 98: 032301.
[196] Zakharova A, Kapeller M, Scholl E. Chimera death: Symmetry breaking in dynamical networks[J]. Phys. Rev. Lett., 2014, 112: 154101.
[197] Banerjee T. Mean-field diffusion induced chimera death state[J]. EPL, 2015, 110: 60003.
[198] Zou W, Zheng X, Zhan M. Insensitive dependence of delay-induced oscillation death on complex networks[J]. Chaos, 2011, 21: 023130.

[199] Gopal R, Chandrasekar V K, Venkatesan A, et al. Observation and characterization of chimera states in coupled dynamical systems with nonlocal coupling[J]. Phys. Rev. E, 2014, 89(5): 052914.

[200] Kuznetsov A, Kærn M, Kopell N. Swarming patterns in a two-dimensional kinematic model for biological groups[J]. SIAM J. Appl. Math, 2004, 65: 392.

[201] Engel A K, Konig P, Kreiter A K, et al. Temporal coding in the visual cortex: new vistas on integration in the nervous system[J]. Trends Neurosci., 1992, 15: 218.

[202] Koukkari W L, Sothern R B. Introducing Biological Rhythms [M]. Springer, 2006.

[203] Zou W, Sebek M, Kiss I Z, et al. Revival of oscillations from deaths in diffusively coupled nonlinear systems: Theory and experiment[J]. Chaos, 2017, 27: 061101.

[204] Jalife J, Gray R A, Morley G E, et al. Self-organization and the dynamical nature of ventricular fibrillation[J]. Chaos, 1998, 8: 79.

附录 A 微分方程数值求解

以下为求解耦合 Lorenz 方程的四阶龙格–库塔法的程序，程序用 Fortran 语言编写：

```fortran
    PROGRAM main
implicit none
real*8 pi
parameter (pi=3.1415926D0)
real*8 H,time
parameter (H=0.01D0)
integer num,n
parameter (num=2,n=num*3)
real*8 y(n),dxy,y0(n),yy(40001,6)
real*8 small
parameter (small=1D-8)
real*8 emin,z1,z2,gw,flag
parameter (emin=1D-16)
integer i,j,k,nci,kk,ne,nr,ia,temp
real*8 rand,ee,xs,ys,zs,dx,dy,dz,dxysum,dxysum1
integer ntest,kkk
real*8 tstart,tcount,q
real*8 oo,bb,pp,e
COMMON oo,bb,pp,e
OPEN(1,FILE="y.dat", STATUS="unknown")
103 format(f16.9)
oo=10.0D0
bb=2.667D0
pp=28.0D0
call random_seed()
do i=1,N
```

附录 A 微分方程数值求解

```
call random_number(y(i))
y(i)=(y(i)-0.5D0)*5.0D0
enddo !  设置初始条件
tstart=10000.0d0 ! 暂态时间
tcount=200.0d0 ! 有用时间
do j=1,100
e=-(j-1)*10d0/100d0 ! 计算不同的耦合强度下的时序
temp=0
time=0.0D0
kk=0
y0=y
55 call RK4(y,H,n,num) ! 调用龙格库塔法求解方程
kk=kk+1
time=h*kk ! 时间
if(time.ge.tstart) write(1,100) time-tstart,y
if (time.lt.tstart+tcount) goto 55
enddo
100 format(1x,999f16.9)
END !cccccccccccccccLorenz 系统的方程的子程序 ccccccccccccccccc
SUBROUTINE DERY(Y,DY,N,num)
implicit none
integer ncontrol
integer i,num,n,j,k,na,nb
real*8 y(n),dy(n)
real*8 oo,bb,pp,e
COMMON oo,bb,pp,e
dy(1)=oo*(y(2)-y(1))+e*(y(4)-y(1))
dy(2)=y(1)*(pp-y(3))-y(2)
dy(3)=y(1)*y(2)-bb*y(3)
dy(4)=oo*(y(5)-y(4))+e*(y(1)-y(4))
dy(5)=y(4)*(pp-y(6))-y(5)
dy(6)=y(4)*y(5)-bb*y(6)
RETURN
END
!ccccccccccccccccc 四阶龙格库塔法求解方程的子程序 ccccccccccccccccc
```

```
SUBROUTINE RK4(Y,H,N,num)
integer n,num
real*8 Y(N),DYDX(N),YT(N),DYT(N),DYM(N)
real*8 hh,h,h6
HH=H*0.5D0
H6=H/6.0D0
CALL DERy(Y,DYDX,N,num)
DO I=1,N
YT(I)=Y(I)+HH*DYDX(I)
enddo
CALL DERy(YT,DYT,N,num)
DO I=1,N
YT(I)=Y(I)+HH*DYT(I)
enddo
CALL DERy(YT,DYM,N,num)
DO I=1,N
YT(I)=Y(I)+H*DYM(I)
DYM(I)=DYT(I)+DYM(I)
enddo
CALL DERy(YT,DYT,N,num)
DO I=1,N
Y(I)=Y(I)+H6*(DYDX(I)+DYT(I)+2.0D0*DYM(I))
enddo
c time=time+h
RETURN
END
```

附录B 李雅普诺夫指数计算程序

非线性系统处于混沌态时具有初值敏感性,即初始条件相差很小的值时,经过几步演化后系统的状态完全不同。为了更好地刻画一个非线性系统是否处于混沌态,可以采用李雅普诺夫指数 λ。它可以反映相空间中相互靠近的两条轨线随时间推移是按指数分主或聚合的平均变化速率。以一维映射 $x_{n+1} = f(x_n)$ 为例,当初始值存在微小差别 δx 时,系统变量可以写成 $x = x_0 + \delta x$,则微小差别量随时间的演化可以由方程 $|\delta x| = |f(x_0 + \delta x - f(x_0)| = \dfrac{\mathrm{d} f(x_0)}{\mathrm{d} t}\delta x$ 确定。经过 n 步演化后,有 $|\delta x_n| = f'(x_0)f'(x_1)\cdots f'(x_{n-1}\delta x_0| = |f^{(n)}(x_0)\delta x_0| = \mathrm{e}^{\lambda n}|\delta x_0|$,其中 $\lambda = \dfrac{1}{n}\ln|f^{(n)}(x_0)| = \lim_{n\to\infty}\dfrac{1}{n}\sum_{i=0}^{n-1}\ln|f'(x_i)|$ 称为系统的李雅普诺夫指数。对于一维系统,如果 $\lambda > 0$,则系统为混沌态。当 $\lambda = 0$,则系统为分岔点或周期解。当 $\lambda < 0$,则系统为稳定不动点。在多维系统中,以三维系统为例,如果系统的三个李雅谱诺夫指数均为负,则系统为稳定固定点,如图 B.1(a) 所示。当一个李雅谱诺夫指数为零,另两个为负,则系统为极限环振荡,如图 B.1(b) 所示。当两个李雅谱诺夫指数为零,一个为负,则系统为二维环面,如图 B.1(c) 所示。当李雅谱诺夫指数为一正一负一零时,系统为混沌态,具有奇怪吸引子,如图 B.1(d) 所示。

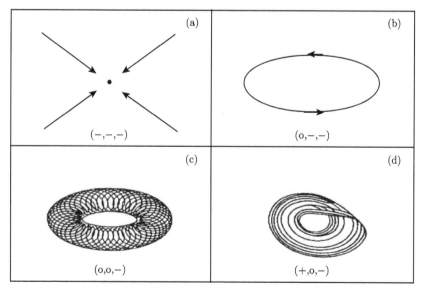

图 B.1 (a) 稳定固定点;(b) 极限环;(c) 二维环面;(d) 混沌吸引子

下面是计算耦合 Lorenz 系统的李雅普诺夫指数的程序，该程序起于 wolf 的方法[154]，用 Fortran 语言编写：

```fortran
program main ! To compute the lyapunov exponent of the coupled lorez
system implicit none
integer n,nn,i,j,k,m,nstart,nmax
parameter(n=6,nn=42,nstart=3000000,nmax=1000000)
real*8 y(nn),temp(n),cum(n),znorm(n),gsc(n)
real*8 h,a,b,c,time,e
common a,b,c,e
parameter(h=0.01)
open(1,file='lypunov1.dat',status='unknown')
a=10.00d0;b=28.00d0;c=2.664


    c initial condition for nonlinear system
do e=0d0,10d0,0.01d0
time=0.0d0
call random_seed()
do i=1,n call random_number(y(i))
end do
c initial conditions for linear system
do i=n+1,nn
y(i)=0.0d0
end do
do i=1,n
y((n+1)*i)=1.0d0
cum(i)=0.0d0
end do
ccccccccccccccccccccccccccccccc
do i=1,nstart+nmax
time=i*h
call rk5(y,n,nn,time,h)
c normlize the first vector
znorm(1)=0.0d0
do k=1,n
```

```
znorm(1)=znorm(1)+y(n*k+1)**2
end do
znorm(1)=sqrt(znorm(1))
do k=1,n
y(n*k+1)=y(n*k+1)/znorm(1)
end do
c generate the other new orthonomal set of vectors
do j=2,n
c generate j-1 gsr coefficients
do k=1,j-1
gsc(k)=0.0d0
do m=1,n
gsc(k)=gsc(k)+y(n*m+j)*y(n*m+k)
end do
end do
c construct a new vector
do k=1,n
do m=1,j-1
y(n*k+j)=y(n*k+j)-gsc(m)*y(n*k+m)
end do
end do
c calculat the vector's norm
znorm(j)=0
do k=1,n
znorm(j)=znorm(j)+y(n*k+j)**2
end do
znorm(j)=sqrt(znorm(j))
cc normalize the new vector
do k=1,n
y(n*k+j)=y(n*k+j)/znorm(j)
end do
end do
do k=1,n
cum(k)=cum(k)+log(znorm(k))/log(2.0)
end do
```

```fortran
      end do
      write(*,*) e, (cum(k)/(time),k=1,n)
      write(1,100) e, (cum(k)/(time),k=1,n)
      end do
      close(1)
100   format(1x,999f16.4)
      end program
```

龙格库塔法子程序

```fortran
      subroutine rk5(y,n,nn,time,h)
      implicit none
      integer n,i,nn
      real*8 y(nn),yt(nn),dydx(nn),dyt(nn),dym(nn)
      real*8 h,hh,h6,time
      hh=h/2.0
      h6=h/6.0
      time=time+h
      call fuc(y,dydx,n,nn,time)
      do i=1,nn
      yt(i)=y(i)+hh*dydx(i)
      end do
      call fuc(yt,dyt,n,nn,time)
      do i=1,nn
      yt(i)=y(i)+hh*dyt(i)
      end do
      call fuc(yt,dym,n,nn,time)
      do i=1,nn
      yt(i)=y(i)+h*dym(i)
      dym(i)=dym(i)+dyt(i)
      end do
      call fuc(yt,dyt,n,nn,time)
      do i=1,nn
      y(i)=y(i)+h6*(dydx(i)+2.0*dym(i)+dyt(i))
      end do
      end subroutine rk5
```

非线性方程和其线性化矩阵方程

```fortran
subroutine fuc(y,yc,n,nn,time)
implicit none
integer nn,k,n
real*8 a,b,c,e
common a,b,c,e
real*8 time,y(42),yc(42)
yc(1)=a*(y(2)-y(1))
yc(2)=b*y(1)-y(2)-10*y(1)*y(3)
yc(3)=2.5*y(1)*y(2)-c*y(3)+e*(y(5)-y(2))
yc(4)=a*(y(5)-y(4))
yc(5)=b*y(4)-y(5)-10*y(4)*y(6)
yc(6)=2.5*y(4)*y(5)-c*y(6)+e*(y(2)-y(5))
cc linearized equations of motion
do k=0,5
yc(7+k)=a*(y(13+k)-y(7+k))
yc(13+k)=(b-10*y(3))*y(7+k)-y(13+k)-10*y(1)*y(19+k)
yc(19+k)=2.5*y(2)*y(7+k)+2.5*y(1)*y(13+k)-c*y(19+k)+e*(y(31+k)-y(13+k))
yc(25+k)=a*(y(31+k)-y(25+k))
yc(31+k)=(b-10*y(6))*y(25+k)-y(31+k)-10*y(4)*y(37+k)
yc(37+k)=2.5*y(5)*y(25+k)+2.5*y(4)*y(31+k)-c*y(37+k)+e*y(13+k)-e*y(31+k)
end do
end subroutine
```

附录 C XPPAUT 软件使用简介

XPPAUT 软件是由美国匹兹堡大学 (University of Pittsburgh) 数学系的 Bard Ermentrout 教授于 20 世纪 90 年代所研发，主要用于非线性系统方程的求解分析。由于 XPPAUT 具有强大的计算能力和在分岔分析方面的优势，所以在数学、物理、计算机、信息科学、生态学、分子生物学等领域中，被广泛用于非线性动力学的相关问题的研究。该软件可在其主页:http://www.math.pitt.edu/ bard/xpp/xpp.html 上下载，然后按照说明安装即可使用。在 Windows 环境下，XPPAUT 软件的运行必须采用 X 窗口仿真器平台 (Xming)。该仿真器的下载网址为：
http://www.labf.com/index.html, 或 http://www.starnet.com/productinfo/,
或http://www.microimages.com/。在使用 XPPAUT 前，先要运行 Xming 服务器，然后在 Xming 窗口中启动 XPPAUT 软件，在 XPPAUT 的运行窗口中，导入所研究方程的 ODE 文件，如图 C.1(a) 所示。ODE 文件是 XPPAUT 最主要的输入文件，包括非线性系统的方程定义、参数定义、初值条件和控制语句。如下面给出了通过单通道耦合金兹堡–朗道振子的 ODE 程序文件内容：

$\#lz1$ equation
$x1' = -w*y1 + (1 - x1^2 - y1^2)*x1 + e*x2 - e*x1$
$y1' = w*x1 + (1 - x1^2 - y1^2)*y1$
$x2' = -w*y2 + (1 - x2^2 - y2^2)*x2 + e*x1 - e*x2$
$y2' = w*x2 + (1 - x2^2 - y2^2)*y2$
par w=2 e=1
init x1=0 y1=0 x2=0 y2=0
@ elo=0,ehi=20,ylo=-1,yhi=1
@ dt=.02, total=200
@ xplot=e,yplot=y1
done

在导入 ODE 文件后进入了 XPPAUT 的工作界面如图 C.1(b) 所示。主要有 XPP 主界面和 AUTO 界面两大部分。XPP 主界面有快捷菜单栏、输入窗口、主菜单栏、绘图标题栏、绘图窗口和信息栏等 6 个部分，其中主界面最上面一栏为快捷菜单栏，用来查看/设置初值条件 (ICS)、查看/设置边值条件 (BCS)、查看/设

附录 C XPPAUT 软件使用简介

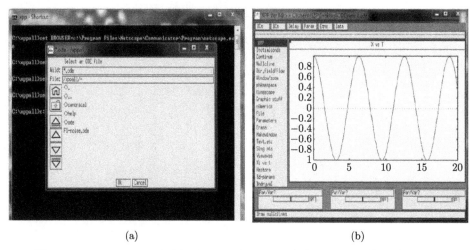

图 C.1 (a) XPPAUT 启动界面；(b) 导入 ODE 方程后，运行所得时序图界面

置时滞方程初值 (Delay)、查看/修改参数值 (Param)、查看方程 (Eqns)、查看和导出计算结果数据 (Data)，主界面左侧一栏为主菜单栏，主要包括初值条件设置项 (Initialconds)、制作动画选项 (Kinescope)、文件操作选项 (File)、计算平衡点位置及稳定性 (Sing pts)、设置二维或三维坐标 (Viewaxes)、绘制指定量的时间序列图 (Xi vs t) 等。在进入到 XPP 主界面后，可以通过快捷菜单栏的 ICs 和 Param 修改模型的初始值和参数，单击 Sing pts 选项确定所选参数和初始值下平衡点的稳定性，如果平衡点是稳定的则导入平衡点，如果不稳定则重新修改参数和初始值。AUTO 界面主要用来绘制系统的分岔图，界面大致分为菜单栏、绘图窗口、状态窗口、信息显示窗口和提示信息窗口。AUTO 界面中左侧一栏为菜单栏，分别为 Close(退出按钮)、Parameter (参数设置)、Axes (绘图设置)、Numerics、Run(运行)、Grab、Usr Period、Clear(清空绘图窗口)、reDraw(重绘图形)、File(文件导入导出选项)、ABORT(中断计算按钮)，Parameter 设置分叉分析中的参数，默认显示 ODE 文件设定的前几个参数，单参数分岔分析时设置 Par1 为该参数，双参数分岔分析时把 Par1 和 Par2 设置为两个参数即可，Axes 为绘图设置，选项 Hi 或 Hi-lo 可以选定变量和设置参数的最大最小值，Numerics 设置计数值参数及分岔的方向，Grab 在分叉图上用鼠标取点执行分叉计算或把点的信息输入到 XPP 中。一定要先在 XPP 主界面导入稳定 (或不稳定) 的平衡点后，才能单击 File 然后选择 Auto 进入 AUTO 界面做分岔图。通过在 AUTO 界面左侧的菜单栏设置分叉参数及参数的范围，然后点击 Run，接着利用 Grab 在分叉图上用鼠标把点的信息输入到 XPP 中，然后再 Run。